普通高等教育"十二五"规划教材
高等学校公共课计算机规划教材

实用大学计算机应用技术教程
——基于 Windows 7+Office 2010

郑立垠　钟　敏　李　昕　付文霞　等编著

电子工业出版社
Publishing House of Electronics Industry
北京·BEIJING

内 容 简 介

本书是"围绕计算思维的大学计算机基础课程及教材建设与改革"项目成果之一,被列为"工业和信息产业科技与教育专著出版资金"支持项目。本书根据教育部计算机基础课程教学指导委员会制定的大学计算机基础大纲,并结合当今主流计算机应用技术编写而成。全书共分8章,主要内容包括:计算机基础知识、Windows 7 操作系统、Office 2010、网络及搜索引擎、常用工具、万维考试系统使用简介等。

本书可作为高等学校非计算机专业计算机通识教育课程的基础教材,也可供自学者及相关领域的工程技术人员学习、参考。

未经许可,不得以任何方式复制或抄袭本书之部分或全部内容。
版权所有,侵权必究。

图书在版编目(CIP)数据

实用大学计算机应用技术教程:基于 Windows 7+Office 2010/ 郑立垠等编著. —北京:电子工业出版社,2014.8
高等学校公共课计算机规划教材
ISBN 978-7-121-23890-1

I. ①实… II. ①郑… III. ①Windows 操作系统－高等学校－教材 ②办公自动化－应用软件－高等学校－教材 IV. ①TP316.7 ②TP317.1

中国版本图书馆 CIP 数据核字(2014)第 169287 号

策划编辑:王羽佳
责任编辑:周宏敏
印　　刷:涿州市京南印刷厂
装　　订:涿州市京南印刷厂
出版发行:电子工业出版社
　　　　　北京市海淀区万寿路 173 信箱　邮编:100036
开　　本:787×1092　1/16　印张:19　字数:562 千字
版　　次:2014 年 8 月第 1 版
印　　次:2015 年 7 月第 2 次印刷
印　　数:4600 册　定价:30.00 元

凡所购买电子工业出版社图书有缺损问题,请向购买书店调换。若书店售缺,请与本社发行部联系,联系及邮购电话:(010)88254888。

质量投诉请发邮件至 zlts@phei.com.cn,盗版侵权举报请发邮件至 dbqq@phei.com.cn。

服务热线:(010)88258888。

前　　言

计算机技术的发展不仅极大地促进了科学技术的发展，而且明显地加快了经济信息化和社会信息化的进程。因此，计算机教育在各国备受重视，具备计算机知识与较强的计算机应用能力已成为高等学校毕业生的重要基本素质之一。

2012 年，中国石油大学（华东）从办学定位的"三型"、培养目标的"三化"和教学方式的"三性"提出了"三三三"的本科教育培养体系。计算机基础教育课程组基于学校本科教育培养体系的顶层设计，根据教育部计算机基础课程教学指导委员会制定的大学计算机基础大纲，并结合当今最新计算机应用技术制订了中国石油大学（华东）计算机基础教育 2013 版培养方案。在该新版培养方案的实施方案中，明确要求"计算机应用技术实验"课程是一门全校本科学生的通识教育必修课，以培养、考核、提升学生的计算机操作能力为主，教学模式是以学生自学、自练、自测为主，辅以教学讲座和实验指导。

本书具有内容先进、层次清晰、突出应用、图文并茂、易教易学等特色。既注重知识的系统性，又突出了计算机的实际应用和操作能力的培养。在内容的选择上，既考虑了计算机基础相对较差的学生的需要，同时又增设了一些满足较高起点学生进一步学习计算机文化知识和综合应用能力的技能拓展内容。

本书是 2013 年 6 月中国石油大学（华东）计算机与通信工程学院申报的"围绕计算思维的大学计算机基础课程及教材建设与改革"项目成果之一，被列为"工业和信息产业科技与教育专著出版资金"支持项目。全书共分 8 章，主要内容包括：第 1 章讲述计算机基础知识；第 2 章讲述 Windows 7 操作系统；第 3 章至第 5 章讲述 Office 2010 办公软件的使用方法；第 6 章讲述网络及搜索引擎；第 7 章讲述常用工具；第 8 章讲述万维考试系统使用简介等。

通过学习本书，你可以：

- 了解计算机基础知识及最新发展趋势。
- 掌握 Windows 7 操作系统的使用方法。
- 熟练使用 Office 2010 办公应用软件。
- 了解计算机网络的基础知识，学会利用网络引擎进行文献检索。
- 掌握常用工具 WinRAR、Sublime Text、PDF、Picasa 及云存储工具等的使用方法。
- 了解万维考试系统的使用方法。

本书可作为高等学校非计算机专业计算机通识教育课程的基础教材，也可供自学者及相关领域的工程技术人员学习、参考。

本书是在校内胶印教材的基础上修订而成。第 1、6 章由张学辉编写，第 2 章由郑立垠编写，第 3 章由付文霞、钟敏编写，第 4 章由于广斌编写，第 5 章由梁玉环编写，第 7、8 章由李昕编写。全书由郑立垠、张学辉策划并统稿，中国石油大学（华东）朱连章教授在百忙之中对全书进行了审阅。在本书的编写过程中，课程组成员参与了讨论并提出了许多宝贵意见，北京万维捷通软件技术有限公司为考试系统的正常使用做了大量运维工作，电子工业出版社的王羽佳编辑为本书的出版做了大量工作，在此一并表示感谢！

本书的编写参考了大量近年来出版的相关技术资料，由于作者学识有限，书中难免有误漏之处，请广大读者批评指正。

编著者
2014 年 6 月

目 录

第1章 计算机基础知识 ... 1
1.1 计算机的发展 ... 1
- 1.1.1 计算机思想的产生 ... 1
- 1.1.2 电子计算机的产生 ... 2
- 1.1.3 大型机时代 ... 2
- 1.1.4 小型机时代 ... 3
- 1.1.5 微型机时代 ... 3
- 1.1.6 互联网时代 ... 3

1.2 计算机硬件 ... 3
1.3 计算机软件 ... 4
- 1.3.1 系统软件 ... 4
- 1.3.2 应用软件 ... 5

1.4 计算机发展趋势 ... 6
- 1.4.1 大数据处理 ... 6
- 1.4.2 物联网 ... 6
- 1.4.3 云计算 ... 7

习题 1 ... 7

第2章 Windows 7 操作系统 ... 8
2.1 认识 Windows 7 ... 8
- 2.1.1 Windows 7 概述 ... 8
- 2.1.2 Windows 7 版本类型 ... 8

2.2 启动和关闭 Windows 7 ... 9
- 2.2.1 启动 Windows 7 ... 9
- 2.2.2 关闭 Windows 7 ... 10

2.3 Windows 7 桌面 ... 11
- 2.3.1 Windows 7 桌面组件 ... 11
- 2.3.2 设置桌面图标 ... 12
- 2.3.3 更换桌面背景 ... 12

2.4 Windows 7 "开始"菜单 ... 14
- 2.4.1 "开始"菜单的组成 ... 14
- 2.4.2 "开始"菜单的操作 ... 14

2.5 Windows 7 窗口 ... 15
- 2.5.1 Windows 7 窗口的组成 ... 15
- 2.5.2 调整窗口布局 ... 16

2.6 Windows 7 的文件管理 ... 17
- 2.6.1 文件和文件夹概述 ... 17
- 2.6.2 文件管理工具 ... 18
- 2.6.3 Windows 7 的文件管理 ... 19
- 2.6.4 Windows 7 磁盘管理 ... 24

2.7 控制面板 ... 25
- 2.7.1 个性化设置 ... 26
- 2.7.2 日期和时间的设置 ... 28
- 2.7.3 卸载或更改程序 ... 29
- 2.7.4 用户帐户设置 ... 29
- 2.7.5 设备管理器 ... 31
- 2.7.6 设备和打印机 ... 32

2.8 Windows 7 实用工具 ... 34
- 2.8.1 数学输入面板 ... 34
- 2.8.2 计算器 ... 35
- 2.8.3 截图工具 ... 36
- 2.8.4 Windows 7 系统还原与映像修复 ... 37

2.9 技能拓展 ... 39
- 2.9.1 为帐户添加家长控制 ... 39
- 2.9.2 对文件或文件夹进行加密 ... 40

2.10 上机实训 ... 41
- 2.10.1 实训题目 ... 41
- 2.10.2 实训操作 ... 41

习题 2 ... 42

第3章 Word 2010 ... 44
3.1 初识 Word 2010 ... 44
- 3.1.1 启动 Word 2010 ... 45
- 3.1.2 认识 Word 2010 的工作界面 ... 46
- 3.1.3 关闭 Word 2010 ... 50

3.2 文档排版的基础操作 ... 51
- 3.2.1 新建文档 ... 51
- 3.2.2 保存文档 ... 52
- 3.2.3 加密文档 ... 54
- 3.2.4 打开文档 ... 54
- 3.2.5 输入文本 ... 55
- 3.2.6 选取文本 ... 56

3.2.7 查找与替换文本及其格式 … 56
3.2.8 移动与复制文本 … 58
3.2.9 删除与修改文本 … 59
3.2.10 撤销与恢复 … 59
3.2.11 设置字体和段落格式 … 59
3.3 文表混排 … 68
3.3.1 创建表格 … 68
3.3.2 表格的基本操作 … 69
3.3.3 美化表格 … 75
3.3.4 处理表格数据 … 78
3.4 图文混排 … 80
3.4.1 艺术字 … 80
3.4.2 图片与剪贴画 … 81
3.4.3 自选图形 … 82
3.4.4 添加删除水印 … 83
3.4.5 文本框 … 84
3.4.6 SmartArt 图形 … 86
3.5 创建数学公式 … 87
3.6 样式、模板和主题 … 88
3.6.1 样式 … 88
3.6.2 使用模板创建文档 … 91
3.6.3 应用主题美化文档 … 93
3.7 页面设置 … 93
3.7.1 设置页面属性 … 93
3.7.2 稿纸设置 … 95
3.7.3 分隔符 … 95
3.7.4 页眉和页脚 … 96
3.8 设置引用 … 99
3.8.1 设置题注 … 99
3.8.2 设置交叉引用 … 100
3.8.3 设置脚注和尾注 … 101
3.8.4 建立索引 … 101
3.9 创建目录和图表目录 … 102
3.9.1 创建目录 … 102
3.9.2 创建图表目录 … 103
3.10 设置文档信息 … 104
3.10.1 设置文档属性 … 104
3.10.2 限制文档编辑 … 104
3.11 审阅文档 … 105
3.11.1 批注 … 105
3.11.2 修订 … 106

3.12 上机实训 … 107
3.12.1 实训题目 … 107
3.12.2 实训操作 … 110
习题 3 … 122

第 4 章 Excel 2010 … 128
4.1 Excel 2010 概述 … 128
4.1.1 Excel 2010 的主要功能 … 128
4.1.2 Excel 2010 的新增功能 … 129
4.1.3 Excel 2010 的启动与退出 … 130
4.1.4 Excel 2010 的帮助 … 132
4.2 Excel 2010 的基本概念 … 132
4.2.1 工作簿和工作表 … 132
4.2.2 Excel 2010 单元格和单元格区域 … 133
4.3 Excel 2010 的基本操作 … 135
4.3.1 工作簿的新建和打开 … 135
4.3.2 工作簿的保存和关闭 … 137
4.3.3 单元格和单元格区域的选择 … 139
4.3.4 数据输入 … 140
4.3.5 公式和函数 … 144
4.3.6 插入对象 … 147
4.3.7 超链接 … 149
4.3.8 批注 … 149
4.4 Excel 2010 工作表编辑 … 150
4.4.1 编辑单元格数据 … 150
4.4.2 管理工作表 … 151
4.4.3 移动和复制单元格数据 … 152
4.4.4 查找和替换 … 153
4.4.5 调整单元格行高和列宽 … 154
4.4.6 插入（删除）行、列和单元格 … 154
4.4.7 工作表拆分与还原 … 155
4.4.8 隐藏、恢复和锁定行（列） … 155
4.5 Excel 2010 工作表格式化 … 156
4.5.1 单元格格式化 … 156
4.5.2 套用表格格式 … 157
4.5.3 条件格式 … 158
4.5.4 样式 … 159
4.5.5 模板 … 160
4.6 Excel 2010 数据库管理 … 160
4.6.1 数据清单 … 160
4.6.2 排序 … 162

	4.6.3	筛选 164		5.4.2	幻灯片主题设计 214
	4.6.4	分类汇总 166		5.4.3	幻灯片母版设计 216
	4.6.5	数据透视表和数据透视图 168	5.5	演示文稿的动画设计 217	
4.7	Excel 2010 图表 171			5.5.1	动画设置 217
	4.7.1	图表简介 171		5.5.2	超链接与动作按钮设置 220
	4.7.2	建立图表 171		5.5.3	幻灯片之间的切换效果设置 221
	4.7.3	编辑图表 172	5.6	演示文稿的放映与打印 222	
	4.7.4	格式化图表 173		5.6.1	演示文稿的放映 222
4.8	Excel 2010 打印输出 173			5.6.2	打印演示文稿 223
	4.8.1	页面设置 174	5.7	技能拓展 224	
	4.8.2	使用分页符 176		5.7.1	插入各种类型的对象 224
	4.8.3	打印工作表 176		5.7.2	创建相册文件 225
4.9	技能拓展 177			5.7.3	演示文稿的审阅校对功能 226
	4.9.1	宏的使用 177	5.8	上机实训 227	
	4.9.2	Excel 表格 178		5.8.1	实例1：建立不同种类的文件练习 227
	4.9.3	图表使用技巧 178			
	4.9.4	自定义格式 179		5.8.2	实例2：插入各种对象和格式设置练习 229
4.10	上机实训 179				
	4.10.1	实训题目 179		5.8.3	实例3：多个文件综合操作 232
	4.10.2	实训操作 180	习题5 235		
习题 4 181			第6章	网络及搜索引擎 237	
第5章	PowerPoint 2010 183		6.1	网络基础知识 237	
5.1	PowerPoint 2010 基础知识 183			6.1.1	计算机网络的分类 237
	5.1.1	启动 PowerPoint 2010 183		6.1.2	常见的网络传输介质 238
	5.1.2	PowerPoint 2010 窗口组成 184	6.2	IP 地址 238	
	5.1.3	退出 PowerPoint 2010 187		6.2.1	标准 IP 地址的分类 238
5.2	演示文稿的基本操作 187			6.2.2	IPv6 239
	5.2.1	创建演示文稿 187		6.2.3	相关命令 239
	5.2.2	不同视图下的演示文稿 189	6.3	计算机网络信息服务 241	
	5.2.3	管理幻灯片 191		6.3.1	ＷＷＷ 服务 242
	5.2.4	保存演示文稿 193		6.3.2	文件传输服务 244
5.3	丰富演示文稿的内容 194			6.3.3	电子邮件服务 246
	5.3.1	在幻灯片中插入文本信息 195		6.3.4	域名系统 247
	5.3.2	在幻灯片中插入图像 197		6.3.5	动态主机配置协议 247
	5.3.3	在幻灯片中插入表格 199	6.4	搜索引擎 247	
	5.3.4	在幻灯片中插入插图 203		6.4.1	初阶搜索 248
	5.3.5	在幻灯片中插入多媒体 208		6.4.2	杂项搜索 249
	5.3.6	在幻灯片中插入特殊符号 211		6.4.3	搜索进阶 250
5.4	演示文稿的美化修饰 213			6.4.4	地图检索 251
	5.4.1	幻灯片背景设计 213		6.4.5	其他功能 252

6.4.6 Google 搜索总结 253
　6.5 技能拓展 253
　　　6.5.1 图书检索 253
　　　6.5.2 中国知识基础设施工程检索 254
　　　6.5.3 工程类索引数据库检索 258
　习题 6 258
第 7 章 常用工具 259
　7.1 文件文档工具 259
　　　7.1.1 文件压缩工具 259
　　　7.1.2 磁盘搜索工具 261
　7.2 编辑和阅读工具 263
　　　7.2.1 编辑器工具 263
　　　7.2.2 PDF 阅读器工具 265
　7.3 图形图像工具 268
　7.4 云笔记和网盘工具 273
　　　7.4.1 云笔记工具 273
　　　7.4.2 网盘工具 275
　7.5 技能拓展 278
　　　7.5.1 用 QQ 进行屏幕截图 278
　　　7.5.2 用易信免费发短信 279
　7.6 上机实训 280
　　　7.6.1 实训题目 280
　　　7.6.2 实训操作 280
　习题 7 281
第 8 章 万维考试系统介绍 282
　8.1 考试系统的登录 282
　8.2 考试系统的功能介绍 284
　　　8.2.1 工具栏 284
　　　8.2.2 信息栏 286
　　　8.2.3 答题卡 287
　　　8.2.4 交卷 287
　8.3 如何进行答题 288
　　　8.3.1 试题浏览窗口的介绍 288
　　　8.3.2 具体题型的说明 290
　8.4 客户端配置工具 291
　　　8.4.1 功能说明 291
　　　8.4.2 工具的使用 291
参考文献 293

第 1 章 计算机基础知识

【内容概述】

本章将从计算机发展的几个阶段入手，介绍计算机中的数据表示、计算机硬件和计算机软件，最后介绍计算机的几个典型应用。

【学习要求】

通过本章的学习，使学生能够：
1. 了解计算机发展的几个阶段；
2. 了解计算机硬件；
3. 了解计算机软件；
4. 了解计算机的发展趋势。

1.1 计算机的发展

吴军博士在《浪潮之巅》中提到："近一百多年来，总有一些公司很幸运地、有意识或无意识地站在技术革命的浪尖之上。在这十几年到几十年间，它们代表着科技的浪潮，直到下一波浪潮的来临。""对于一个弄潮的年轻人来讲，最幸运的，莫过于赶上一波大潮。" 自从 1946 年第一台电子计算机 ENIAC（Electronic Numerical Integrator And Computer）问世以来，计算机科学与技术已成为本世纪发展最快的一门学科，尤其是微型计算机的出现和计算机网络的发展，使计算机的应用渗透到社会的各个领域，有力地推动了信息社会的发展。

1.1.1 计算机思想的产生

"上古结绳而治，后世圣人易以书契，百官以治，万命以察。"自从有了人类活动，就有了对计算的需求。随着文字的发明，也造出了表示数目的文字。在造数的同时，人们还创造了记数方法。有了数和记数方法，便可以开始计算了。"其算法用竹，径一分，长六寸，二百七十一枚，而成六觚为一握"说的就是我国古代一种叫做"算筹"的计算工具，如图 1-1 所示。南北朝时代的祖冲之就是利用算筹把圆周率计算到了 3.1415926~3.1415927 之间。后来到了唐代，算筹才被一种新的计算工具——算盘所取代，如图 1-2 所示。后来算盘传到了欧洲，对计算技术起到了推动作用。《算法统宗》中"写算铺地锦为奇，不用算盘数可知"，是后来盛行的以笔作为计算工具的笔算，直到今天我们仍在使用。

图 1-1 陕西千阳出土西汉骨算筹

图 1-2 算盘

1620年冈特利用对数原理，把要计算的数字转换成尺度量尺的数码，发明了对数计算尺。1642年法国的帕斯卡发明了加法器，是第一台机械式自动计算机器，不需要人工干预，使用齿轮机械自动实现十进位。后来德国的数学家、哲学家莱布尼兹在博物馆参观时见到了帕斯卡的加法器，并在此基础上进行研究，于1673年发明了第一台乘法器。传说这种机械式计算器曾被作为礼品赠送给清朝的康熙皇帝。1832年巴贝奇研制出差分机，这种机器可以按预先安排好的计算步骤进行多项式计算。

1.1.2 电子计算机的产生

1935年阿兰·图灵在思考当时数学界的难题"决策问题"时，有了解决问题的灵感。他设想制造一台机器，这台机器具有一个带读写头的控制器和一根无限长的工作纸带。纸袋被分成若干个大小相同的方格，每个方格内写上一个字母符号，控制器在纸带上左右移动，由读写器读出方格内的符号或者对符号进行改写，经计算后得出最后结果。这是一种理想的机器，也是图灵机的最早模型。图灵机中展示了程序和存储概念的雏形。1936年《伦敦数学学会学报》发表了图灵的论文《论数字计算在决策问题中的应用》。1940年阿塔纳索夫和他的助手克里夫·贝里研制出ABC机，这是人类历史上第一台电子计算机，但是因为当时专利律师不理解电子计算，ABC机未能成功申请专利。

1.1.3 大型机时代

1946年2月14日，在宾夕法尼亚大学一台占地近168平方米，高2.5米、宽0.914米、长30.48米，重达30吨，用了16种不同型号的188 000个电子管、1500个继电器、70 000个电阻、18 000个电容器，通过5万个焊头和11.265千米的铜导线连接在一起的宣称世界上第一台电子计算机ENIAC面世。它每秒钟能执行5000次加法运算，每秒钟能运行50次乘法运算，可进行平方和立方计算，还能进行正弦和余弦函数运算，如图1-3所示。

(a)

(b)

图1-3 ENIAC

由于电子计算机的基本器件体积大、能耗高、散热大、噪声大、寿命短、可靠性低，已经严重制约了电子计算机的发展。随着晶体管技术的成熟，晶体管逐渐代替了电子管。1954年，贝尔实验室宣布晶体管计算机研制成功，总共采用了800个晶体管。电子设备功能的增强要求电子线路越来越复杂，晶体管的数目也成倍增加，电子设备的体积不断增大，重量也不断加重。电子科学的先驱们就设想能否把电子元器件集成到一块半导体晶片上。1952年5月杜麦在一次电子学术会议上提出了集成电路的概念。德州仪器公司和仙童半导体公司当时在这方面实力较强，先后完成了集成电路的研制。直到1962年第一片集成电路商品才问世，它包含有12个晶体管和电阻。随后IBM公司投入巨资研制了IBM360型计算机。IBM360计算机采用了集成电路芯片，体系结构上系列兼容，运算速度大大加快，机器内容容量加大,价格降低。IBM360 系列机的成功也让 IBM 公司在当时乃至今后相当长一段时间的计算机界成了霸主。

1.1.4　小型机时代

当计算机朝着复杂而昂贵的方向发展时,奥尔森却带着他的 DEC 公司逆道而行。1965 年秋季,DEC 公司推出了小巧玲珑的 PDP-8 型计算机,其价格便宜。很快这种设备得到了市场的认可,PDP-8 型计算机的生产迅速扩大,抢占了 IBM 公司的计算机市场,小型计算机时代诞生了。

1.1.5　微型机时代

1969 年 6 月 20 日一家生产计算器的日本公司派人到了英特尔公司,希望英特尔公司能按照他们提供的设计方案帮助他们开发一组用于计算器的芯片。在这个项目中最终英特尔开发出了 4 种芯片,其中微处理器芯片被命名为 4004,随机存储芯片被命名为 4001,只读存储器芯片被命名为 4002,输入输出接口芯片被命名为 4003。这也是世界上最早的微处理器芯片之一。1972 年英特尔公司又推出了 8 位微处理器芯片 8008。1974 年又推出了 8080,并获得了巨大成功,英特尔公司也成为世界上有名的集成电路制造商。1976 年 2 月费金和他的伙伴们研制 Z80 成功,这种芯片比 8080 芯片性能更优越、处理速度更快、编程更容易、使用更容易。1974 年 10 月罗伯茨和他的伙伴们研制出一种新的机器,并将其命名为"牛郎星 8800"。该机器有一块电源和两块电路板,其中一块电路板上装有 8080 微处理器芯片,另一块电路板上装有 256 字节的存储器芯片。"牛郎星 8800"让 MITS 公司起死回生,并赢得了巨大的利润,计算机也进入了微型机时代。

1.1.6　互联网时代

就在微型计算机和工作站技术飞速发展和一些公司在市场上进行你死我活竞争的同时,互联网技术也在日益成熟。1969 年美国国防部的 ARPANET 投入运行之后,计算机网络开始发展起来。1983 年 TCP/IP 协议成为 ARPANET 的协议标准,互联网有了突飞猛进的发展。截至 2013 年 12 月,我国网民规模已经达 6.18 亿人,手机网民规模达 5 亿。

1.2　计算机硬件

计算机硬件是指组成计算机的各种物理设备,也就是平常大家看得见、摸得着的实际物理设备。一个完整的计算机硬件系统主要由运算器、控制器、存储器、输入和输出设备五部分组成。

1. 运算器

运算器又称算术逻辑单元。它不仅能完成各种算术运算和逻辑运算,还能进行比较、判断、查找等运算。

2. 控制器

控制器主要由程序计数器、指令寄存器、指令译码器、时序产生器和操作控制器组成,是计算机系统发布命令的"决策机构"。控制器是计算机的指挥中心,负责决定执行程序的顺序,给出执行指令时机器各部件需要的操作控制命令。控制器的工作过程就好比人的大脑指挥和控制人的各器官一样。控制器和运算器合称为中央处理器(Central Processing Unit,CPU)。

3. 存储器

存储器将输入设备接收到的信息以二进制的数据形式存到存储器中。存储器有两种，分别叫做内存储器和外存储器。内存储器是由半导体器件构成的。从使用功能上分，有随机存储器（Random Access Memory，RAM）和只读存储器（Read Only Memory，ROM）。外存储器的种类很多，通常是磁性介质或光盘，像硬盘、软盘、磁带、CD 等，能长期保存信息，并且不依赖于电来保存信息，存取速度与 CPU 相比慢很多。

4. 输入设备

输入设备的主要功能是将数据、程序、文字符号、图像、声音等信息输送到计算机中。常见的输入设备有键盘、鼠标、触摸屏、麦克等。

5. 输出设备

输出设备的主要功能是将计算机的运算结果或者中间结果输出到打印机或者显示器上。常见的输出设备有显示器、打印机、音箱等。

1.3 计算机软件

软件（Softare）是指与计算机系统操作有关的计算机程序、规程、规则，以及可能有的文件、文档及数据。离开了硬件的软件无法运行，软件和硬件需要相互配合才能进行实际的运作。如果用编程语言作为描述语言，可以认为：软件=程序+数据+文档。一般来说，软件被划分为系统软件和应用软件。

1.3.1 系统软件

系统软件负责管理计算机系统中各种独立的硬件，使得它们可以协调工作，提供基本的功能，并为正在运行的应用软件提供平台。系统软件使得计算机用户和其他软件将计算机当作一个整体而不需要顾及底层每个硬件是如何工作的。驱动程序负责处理各个硬件的具体工作细节。

一般来说，系统软件包括操作系统和一系列基本的工具，比如编译器、数据库管理、存储器格式化、文件系统管理、用户身份验证、驱动管理等。下面主要介绍操作系统相关知识。

1. 操作系统的功能

操作系统（Operating System，OS）是管理和控制计算机硬件与软件资源的计算机程序，是直接运行在"裸机"上的最基本的系统软件，任何其他软件都必须在操作系统的支持下才能运行。操作系统是用户和计算机的接口，同时也是计算机硬件和其他软件的接口。

操作系统主要有以下几个功能。

（1）处理器管理。

处理器是完成运算和对控制命令进行处理的设备。操作系统会安排好处理器的使用权，在每个时刻处理器分配给哪个程序使用是由操作系统决定的。

（2）存储管理。

计算机的内存中有成千上万个存储单元，数据和程序就存放在这些存储单元中。操作系统负责统一安排和管理何处存放哪个程序，何处存放哪个数据。

（3）设备管理。

除了主机之外，计算机系统中还有各种各样的外部设备，比如打印机、显示器、扫描仪、磁盘等。

操作系统的设备管理功能采用统一管理模式，自动处理内存和设备间的数据传递，从而减轻用户为这些设备设计输入和输出程序的负担。

（4）作业管理。

作业是用户在一次计算过程中或一次事务处理过程中要求计算机系统所做的工作的集合。操作系统用来控制作业如何输入到系统中去，当作业被选中后如何去控制它的执行，作业执行过程中出现故障后又怎么去处理，以及如何控制计算结果的输出。

（5）文件管理。

计算机系统中的程序或数据都要存放在相应的存储介质上。为了便于管理，操作系统把相关的信息集中在一起，称为文件。操作系统的文件管理功能就是负责这些文件的存储、检索、更新、保护和共享。

2．操作系统的分类

操作系统的种类相当多，一般按照使用环境和对程序执行的处理方式进行分类。操作系统主要有实时系统、单用户单任务系统、单用户多任务系统、多用户多任务系统、分布式系统以及并行系统。从用户使用的角度来看，最多的是个人计算机操作系统。下面介绍常见的操作系统。

（1）磁盘操作系统。

磁盘操作系统（Disk Operating System，DOS）是个人计算机上的一类操作系统。从 1981 年到 1995 年的 15 年间，磁盘操作系统在 IBM PC 兼容机市场中占有举足轻重的地位。DOS 系统是字符界面的单用户单任务操作系统。

（2）Windows 操作系统。

Windows 操作系统是微软公司制作和研发的一套多用户多任务的桌面操作系统，它问世于 1985 年，至今已经慢慢地成为家家户户人们最喜爱的操作系统。Windows 采用了图形化界面，随着电脑硬件和软件的不断升级，微软的 Windows 也在不断升级，从架构的 16 位、32 位再到 64 位，系统版本从最初的 Windows 1.0 到大家熟知的 Windows 95、Windows 98、Windows 2000、Windows XP、Windows Vista、Windows 7、Windows 8、Windows 8.1，另外还有一些服务器版本的操作系统如 Windows NT、Windows 2000 Server、Windows 2003 Server、Windows 2008 Server 和 Windows 2012 Server。

（3）Linux 操作系统。

UNIX 操作系统是一个多用户多任务操作系统，一般都在大、中型服务器上使用。Linux 是一套免费使用和自由传播的类 UNIX 操作系统，是一个多用户、多任务、支持多线程和多 CPU 的操作系统。Linux 操作系统诞生于 1991 年 10 月 5 日，Linux 有许多不同的版本，但它们都使用了 Linux 内核。常见的 Linux 系统有 Ubuntu、Red Hat、Centos、SUSE、Mandriva、Fedora 等。

（4）移动设备操作系统。

移动设备是一种口袋大小的计算设备，通常有一个小的显示屏幕，触控输入，或是小型的键盘。常见的有手机、平板电脑等。低端手机也有操作系统，但是功能非常简单，主要支持通讯录调用、收发短信等等。高端智能手机需要有强大的操作系统，一般还具有高容量、高质量、带宽、智能、多媒体等特征。常见的操作系统种类有谷歌的 Android、苹果的 iOS，以及微软的 Windows Mobile 等。

1.3.2 应用软件

应用软件是用户可以使用的各种程序设计语言，以及用各种程序设计语言编制的应用程序的集合。应用软件是利用计算机解决某类问题而设计的程序的集合，供多用户使用。应用软件主要是为满足用户不同领域、不同问题的应用需求而提供的那部分软件。应用软件能够拓宽计算机系统的应用领域，放大硬件的功能。应用软件种类繁多，软件数量庞大。

1.4 计算机发展趋势

1.4.1 大数据处理

"在洛杉矶，警方通过数据分析，预测 12 小时内哪个地区最有可能发生犯罪；在伦敦金融城，一位交易员认为，数学计算可成为发财秘笈；在南美，天文学家尝试为整个宇宙进行分类记录……这些迥然不同的领域如今出现了同一特征：数据量的大爆发。"

这是英国广播公司（BBC）品牌栏目 *Horizon* 播出的纪录片 *The Age of Big Data* 中的开篇一幕。的确，无处不在的海量信息正改变着整个世界和我们的生活方式，一场大数据革命悄然来临。

大数据指的是所涉及的资料量规模巨大到无法通过目前主流的软件工具，在合理时间内达到撷取、管理、处理并整理成为帮助企业经营决策更积极之目的的资讯。大数据具有 4V 特点：Volume（大量）、Velocity（高速）、Variety（多样）、Veracity（真实性）。预测将成为大数据的核心。预测之所以能成功，是建立在海量数据的基础之上的。比如，一封邮件被作为垃圾邮件过滤掉的可能性，从一个人乱穿马路时行进的轨迹和速度来看他能否及时穿过马路的可能性。

有了准确的预测，就可以实现一些特定的推荐。有过网上购物经历的人，在浏览一些购物网站时，经常会遇到"购买了此商品的顾客还购买了这些商品"，这已经是购物网站必备的一种商品推荐系统了。购物网站会通过分析商品的购买记录、浏览历史记录等庞大的用户行为历史数据，并与行为模式相似的其他用户的历史数据进行对照，提供出最适合的商品推荐信息。

著名的社交网络服务网站 Facebook 在上市申请时公布了他们的数据：平均每月活跃用户达到 8.45 亿，每日活跃用户达到 4.83 亿。Facebook 也成为世界上最大的由用户产生内容的网站。Facebook 所有用户平均每个月在 Facebook 上花费的时间高达 7000 亿小时，平均每个用户每个月会创建 90 条内容，如新闻、博客、照片等。整体上来看，每个月产生的内容高达 300 亿条。从公布的数据推测，Facebook 所拥有的数据量超过 30PB。Facebook 对庞大的数据进行分析之后就可以做出预测。比如，Facebook 可以为用户提供类似"也许你还认识这些人"的提示，这种提示可以准确到令人恐怖的程度。

总之，大数据正以前所未有的速度颠覆着人们探索世界的方法，引起社会、经济、学术、科研、国防、军事等领域的深刻变革。数据科学将推动数学、计算机科学、统计学、生物信息学、计算社会学、石油地质等学科的发展。

1.4.2 物联网

"世博园是中国最大的物联网，可以让老百姓进一步了解互联网。"中科院院士何积丰参观了上海世博会后是这么评价的。

2010 年上海世博会时，观众从刷票进入世博园的那一刻起，就已开始了一场物联网的体验之旅。观众购买的电子门票正是物联网技术的初步应用。通过电子门票可以实现观众定位。一旦观众进入了园区，就通过电脑向园区总部报告：观众是从哪个入口进园区的，以及场馆观众的多少。通过物联网技术，能让几十万观众的动态一目了然。世博园区的管理者也可以随时发出信息，调节观众进入场馆的人数，均衡各个场馆的人流。

物联网（the Internet of Things, IoT）的概念最早是由美国麻省理工学院的 Kevin Ashton 提出的。物联网是一种新兴的科学技术，通过射频识别、红外感应器、全球定位系统、激光扫描器等信息传感设备，按约定的协议，把任何物品与互联网连接起来，进行信息交换和通信，以实现智能化识别、定位、跟踪、监控和管理的一种网络。

物联网与因特网的最大差别就是因特网连接虚拟信息空间，因特网改变了人与人之间的交流方式，极大地激发了以个人为核心的创造力。而物联网连接现实物理世界，物联网概念下的服务平台的驱动力必须是来自政府和企业。如果把因特网比作人的大脑，那么物联网就是人的四肢。因特网把全世界变成了一个村庄，物联网让这个村庄变成了一个交流沟通的人。

1.4.3 云计算

云计算是基于互联网的相关服务的增加、使用和交付模式，通常涉及通过互联网来提供动态易扩展且经常是虚拟化的资源。通俗点说，云计算就是提供基于互联网的软件服务。IDC 预测 2014 年美国公共云计算要达到 290 亿美元。

《怪物史莱克》系列是一个由 1000 多台服务器、约 3000 个 Intel 处理器组成的计算机集群来计算动画，生成电影的每一帧画面的 3D 影片。从《怪物史莱克 1》6TB 的数据渲染量到《怪物史莱克 4》的数据渲染量飙升至 76TB。数据渲染量的飙升也展示了 3D 动画突飞猛进的发展状态。2001 年制作的《怪物史莱克 1》渲染时间为 500 万小时，2004 年推出的《怪物史莱克 2》渲染时间达到 1000 万小时，2007 年《怪物史莱克 3》渲染时间达到了 2000 万小时。《怪物史莱克 4》使用了有史以来规模最大、功能最强的动画处理电脑集群，经历了 4600 多万小时的渲染时间。这些实现都依赖于惠普公司不断创新的强大云计算设备和可靠稳定的云计算系统，其保证了每个人物的神态，甚至每一根头发的动态都可以被清晰地模拟出来，惟妙惟肖，达到了出神入化的境界。

云计算正在引导 IT 产业进入一个全新的世界。不仅仅会给 IT 企业，同样也会对大型网站和电信企业带来机会和挑战。

习 题 1

1. 查阅文献，了解计算的发展。
2. 为什么计算机中采用的是二进制，而不是我们熟悉的十进制？
3. 你认为计算机以后还将在哪些方面发挥出巨大作用？
4. 你能想象一下 20 年后的计算机会是什么样子吗？

第 2 章　Windows 7 操作系统

【内容概述】

Windows 7 是由微软公司开发的新一代操作系统，继承 Windows XP 的实用和 Windows Vista 的华丽，同时进行了一次升华，它比 Vista 性能更高、启动更快、兼容性更强，具有很多新特性和优点。

本章主要介绍 Windows 7 的桌面组成、开始菜单、窗口的基本操作、文件和文件夹的基本操作、控制面板的个性化设置、常用实用工具等内容，目的是使读者掌握 Windows 7 操作系统的基本操作和高级管理功能，能够熟练地使用该操作系统管理和使用微型计算机。[①]

【学习要求】

通过本章的学习，使学生能够：
1. 熟悉 Windows 7 桌面的组成；
2. 熟悉帐户、日期、屏幕以及桌面图标的设置方法；
3. 熟练掌握窗口的基本操作；
4. 熟练掌握文件和文件夹的基本操作；
5. 掌握数学使用面板、计算器及截图工具的使用方法。

2.1　认识 Windows 7

2.1.1　Windows 7 概述

Windows 7 是由微软公司开发的操作系统，核心版本号为 Windows NT 6.1。Windows 7 可供家庭及商业工作环境、笔记本电脑、平板电脑、多媒体中心等使用。2009 年 7 月 14 日 Windows 7 RTM（Build 7600.16385）正式上线，2009 年 10 月 22 日微软于美国正式发布 Windows 7 。Windows 7 同时也发布了服务器版本——Windows Server 2008 R2。2011 年 2 月 23 日，微软面向大众用户正式发布了 Windows 7 升级补丁——Windows 7 SP1（Build7602.17514.101119-1850），另外还包括 Windows Server 2008 R2 SP1 升级补丁。2014 年 4 月 8 日，微软取消 Windows XP 的所有技术支持。Windows 7 将是 Windows XP 的继承者。

2.1.2　Windows 7 版本类型

1. Windows 7 简易版

可以加入家庭组（Home Group），任务栏有不小的变化，也有 JumpLists 菜单，但没有Aero。缺少玻璃特效、家庭组创建、完整的移动等功能。仅在新兴市场投放（发达国家中澳大利亚在部分上网本中有预装），仅安装在原始设备制造商的特定机器上，并限于某些特殊类型的硬件。忽略后台应用，比如文件备份实用程序，但是一旦打开该备份程序，后台应用就会被自动触发。Windows 7 初级版将不允许用户和OEM厂商更换桌面壁纸。除了壁纸，主题颜色和声音方案也不得更改，OEM 和其他合作

[①] Windows 7 的界面中为 "帐户"。——编者注

伙伴也不允许对上述内容进行定制。微软称,"对于Windows 7初级版,OEM不得修改或更换Windows欢迎中心、登录界面和桌面的背景。"

2. Windows 7 家庭普通版

主要新特性有无限应用程序、增强视觉体验(没有完整的 Aero效果)、高级网络支持(ad-hoc 无线网络和互联网连接支持 ICS)、移动中心(Mobility Center)。但缺少玻璃特效、实时缩略图预览、Internet 连接共享,不支持应用主题等功能。仅在新兴市场投放(不包括发达国家)。大部分在笔记本电脑或品牌电脑上预装此版本。

3. Windows 7 家庭高级版

有 Aero Glass 高级界面、高级窗口导航、改进的媒体格式支持、媒体中心和媒体流增强(包括 Play To)、多点触摸、更好的手写识别等。包含玻璃特效、多点触控功能、多媒体、组建家庭网络组等功能。世界各地均可以使用该版本。

4. Windows 7 专业版

替代 Vista 下的商业版,支持加入管理网络(Domain Join)、高级网络备份等数据保护功能,以及位置感知打印技术(可在家庭或办公网络上自动选择合适的打印机)等。包含加强网络的功能、高级备份功能、位置感知打印、脱机文件夹、移动中心(Mobility Center)、演示模式(Presentation Mode)等功能。世界各地均可以使用该版本。

5. Windows 7 企业版

提供一系列企业级增强功能:BitLocker,内置和外置驱动器数据保护;AppLocker,锁定非授权软件运行;DirectAccess,基于无缝连接的企业网络;BranchCache,Windows Server 2008 R2 网络缓存等等。仅批量许可使用该版本。

6. Windows 7 旗舰版

拥有 Windows 7 家庭高级版和 Windows 7 专业版的所有功能,当然硬件要求也是最高的。包含除企业版外以上版本的所有功能。世界各地均可以使用该版本。本章介绍的 Windows 7 操作方法皆使用该版本。

2.2 启动和关闭 Windows 7

Windows 7 不强调炫目的视觉效果,专注于系统的优化,使用 Windows 7 的用户会明显感觉到 Windows 7 的开、关机速度变快了,系统使用的空间也变小了。

2.2.1 启动 Windows 7

开启计算机电源开关后,Windows 7 开始启动,此时可以看到 Windows 7 的启动画面,在此过程中计算机会加载 Windows 7 运行时所需的操作系统文件和设备驱动等程序。启动过程结束后,经过短暂的黑屏,可以看到 Windows 7 的登录界面。如果系统设置了多个用户,则需要选取其中的一个作为登录用户。选择登录用户后,系统会要求输入登录密码。输入正确的登录密码后按 Enter(回车)键,即可登录 Windows 7 操作系统,如图2-1 所示。

图 2-1 Windows 7 桌面

2.2.2 关闭 Windows 7

用鼠标单击任务栏左边的"开始"按钮,在弹出的菜单中单击"关机"命令,如图 2-2 所示,Windows 7 就会关闭所有正在运行的程序并保存系统设置,然后自动断开计算机的电源。

单击"关机"按钮右侧的向右箭头后,在弹出的关机菜单中可以选择切换用户、注销、锁定、重新启动和睡眠等方式。

图 2-2 关机方式

1. 关机

当我们选择关机时,系统首先会关闭所有运行中的程序(如果某些程序不太配合,可以选择强制关机),然后,系统后台服务关闭,接着,系统向主板和电源发出特殊信号,让电源切断对所有设备的供电,计算机彻底关闭,下次开机就完全是重新开始启动计算机了。

2. 切换用户

允许另一个用户登录计算机,但前一个用户的操作依然被保留在计算机中,其请求并不会被清除,一旦计算机又切换到前一个用户,那么他仍能继续操作,这样即可保证多个用户互不干扰地使用计算机了。

3．注销

由于 Windows 允许多个用户登录计算机,所以注销和切换用户功能就显得必要了。顾名思义,注销就是向系统发出清除现在登录的用户的请求,清除后即可使用其他用户来登录系统。注销不可以替代重新启动,只可以清空当前用户的缓存空间和注册表信息。当然,出于其他目的,也可以使用注销操作以节省时间（如使修改后的注册表生效）。

4．锁定

锁定功能在 Windows XP 系统下称为"待机",一旦选择了"锁定",系统将自动向电源发出信号,切断除内存以外的所有设备的供电。由于内存没有断电,系统中运行着的所有数据将依然被保存在内存中,这个过程仅需 1～2 秒的时间,当我们从锁定态转到正常态时,系统将根据内存中保存的上一次的"状态数据"继续运行,当然了,这个过程同样也仅需 1～2 秒。而且,由于锁定过程中仅向内存供电,所以耗电量是十分小的。

5．睡眠

当执行"睡眠"功能时,内存数据将被保存到硬盘上,然后切断除内存以外的所有设备的供电。如果内存一直未被断电,那么下次启动计算机时就和"锁定"后启动一样了。但如果下次启动（注意,这里的启动并不是按开机键启动）前内存不幸断电了,则在下次启动时遵循"休眠"后的启动方式,将硬盘中保存的内存数据载入内存,速度也自然较慢了。所以,可以将"睡眠"看作是"锁定"的保险模式。

2.3 Windows 7 桌面

启动 Windows 7 后就进入了 Windows 7 桌面。Windows 7 将整个屏幕比拟成桌面,鼠标指针就像是用户的手,只要正确操纵鼠标,就可以进行各项操作。Windows 7 的桌面主要有桌面背景、桌面图标、任务栏、"开始"按钮和通知区域等 5 部分组成。

2.3.1 Windows 7 桌面组件

1．桌面背景图片

Windows 将整个屏幕比拟成我们日常生活中读书、写字的桌面,而桌面背景图片则相当于桌布的意思,用户可以根据自己的喜好进行更改。桌面背景可以是个人计算机中所收集的数字图片,也可以是 Windows 7 操作系统自带的图片。如图 4-1 所示的桌面背景是 Windows 7 默认的桌面背景。

2．桌面图标

Windows 7 安装完成后,默认的 Windows 7 桌面就只有一个垃圾桶图标,像"我的电脑"、"Internet Explorer"图标及"我的文档"等都是默认不显示的,可以通过设置显示出来。所有的诸如文件、程序、文档、硬件设备等对象在计算机中都是以"图案"的形式来表示的,使用户一看就懂。

3．任务栏

Windows 的任务栏一般在桌面的下方（可以设置在桌面的其他位置）,在任务栏中默认会显示"Internet Explorer"图标、Windows 资源管理器等按钮,以方便用户快速启动程序或打开文件夹。和以前的系统相比，Windows 7 中的任务栏设计更加人性化，使用更加方便、灵活，功能更加强大。用户按"Alt +Tab"组合键可以在任务栏中不同的任务窗口之间进行切换操作。

4．"开始"按钮

"开始"按钮位于任务栏的最左边，它是 Windows 的中枢按钮。单击"开始"按钮即可执行 Windows 所有的功能、程序及系统设置等。

5．通知区域

通知区域位于任务栏的最右边，包含语言栏、时钟、音量、网络等图标，方便进行相关的设置和查看。

2.3.2 设置桌面图标

1．调整桌面图标大小

Windows 7 默认将桌面上的图标设置为"中等图标"，用户可以根据自己的喜好更改图标的大小。将鼠标指针放在桌面空白处右击，出现如图 2-3 所示的快捷菜单，单击快捷菜单中的"查看"命令，其级联菜单中有"大图标"、"中等图标"和"小图标"等选项。单击其中的任意一种，就可以看到桌面图标调整后的效果。

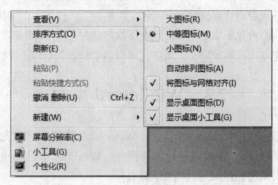

图 2-3　快捷菜单

2．快速排列图标

若用户的计算机使用久了，安装的软件会越来越多，桌面上的图标会逐渐增多而凌乱起来，为了方便查看，需要对图标进行排列。将鼠标指针放在桌面空白处右击，出现如图 2-3 所示的快捷菜单，单击快捷菜单中的"排列方式"命令，其级联菜单中有"名称"、"大小"、"项目类型"和"修改时间"等选项，用户可以根据自己的需要进行选择。

2.3.3 更换桌面背景

Aero 是从 Vista 开始使用的新型用户界面。它具有立体感和阔大的用户界面，除透明接口外，Aero 还包括实时缩略图、动画等窗口的特效，让用户的窗口面板多彩多炫。

Aero 的含义：Aero 是 Authentic（真实）、Energetic（活力）、Reflective（反映）、Open（开阔）4个单词的缩写，它实际上是 Vista 的一个开发代号，代表在 Vista 中作为独立的一个部分来开发的用户界面。

无论是 Windows 7 自带的图片，还是个人珍藏的精美图片，均可以设置为桌面背景。

1. 套用 Windows 7 自带的布景主题

Windows 7 提供了多组自带的布景主题，有建筑、人物、风景、自然、场景等，它是一组桌面背景。

将鼠标指针放在桌面空白处右击，出现如图 2-3 所示的快捷菜单。单击快捷菜单中的"个性化"命令，出现如图 2-4 所示的"个性化"窗口。单击某一个主题即可套用。例如，选择"建筑"主题，此时，桌面背景图案（颜色）立即进行更换，同时发出相应的声音。

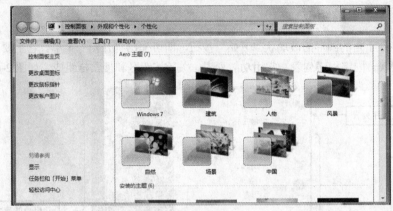

图 2-4 "个性化"窗口

2. 自设桌面背景

虽然 Windows 7 提供了多组自带的布景主题，如果并没有用户自己满意的布景主题，此时可以将用户自己已有的收藏图片设置为桌面背景。

单击图 2-4 所示的"个性化"窗口中最下方的"桌面背景"按钮，打开如图 2-5 所示的"桌面背景"窗口。如果要使用用户自己喜欢的图片作为背景，可以单击"图片位置"右侧的"浏览"按钮，打开"浏览文件夹"对话框，然后找到作为桌面图片文件的存储位置，选择该文件夹，然后单击"确定"按钮，返回图 2-5 所示的"桌面背景"窗口。此时可以看到该文件夹中的所有图片文件已经显示在列表中，并且全部显示为选中状态。用户可以在该列表中逐一挑选要播放的照片，在"图片位置"列表框中可以设置图片的位置及每张照片的播放时间。单击"保存修改"按钮即可更改桌面背景。

图 2-5 "桌面背景"窗口

2.4 Windows 7 "开始"菜单

"开始"按钮位于任务栏的最左边,它是 Windows 的中枢按钮。绝大部分程序的启动都需要通过单击"开始"菜单来实现。

2.4.1 "开始"菜单的组成

单击任务栏左下角的圆形的玻璃状"开始"按钮,即可弹出"开始"菜单。它主要由所有程序列表、常用程序列表、固定程序列表、常用功能列表、关闭按钮区和搜索框组成。如图 2-6 所示。

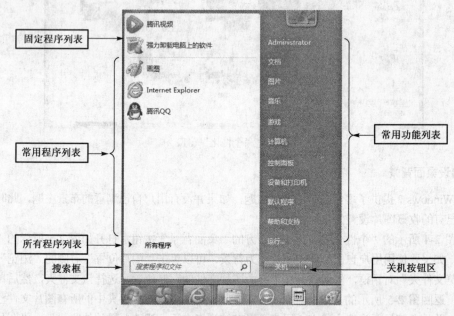

图 2-6 "开始"菜单

2.4.2 "开始"菜单的操作

1. 所有程序列表

用户在所有程序列表中可以查看所有系统中安装的软件程序。单击"所有程序"按钮,即可打开所有程序列表,单击文件夹的图标,可以继续展开相应的程序,单击"返回"按钮,即可隐藏所有程序列表。

2. 常用程序列表

此列表中主要存放系统常用程序,是随着时间动态分布的。如果超过 10 个(可以设定)它们会按照时间的先后顺序依次替换。这样,用户使用的文件就会出现在常用程序列表中。

3. 固定程序列表

该列表中显示"开始"菜单中的固定程序。默认情况下,Windows 7 下载菜单中显示的固定程序只有两个,即"入门"和"Windows Media Center"。通过选择不同的选项,可以快速地打开应用程序。

4. 常用功能列表

"开始"菜单的右侧窗格是常用功能列表。在常用功能列表中列出经常使用的 Windows 程序选项，常见的有"文档"、"图片"、"音乐"、"游戏"、"计算机"、"控制面板"和"运行"等，单击不同的程序选项，即可快速打开相应的程序。

5. 关机按钮区

关机按钮区主要用来对操作系统执行关闭操作，包括切换用户、注销、锁定、重新启动和睡眠等方式。

6. 搜索框

"搜索"框主要用来搜索计算机上的项目资源，是快速查找资源的有力工具，在"搜索"框中直接输入需要查询的文件名并按 Enter 键即可进行搜索操作。

2.5　Windows 7 窗口

2.5.1　Windows 7 窗口的组成

窗口是应用程序运行或查看文档时打开的一块区域。Windows 的许多操作都是在窗口中进行的，它是构成 Windows 图形用户界面的一个主要元素。单击"开始"按钮，即可弹出"开始"菜单，选择常用程序列表中的"音乐"命令，打开如图 2-7 所示的"音乐"窗口。以此窗口介绍 Windows 7 窗口的组成。

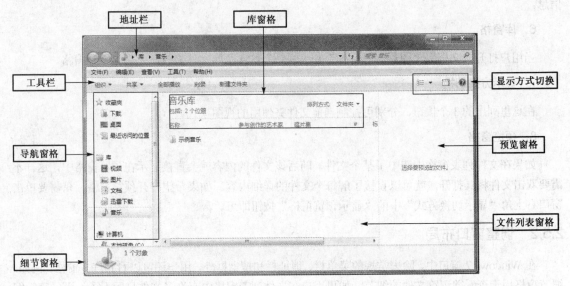

图 2-7　"音乐"窗口

1. 地址栏

地址栏显示了当前访问位置的完整路径，同时路径中的每个文件夹节点都会显示为按钮，单击按钮即可快速跳转到对应的文件夹。在每个文件夹按钮的右侧还有一个箭头按钮，单击后可以列出与该按钮相同位置下的所有文件夹。通过使用地址栏，可以让用户快速切换到当前位置路径下的任何一个文件夹中。

2. 工具栏

系统会根据当前所在的文件夹以及选择的文件类型，显示相关的功能按钮。图2-7所示的"音乐"窗口则会多出播放按钮，让用户打开播放软件来播放音乐。

3. 导航窗格

导航窗格以树形结构图的方式列出了一些常见位置，同时该窗格中还根据不同位置的类型，显示了多个子节点，每个子节点可以展开或合并。包含"收藏夹"、"库"、"计算机"和"网络"几个项目，可以让用户通过这几个项目快速浏览文件或文件夹。

4. 文件列表窗格

文件列表窗格中列出了当前浏览位置包含的所有内容，例如文件、文件夹，以及虚拟文件夹等。在文件列表窗格中显示的内容，还可以通过视图按钮更改显示视图，这样用户就可以根据文件夹内容的不同，选择最适合的视图。

5. 细节窗格

在文件列表窗格中单击某个文件或文件夹项目后，细节窗格中就会显示有关该项目的属性信息。而具体要显示的内容则取决于所选文件的类型。例如，如果选中的是MP3文件，细节窗格中将会显示歌手名称、唱片名称、流派、歌曲长度等信息；如果选中的是数码相机拍摄的JPG文件，这里则会显示照片的拍摄日期、相机型号、光圈大小、快门速度等信息。细节窗格的使用主要取决于文件的属性信息。

6. 库窗格

当用户打开"文档"、"图片"、"音乐"和"视频"这4个库文件夹时，才会显示该窗格。

7. 显示方式切换

在这里列出的3个按钮，分别可控制当前文件夹使用的视图模式。

8. 预览窗格

如果在文件列表窗格中选中了某个文件，随后该文件的内容就会直接显示在预览窗格中，这样不需要双击文件将其打开，就可以直接了解每个文件的详细内容。如果希望打开预览窗格，只需要单击窗口右上角"显示切换方式"中的"显示预览窗格"按钮即可。

2.5.2 调整窗口布局

在Windows 7窗口中，除去常规的菜单栏、地址栏和搜索框外，用户还可以看到许多窗格。例如，细节窗格用于查看欲浏览文件的细节，如果用户在文件列表窗格中有许多文件显示不了，而又感觉细节窗格没必要，就可以将此窗格隐藏起来，让窗口腾出底部的空间，以便显示更多的文件。

要调整成用户自己习惯的窗口布局，可以通过单击"工具栏"中"组织"按钮右侧的下拉箭头，选择"布局"命令，从级联菜单中单击要显示或隐藏的窗格名称即可。例如，可以将图2-7中的"细节窗格"隐藏起来，如图2-8所示。

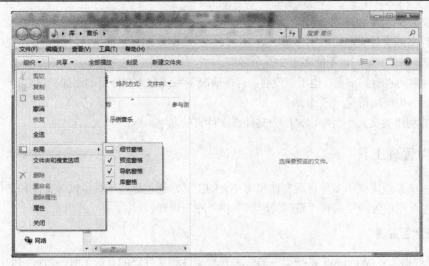

图 2-8　调整窗口布局

2.6　Windows 7 的文件管理

文件管理是操作系统的重要功能之一，而计算机中的所有程序和数据都是以文件的形式存储的，因此组织和管理好文件对用户来说非常重要。在 Windows 中，可以通过"资源管理器"和"库"管理等工具来管理文件或文件夹。

2.6.1　文件和文件夹概述

1. 文件

文件是被赋予了名称并存储在磁盘上的有组织的数据集合，它既包含了像程序、文字、图形、图像、声音等各种类型的数据，也把具体的物理设备当成文件处理，这样就大大简化了操作系统的管理和用户的操作。每个文件有一个命名，称为文件名。为了对各种类型的文件加以归类，可以给文件加上不同的扩展名。在 Windows 7 操作系统中，利用文件的扩展名识别文件是一种常用的重要方法。文件的类型是由文件的扩展名来标识的。一般情况下，文件可以分为文本文件、图像文件、照片文件、压缩文件、音频文件、视频文件等。例如，扩展名为.txt 的文件表示文本文件，扩展名为.exe 的文件表示可执行文件，扩展名为.docx 的文件表示 word 文档等。

2. 文件夹

在计算机的磁盘中存在大量的文件，为了便于存储、查找等管理文件工作，Windows 引入了文件夹的概念来对文件分门别类地进行管理。文件夹就像我们日常生活中的书橱存放书籍一样，通过把不同类别的文件放在不同的文件夹中，使用户可以方便地对文件进行管理操作。文件夹中还可以再创建文件夹，形成一种层次结构，这种树形结构的管理方法是一种较为流行的文件管理模式。

3. 文件和文件夹的命名

在 Windows 系统中，每个文件都有一个文件名，文件名由主文件名和扩展名两部分构成。主文件名一般由用户自己命名，最好与文件的内容相关联，尽量做到"见名知义"。文件夹的命名与文件的命名类似。Windows 系统支持长文件名命名。

文件和文件夹的命名规则：

（1）文件名或文件夹名可以由字母、数字、汉字或空格及部分字符组成，但不能出现以下字符：\、/、:、*、?、"、<、>、|，不能多于256个字符。

（2）文件名可以有扩展名，也可以没有。有些情况下系统会为文件自动添加扩展名。一般情况下，文件名与扩展名中间用符号"."分隔。

（3）不能利用英文大小写字母来区分文件或文件夹的名字。

2.6.2 文件管理工具

Windows 7 系统提供了多种管理文件和文件夹的工具，通过这些工具可以对文件和文件夹进行管理操作，其中常用的管理工具有"资源管理器"和"库"管理。

1. "资源管理器"

"资源管理器"是 Windows 系统提供的一种管理文件和文件夹的有效工具，通过它们可以方便地进行文件或文件夹的浏览、查看、移动、复制和删除等操作。

常用的启动"资源管理器"的方法是：单击"开始"按钮，鼠标指针指向"所有程序"，在"常用程序列表"中单击"附件"，然后单击"Windows 资源管理器"，即可打开资源管理器窗口，参见如图 2-7 所示的"音乐"窗口。

还可以通过如下方法打开"资源管理器"：用鼠标右击"开始"按钮，单击快捷菜单中的"打开 Windows 资源管理器"选项，即可打开资源管理器窗口。

资源管理器窗口的"导航窗格"以树状结构分层显示计算机内所有资源的详细列表，"文件列表窗格"则显示当前选中的"导航窗格"项目所包含的所有文件和文件夹。"导航窗格"中所有项目前面的图标"▷"表示该项目有下一级子文件夹，单击图标"▷"可展开其下一级子文件夹，并且图标"▷"变成图标"◢"；单击图标"◢"可折叠起已展开的内容，使"导航窗格"内容更紧凑、直观。如果展开的文件或文件夹的前面没有图标"◢"，说明该文件或文件夹已到达最底层。

双击桌面上"计算机"图标，可以打开"计算机"窗口。或者通过按下键盘上的 Windows 键+E 键，也可以打开"计算机"窗口。其使用方法与"资源管理器"相同，在此不再赘述。

2. "库"

这是 Windows 7 操作系统中新推出的一个有效的文件管理模式，它看起来跟文件夹比较相似，但是又有很大的不同。从图 2-7 所示的"音乐"窗口的界面中，用户可以看到"库窗格"好像跟传统的文件夹比较相像。从某个角度来讲，库与文件夹确实有很多相似的地方。如跟文件夹一样，在库中也可以包含各种各样的子库与文件，等等。但是其本质上跟文件夹有很大的不同。在文件夹中保存的文件或者子文件夹都是存储在同一个位置的，而在库中存储的文件则可以来自于计算机中的任意存储位置。如可以来自于用户电脑上的关联文件或者来自于移动磁盘上的文件。这个差异虽然比较细小，但却是传统文件夹与库之间的最本质的差异。

其实库的管理方式更加接近于快捷方式。库中的对象就是各种文件夹与文件的一个快照，库中并不真正存储文件，从而提供一种更加快捷的管理方式。例如，用户有一些工作文档主要存储在自己电脑上的 D 盘和移动硬盘 F 中。为了以后工作的方便，用户可以将 D 盘与移动硬盘 F 中的文件都放置到新建库中。在需要使用 D 盘与移动硬盘 F 中的这些文件时，只要直接打开新建库即可（前提是移动硬盘 F 已经连接到用户主机上了），而不需要再去定位到 D 盘和移动硬盘 F 上了。

2.6.3 Windows 7 的文件管理

在 Windows 中,对文件和文件夹的管理主要有新建、选定、复制、移动、删除、还原、重命名和查找等基本操作方法。执行这些操作,既可以通过"导航窗格"来进行,也可以通过"计算机"或"资源管理器"来操作,方法基本一致。下面主要通过"资源管理器"对文件和文件夹进行操作。

1. 新建文件或文件夹

鼠标右击"开始"按钮,单击快捷菜单中的"打开 Windows 资源管理器"选项,即可打开"资源管理器"窗口。首先定位新建文件夹的位置(例如 D 盘),然后打开 D 盘,用鼠标右击"文件列表窗格"的空白区域,鼠标指针指向快捷菜单中的"新建"命令,然后单击级联菜单中的"文件夹"命令。此时,"文件列表窗格"中将出现一个文件夹图标,在图标下会有蓝底色的待改变的文件夹默认名"新建文件夹",直接输入新的名字,然后按回车键确认即创建了一个新文件夹,如图 2-9 所示。

图 2-9 新建文件和文件夹

新建文件与新建文件夹过程相同。首先定位新建文件的位置,之后在空白处右击,然后选择"新建"选项,再单击要新建的文件类型即可。

2. 打开和关闭文件或文件夹

文件或文件夹在使用时,通常都需要先将其打开,然后进行读或写操作,最后将其保存并关闭。

(1) 打开文件或文件夹。

打开文件或文件夹常见的方法有以下三种。

① 选择需要打开的文件或文件夹,用鼠标双击文件或文件夹的图标即可打开文件或文件夹。

② 在需要打开的文件或文件夹名上单击鼠标右键,在弹出的快捷菜单中选择"打开"菜单命令即可打开文件或文件夹。

③ 在需要打开的文件图标上单击鼠标右键,在弹出的快捷菜单中选择"打开方式"菜单命令,在弹出的子菜单中选择相应的软件即可打开文件。

提示:利用"打开方式"打开文件时,所选择的软件应支持所打开的文件格式。例如,要打开一个文本文件,就需要选择"记事本"软件,而不能使用画图软件来打开,也不能使用影视软件来打开。

(2) 关闭文件。

通常文件的打开都和相应的软件有关，在软件的右上角都有一个"关闭"按钮，单击"关闭"按钮，可以直接关闭文件；或者在文件当前活动窗口中，按组合键"Alt+F4"，可以快速关闭当前被打开的文件。

3. 选定文件或文件夹

(1) 选定一个文件或文件夹。

将鼠标指针指向要选择的文件或文件夹，单击鼠标即可。

(2) 选定连续的多个文件或文件夹。

① 单击第一个要选择的文件或文件夹，然后按住 Shift 键不放，再单击最后一个文件或文件夹，则从第一个到最后一个之间的所有文件或文件夹都被选定。

② 鼠标指向要选择的文件或文件夹的周围，然后按住鼠标左键不放，拖动鼠标，当所有要选择的文件或文件夹被框选后，松开鼠标左键即可。

(3) 选定不连续的多个文件或文件夹。

按住 Ctrl 键不放，依次单击要选择的文件或文件夹即可。

(4) 全部选定。

依次单击"工具栏"中的"组织"按钮、"全选"命令，或者按 Ctrl+A 快捷键，则可以选定当前文件夹中的所有文件和文件夹。

通过上述方法选定的文件或文件夹会出现蓝色底色，表示被选定。如果要取消部分被选定的文件或文件夹，可以按住 Ctrl 键不放，然后依次单击要取消的文件或文件夹；如果要取消全部被选定的文件或文件夹，则只需在"文件列表窗格"的空白区域单击鼠标即可。

4. 复制文件或文件夹

复制文件或文件夹是指复制一个文件或文件夹的副本并放到目标位置。复制命令执行后，原位置和目标位置均有该文件或文件夹。下面介绍几种常用的复制操作方法。

(1) 使用菜单命令操作。

在"文件列表窗格"中选定要复制的文件或文件夹，依次单击菜单栏中的"编辑"、"复制"命令，然后单击资源管理器"导航窗格"内的目标文件夹或驱动器，依次单击菜单栏中的"编辑"、"粘贴"命令，即可将选定的文件或文件夹复制到目标位置。

(2) 使用鼠标拖动操作。

展开资源管理器"导航窗格"内的目录树，使目标文件夹或驱动器可见，然后选定要复制的文件或文件夹。如果被复制的对象与目标位置在同一驱动器上，则需要按住 Ctrl 键不放，拖动被复制的对象到目标位置，释放鼠标左键和 Ctrl 键即可；否则，只需用鼠标将被复制的对象直接拖动到目标位置，即可完成复制操作。

(3) 使用快捷菜单命令操作。

鼠标右击要复制的文件或文件夹，在弹出的快捷菜单中选择"复制"命令，然后在资源管理器的"导航窗格"内选定目标文件夹或驱动器，在其"文件列表窗格"的空白处右击，在弹出的快捷菜单中选择"粘贴"命令即可。

(4) 使用快捷键操作。

选定要复制的文件或文件夹，使用 Ctrl+C 键将选定的对象复制到剪贴板上，然后在资源管理器的"导航窗格"内选定目标文件夹或驱动器，使用 Ctrl+V 键即可将剪贴板中的内容粘贴到目标位置。

5. 移动文件或文件夹

移动文件或文件夹是指将文件或文件夹从原来的位置移动到一个新的位置，移动命令执行后，原位置的文件或文件夹就不存在了。下面介绍几种常用的移动操作方法。

（1）使用菜单命令操作。

在"文件列表窗格"中选定要移动的文件或文件夹，依次单击菜单栏中的"编辑"、"剪切"命令，然后单击资源管理器"导航窗格"内的目标文件夹或驱动器，依次单击菜单栏中的"编辑"、"粘贴"命令，即可将选定的文件或文件夹移动到目标位置。

（2）使用鼠标拖动操作。

展开资源管理器"导航窗格"内的目录树，使目标文件夹或驱动器可见，然后选定要移动的文件或文件夹。如果被移动的对象与目标位置在同一驱动器上，则用鼠标将选定的文件或文件夹直接拖动到目标位置即可；否则，需按住 Shift 键不放，用鼠标拖动文件或文件夹到目的位置，释放鼠标左键和 Shift 键，即可完成移动操作。

（3）使用快捷菜单命令操作。

用鼠标右击要移动的文件或文件夹，在弹出的快捷菜单中选择"剪切"命令，然后在资源管理器的"导航窗格"内选定目标文件夹或驱动器，在其"文件列表窗格"的空白处右击，在弹出的快捷菜单中选择"粘贴"命令即可。

（4）使用快捷键操作。

选定要移动的文件或文件夹，使用 Ctrl+X 键将选定的对象剪切到剪贴板上，然后在资源管理器的"导航窗格"内选定目标文件夹或驱动器，使用 Ctrl+V 键即可将剪贴板中的内容粘贴到目标位置。

需要注意的是，如果你发现某个文件或文件夹移动走后才发现不妥当，既可以采用上述方法移动回去，也可以通过在窗口的"文件列表窗格"中右击，在其出现的快捷菜单中单击"撤销移动"命令即可。

6. 重命名文件或文件夹

用户可以根据需要更改文件或文件夹的名字，具体操作如下：

在"文件列表窗格"中选定要重命名的文件或文件夹，依次单击菜单栏中的"文件"、"重命名"命令，或者右击要重命名的文件或文件夹，在弹出的快捷菜单中选择"重命名"命令，则该文件或文件夹的名字处于编辑状态，在编辑框中输入新的名字，按 Enter 键或单击窗口的空白处，即可完成重命名操作。一次只能对一个文件或文件夹进行重命名操作。

提示： 在重命名文件时，不能改变已有文件的扩展名，否则当要打开该文件时，文件就会损坏，或系统无法确认要使用哪种程序打开该文件。如果更换的文件名与已有的文件名重名，系统则会提示用户无法使用更换的文件名，确定后，需要重新输入即可。

用户还可以选择需要更改名称的文件，用鼠标两次单击（不是双击）文件名，之后选择的文件名将处于编辑状态，在其中输入名称，按 Enter 键即可。

7. 删除文件或文件夹

对于磁盘中不再有用的文件或文件夹，可以将其删除以释放磁盘空间，下面介绍几种常用的删除方法。

（1）使用菜单命令操作。

在"文件列表窗格"中选定要删除的文件或文件夹，依次单击菜单栏中"文件"、"删除"命令，弹出"删除文件"对话框，单击"是"按钮，则所选定的文件或文件夹被移到回收站中。

（2）使用鼠标拖动操作。

在"文件列表窗格"中选定要删除的文件或文件夹，用鼠标将其直接拖动到Windows桌面的"回收站"图标上即可。

（3）使用快捷菜单命令操作。

在"文件列表窗格"中选定要删除的文件或文件夹，用鼠标指向其中一个图标右击，在弹出的快捷菜单中选择"删除"命令，单击"删除文件"对话框中的"是"按钮，则所选定的文件或文件夹被移到回收站中。

（4）使用Delete键操作。

在"文件列表窗格"中选定要删除的文件或文件夹，按键盘上的Delete键，单击"删除文件"对话框中的"是"按钮，即可将其放入回收站。

删除文件或文件夹操作都是将被删除对象移动到回收站中。如果用户想直接删除选定的文件或文件夹而不是移动到回收站中，则可以按住Shift键不放，同时执行上述删除文件的操作即可。

8. 还原文件或文件夹

通过回收站还可以将被删除的文件或文件夹还原到原来的位置。具体操作如下：如果要恢复被误删除的文件或文件夹，则可以双击Windows桌面的"回收站"图标，在弹出的"回收站"窗口中选择要恢复的文件或文件夹，单击"回收站"窗口工具栏中的"还原此项目"按钮，即可将文件或文件夹还原到原来的位置。或者右击要还原的文件或文件夹，在弹出的快捷菜单中选择"还原"命令，则该文件或文件夹就被还原到原来的位置。

9. 查看文件或文件夹属性

对于计算机中的任何一个文件或文件夹，如果用户想知道文件或文件夹的详细信息，可以通过查看其属性来了解。

在需要查看属性的文件或文件夹名称上单击鼠标右键，在弹出的快捷菜单中选择"属性"菜单命令，系统弹出所选文件或文件夹的"属性"对话框，如图2-10所示是打开的文件"属性"对话框。在"常规"选项卡中，用户可以看到所选文件或文件夹的详细信息。

"只读"属性：设置文件或文件夹是否为只读（意味着不能更改或意外删除）。用鼠标单击复选框（即勾选）则表示文件或文件夹是只读的。

"隐藏"属性：设置该文件或文件夹是否被隐藏，隐藏后如果不知道其名称就无法查看或使用此文件或文件夹。用鼠标单击复选框（即勾选）则表示文件或文件夹是隐藏的。

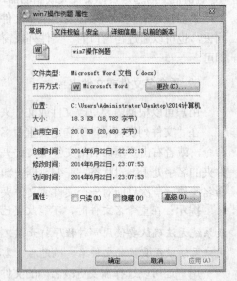

图2-10 文件"属性"对话框

10. 创建文件或文件夹的快捷方式

对于经常使用的文件或文件夹，可以为其创建快捷方式图标，将其放在桌面上或其他可以快速访问的地方，这样可以避免因寻找文件或文件夹而浪费时间，从而提高用户的效率。

选中需要创建快捷方式的文件或文件夹，用鼠标右键单击并在弹出的快捷菜单中选择"发送到"级联菜单中的"桌面快捷方式"菜单命令，系统将自动在桌面上添加一个所选文件或文件夹的快捷方式，用鼠标双击就可以打开相应的文件或文件夹。

11. 查看文件的扩展名

Windows 7 系统默认情况下并不显示文件的扩展名，用户可以使用以下方法使文件的扩展名显示出来。

（1）打开任意一个文件夹，可以看到在该文件夹窗口的"文件列表窗格"中的所有文件都不显示扩展名，单击文件夹窗口"菜单栏"中的"工具"菜单，在出现的下拉菜单中选择"文件夹选项"菜单命令，如图 2-11 所示。

（2）单击"文件夹选项"，弹出"文件夹选项"对话框，如图 2-12 所示。选择"查看"选项卡，在"高级设置"栏中取消勾选"隐藏已知文件类型的扩展名"复选框，单击"确定"按钮，此时用户可以查看到文件的扩展名。

图 2-11 "文件夹"窗口

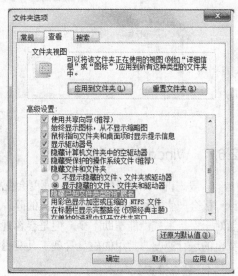
图 2-12 设置文件类型显示

12. 查找文件和文件夹

随着电脑里面存放的文件越来越多，当要查找以前的某个文件时，如果记不清楚它的存放位置，找起来会很麻烦。这时，采用适当的搜索办法来提高搜索效率是必不可少的。在 Windows 系统中自带了一个搜索功能，真正利用好这个功能对用户的搜索功能有很大帮助。

其实 Windows 7 系统中对搜索功能进行了改进，不仅在开始菜单可以进行快速搜索，而且对于硬盘文件搜索推出了索引功能。

单击任务栏上的"开始"按钮，即可弹出"开始"菜单。在搜索提示框中输入"搜索的程序和文件"，可自动开始搜索，搜索结果会即时显示在搜索框上方的开始菜单中，并会按照项目种类进行分门别类。当搜索结果充满开始菜单空间时，还可以单击"查看更多结果"，即可在资源管理器中看到更多的搜索结果，以及共搜索到的对象数量，如图 2-13 所示。

在 Windows 7 中还设计了再次搜索功能，即在经过首次搜索后，如果搜索结果太多，可以进行再次搜索，可以选择系统提示的搜索范围，如根据种类、修改日期、类型、大小和名称等进行搜索。

另外，还可以利用通配符进行搜索。在搜索时，如果关于文件的某些信息记得不是很清楚，就可以利用通配符来进行模糊查找。"?"号代表任何单个字符，"*"号可代表文件或文件夹名称中的一个或多个字符。例如，要查找所有以字母"Z"开头的文件，可以在查询内容中输入"Z*"。同时也可以一次使用多个通配符。如果想查找一种特殊类型的字符串时，可以使用"*."+"文件类型"的方法，如使用"*.JPG"就可以查找到所有 .JPG 格式的文件。

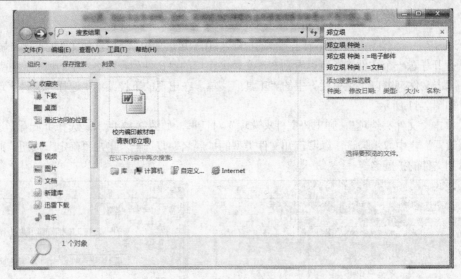

图 2-13 "搜索"窗口

2.6.4 Windows 7 磁盘管理

一般来讲，计算机使用久了，速度会变得越来越慢，这主要与计算机系统与磁盘有关。使用久了，计算机会产生各种系统垃圾以及磁盘的碎片，导致速度变慢。通常用户习惯于定期清理系统垃圾，虽然对于保持系统性能帮助不少，但是会忽视对电脑磁盘的清理问题，如果这两者结合起来，会提升计算机的运行速度。常用的磁盘管理工具有磁盘清理和磁盘碎片整理。

1. 磁盘清理

可以通过以下任何一种方法实现磁盘的清理。

（1）鼠标右击桌面上的"计算机"，在弹出的快捷菜单中单击"属性"选项，出现"系统"窗口。在该窗口中，单击左下角的"性能信息和工具"图标，出现"性能信息和工具"窗口。在该窗口中，单击左边窗格中的"打开磁盘清理"图标，出现"磁盘清理：驱动器选择"对话框。在该对话框中，选择需要清理的驱动器并单击"确定"按钮即可进行磁盘清理。

（2）单击任务栏上的"开始"按钮，在"所有程序"中单击"附件"文件夹，在"附件"文件夹中单击"系统工具"文件夹，单击该文件夹中的"磁盘清理"项目即可进行磁盘清理。

2. 磁盘碎片整理

磁盘碎片又称为文件碎片，是因为文件被分散保存到整个磁盘的不同地方，而不是连续地保存在磁盘连续的簇中形成的。当应用程序所需的物理内存不足时，一般操作系统会在硬盘中产生临时交换文件，用该文件所占用的硬盘空间虚拟成内存。虚拟内存管理程序会对硬盘频繁读写，产生大量的碎片，这是产生硬盘碎片的主要原因。其他如 IE 浏览器浏览信息时生成的临时文件或临时文件目录的设置也会造成系统中形成大量的碎片。

单击任务栏上的"开始"按钮，在"所有程序"中单击"附件"文件夹，在"附件"文件夹中单击"系统工具"文件夹，单击该文件夹中的"磁盘碎片整理程序"项目，出现"磁盘碎片整理程序"窗口。在该窗口中，选择要进行碎片整理的磁盘。如果要确定是否需要对磁盘进行碎片整理，请单击"分析磁盘"。在 Windows 完成分析磁盘后，可以在"上一次运行时间"列中检查磁盘上碎片的百分比。如果数字高于 10%，则应该对磁盘进行碎片整理。单击"磁盘碎片整理"即可完成磁盘碎片整理工作。

磁盘碎片整理程序可能需要几分钟到几小时才能完成，具体取决于硬盘碎片的大小和程度。在碎片整理过程中，仍然可以使用计算机。

2.7 控 制 面 板

控制面板是 Windows 图形用户界面的一部分，包含多个实用程序，允许用户查看并可以对系统环境进行设置，也是用户接触较多的系统界面。在 Windows 7 操作系统中，微软对控制面板有着较多的改进设计，很多刚开始使用 Windows 7 的用户多少有点生疏。

单击任务栏上的"开始"按钮，即可弹出"开始"菜单，如图 2-6 所示。单击"常用功能列表"中的"控制面板"项目，即可打开"控制面板"窗口，如图 2-14 所示。

图 2-14　以"类别"方式显示"控制面板"窗口

对于习惯使用 Windows XP 系统的用户，刚开始接触 Windows 7 控制面板时，用起来自然有些不习惯，不过，用户可以通过采用改变"查看方式"的方法，找回以往较熟悉的窗口。

在 Windows 7 旗舰版系统中，控制面板默认以"类别"的形式来显示功能菜单，分为"系统和安全"、"用户帐户和家庭安全"、"网络和 Internet"、"外观和个性化"、"硬件和声音"、"时钟、语言和区域"、"程序"、"轻松访问"等类别，在每个类别下显示一些常用功能。除了"类别"，Windows 7 控制面板还提供了"大图标"和"小图标"的查看方式，只需单击控制面板右上角"查看方式"旁边的小箭头，从中选择用户自己喜欢的形式就可以了，相信习惯使用 Windows XP 系统的用户对此界面可能就非常熟悉了，如图 2-15 所示。本节将在控制面板提供的"小图标"查看方式下介绍 Windows 7 控制面板方面的使用方法。

Windows 7 系统的搜索功能非常强大，控制面板中也提供了非常好用的搜索功能。用户只要在控制面板右上角的搜索框中输入关键词，回车后即可看到控制面板功能中相应的搜索结果。这些功能按照类别做了分类显示，一目了然，极大地方便了用户快速查看功能选项。

在 Windows 7 系统的控制面板窗口，用户还可以通过地址栏导航的方法快速切换到相应的分类选项或者指定需要打开的程序。例如，切换至功能分类选项时，只要单击地址栏中控制面板右侧向右的箭头，即可显示该类别下的所有程序列表，从中单击相应的选项即可快速打开相应的程序。

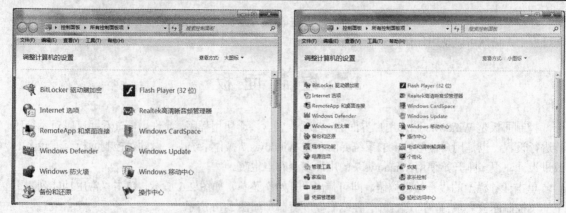

图 2-15 以图标方式显示"控制面板"窗口

2.7.1 个性化设置

在控制面板提供的"小图标"查看方式窗口中,单击"个性化"图标,显示如图 2-4 所示的"个性化"窗口。通过该窗口可以更改计算机上的任务栏和开始菜单、视觉效果、声音、屏幕保护和分辨率等。

1. 任务栏和开始菜单设置

(1) 任务栏设置。

任务栏是桌面的一个区域,它包含"开始"菜单以及用于所有已打开程序的按钮。任务栏通常位于桌面的底部。

将鼠标指针放在任务栏的空白处单击鼠标右键,在出现的快捷菜单中单击"属性"命令,即可打开如图 2-16 所示的"任务栏和开始菜单属性"对话框。也可以通过将鼠标指针放在任务栏的"开始"按钮上单击鼠标右键,在出现的快捷菜单中单击"属性"命令,打开该对话框。

在该对话框中的"任务栏"选项卡中,分为任务栏外观、通知区域、使用 Aero Peek 预览桌面三个选项。

在任务栏外观选项中,可以将任务栏锁定、隐藏和使用小图标,只要勾选该选项前面的复选框即可。

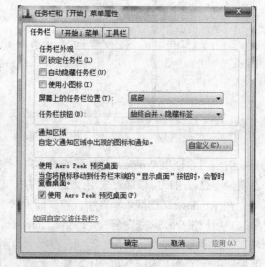

图 2-16 "任务栏和开始菜单属性"对话框

屏幕上的任务栏位置默认在底部。还可以将任务栏放在屏幕的左侧、右侧和顶部。

Aero Peek 是 Windows 7 中一个崭新的功能。它提供两个基本功能,一是通过 Aero Peek,用户可以通过所有窗口查看桌面,二是用户可以快速切换到任意打开的窗口,因为这些窗口随时隐藏或可见。

当将鼠标光标悬停在任务栏上的相应缩略图上几秒钟后,将会显示与该缩略图关联的窗口,而所有其他窗口均会变为透明。如果将鼠标光标移动到另一个缩略图上而不单击该缩略图,则可见窗口会变为与新聚焦的缩略图相关联的窗口。如果在激活 Aero Peek 后将鼠标光标从缩略图上移走,则会恢复以前的布局。

(2) 开始菜单设置。

在图 2-16 所示的"任务栏和开始菜单属性"对话框中,选择"开始菜单"选项卡,如图 2-17 所示。通过单击"自定义"按钮,用户即可自定义"开始菜单"上的链接、图标、菜单的外观和行为及"开始菜单大小"等。

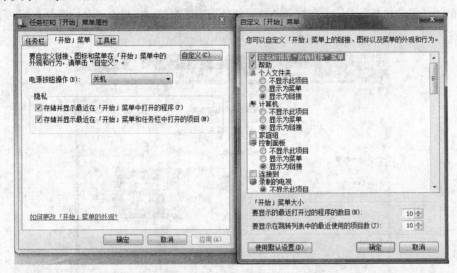

图 2-17 "开始菜单"选项卡

2. 屏幕保护和分辨率设置

(1) 屏幕保护设置。

在指定的一段时间内没有使用鼠标或键盘后,屏幕保护程序就会出现在计算机的屏幕上,此程序为变动的图片或图案。屏幕保护程序主要是个性化计算机或通过提供密码保护来增强计算机安全性的一种方式。设置屏幕保护程序的具体操作步骤如下。

单击图 2-4 所示的"个性化"窗口右下角的"屏幕保护程序",打开如图 2-18 所示的对话框。单击屏幕保护程序的下拉按钮,选择一种屏幕保护程序,单击"确定"按钮即可。

图 2-18 "屏幕保护程序设置"对话框

(2) 分辨率设置。

单击图 2-4 所示的"个性化"窗口左侧的"显示"图标，打开如图 2-19 所示的窗口。单击"显示"窗口左侧的"调整分辨率"图标，在打开的"屏幕分辨率"窗口中，单击"分辨率"右侧的下拉箭头调整分辨率即可。

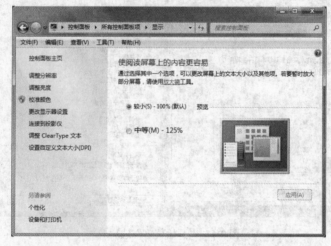

图 2-19 "显示"窗口

2.7.2 日期和时间的设置

在图 2-15 所示的控制面板提供的"小图标"查看方式窗口中，单击"日期和时间"图标，打开"日期和时间"对话框。在该对话框中单击"更改日期和时间"按钮，打开如图 2-20 所示的对话框。对照正确时间来修改电脑时间。如果还需要修改日历时间，可单击"更改日历设置"图标，打开"自定义格式"对话框。在"自定义格式"对话框中，可以按照用户喜好选择日期、日历以及时间的显示方式。当然，用户也可以在"区域和语言"对话框中更进一步地来设置格式，比如让星期也显示在桌面上等。

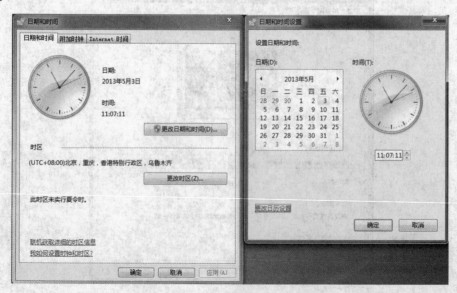

图 2-20 "日期和时间设置"对话框

2.7.3 卸载或更改程序

"卸载或更改程序"是控制面板中对计算机程序进行有效管理的一个工具软件，可以执行诸如"卸载程序"、"查看已安装的更新"、"打开或关闭 Windows 功能"等多项任务。如果用户不再使用某个程序，或者希望释放硬盘上的空间，则可以从计算机上卸载该程序。可以使用"程序和功能"卸载程序，或者通过添加或删除某些选项来更改程序配置。

卸载或更改程序的步骤：单击图 2-14 所示的控制面板窗口中的"程序"图标，打开"程序"窗口。在窗口的右窗格，单击"程序和功能"图标，显示如图 2-21 所示的窗口。在该窗口中，选择要卸载或更新的程序，然后单击"卸载"按钮。除了安装或卸载外，还可以更改或修复"程序和功能"中的某些程序。单击"更改"、"修复"或"更改/修复"按钮（取决于所显示的按钮），即可安装或卸载程序的可选功能。并非所有的程序都使用"更改"按钮，许多程序只提供"卸载"按钮。如果系统提示你输入管理员密码或进行确认，请输入该密码或提供确认。

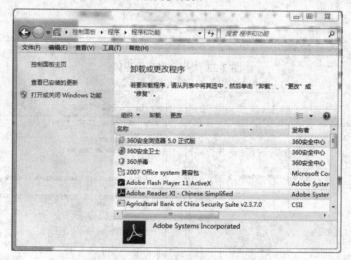

图 2-21 "程序和功能"窗口

2.7.4 用户帐户设置

Windows 7 提供的是多用户环境，允许多用户进行登录，但每个用户的个人设置和配置环境等会有很大不同，这就需要对用户帐户进行必要的设置和管理。

所谓用户帐户，是指通过 Windows 用户可以访问哪些文件和文件夹，可以对计算机和个人首选项（如桌面背景或屏幕保护程序）进行哪些更改的信息集合。通过用户帐户，用户可以在拥有自己的文件和设置的情况下与其他用户共享计算机。每个用户都可以使用用户名和密码访问其用户帐户。

Windows 7 提供了标准帐户、管理员帐户和来宾帐户三种类型的帐户。每种类型为用户提供不同的计算机控制级别。在图 2-15 所示的控制面板提供的"小图标"查看方式窗口中，单击"用户帐户"图标，打开如图 2-22 所示的"用户帐户"窗口。

在图 2-22 所示的"用户帐户"窗口中，可以为管理员帐户建立密码，也可以管理其他帐户，例如管理标准帐户和来宾帐户，也可创建一个新帐户。

创建一个新帐户的方法如下：在图 2-22 所示的"用户帐户"窗口中单击"管理其他帐户"图标，打开如图 2-23 所示的"管理帐户"窗口。在该窗口中，单击"创建一个新帐户"图标，打开如图 2-24

所示的"创建新帐户"窗口。在对帐户进行命名并选择帐户类型（标准用户或管理员）后，单击"创建帐户"按钮即可创建了一个新帐户（如图2-24所示的zheng）。

图2-22 "用户帐户"窗口

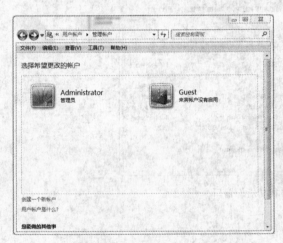

图2-23 "管理帐户"窗口

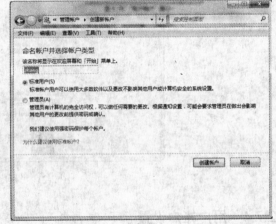

图2-24 "创建新帐户"窗口

在"管理帐户"窗口中选择新建立的帐户并单击，打开"更改帐户"窗口，单击"创建密码"图标，输入密码（注意要输入两次）并确认，必要时可以设置强密码和密码提醒（关于强密码和密码提醒可单击对应的链接参考帮助文档），并单击"创建密码"按钮即可对新建帐户设立密码。

在图2-22所示的"用户帐户"窗口中单击"管理其他帐户"图标，打开如图2-25所示的"管理帐户"窗口。

在窗口上有管理员，一般默认有Administrator或者有Guest帐户，当然也包含新建的一个zheng用户。单击zheng用户进入用户帐户的设置，然后在上面找到"删除帐户"按钮，弹出"是否保留zheng的文件"，这里就根据用户的情况而定是否保留文件，再单击"删除文件"按钮或者"保留文件"按钮其中一个选项即可。这样用户的Windows 7用户帐户就被删除了。

提示：由于系统为每个帐户都设置了不同的文件，包括桌面、文档、音乐、收藏夹、视频文件等。因此，在删除某个用户的帐户时，如果用户想保留帐户的这些文件，可以单击"保留文件"按钮，否则单击"删除文件"按钮即可。

第 2 章 Windows 7 操作系统

图 2-25 添加新帐户后的"管理帐户"窗口

2.7.5 设备管理器

设备管理器提供计算机上所安装硬件的图形视图。所有设备都通过一个称为"设备驱动程序"的软件与 Windows 通信。使用设备管理器可以安装和更新硬件设备的驱动程序、修改这些设备的硬件设置以及解决问题。

设备管理器主要用于：

（1）确定计算机上的硬件是否工作正常；

（2）更改硬件配置设置；

（3）标识为每个设备加载的设备驱动程序，并获取有关每个设备驱动程序的信息；

（4）更改设备的高级设置和属性，安装更新的设备驱动程序；

（5）"启用"、"禁用"和"卸载"设备；

（6）回滚到驱动程序的前一版本；

（7）基于设备的类型、按设备与计算机的连接或按设备所使用的资源来查看设备；

（8）显示或隐藏不必查看、但对高级疑难解答而言可能必需的隐藏设备。

通常使用设备管理器来检查硬件的状态以及更新计算机上的设备驱动程序。完全了解计算机硬件的高级用户还可以使用设备管理器的诊断功能解决设备冲突和更改资源设置。

一般来说，不需要使用设备管理器更改资源设置，因为在硬件安装过程中系统会自动分配资源。

使用设备管理器只能管理"本地计算机"上的设备。在"远程计算机"上，设备管理器将仅以只读模式工作，此时允许查看该计算机的硬件配置，但不允许更改该配置。

在图 2-15 所示的控制面板提供的"小图标"查看方式窗口中，单击"设备管理器"图标，打开如图 2-26 所示的"设备管理器"窗口。

图 2-26 "设备管理器"窗口

1. 查看设备信息

使用设备管理器，用户可以看到整个使用计算机配置的详细信息，包括其状态、正在使用的驱动程序以及其他信息。在图 2-26 所示的"设备管理器"窗口中，通过单击要查看设备类型前的图标"▷"展开该类型的所有设备。双击要查看的设备类型，或者右键单击要查看的设备类型，然后单击"属性"。在"常规"选项卡上，"设备状态"区域显示当前状态的描述。需要注意的是，如果设备遇到问题，则显示问题的类型。还可能看到问题代码和编号，以及建议的解决方案。如果显示"检查解决方案"按钮，还可以通过单击该按钮向 Microsoft 提交 Windows 错误报告。在"驱动程序"选项卡上，显示有关当前已安装驱动程序的信息。单击"详细信息"按钮，"驱动程序文件详细信息"页显示组成驱动程序的单独文件的列表。

2. 启用或禁用设备

对于用户想启用或禁用所用计算机中的某一个设备时，可以通过如下方法进行操作。在图 2-26 所示的"设备管理器"窗口中，通过单击要查看设备类型前的图标"▷"展开该类型的所有设备。

（1）启用设备。

右键单击所需的设备，在弹出的快捷菜单中单击"启用"命令即可。如果设备处于禁用状态，将只列出"启用"。也可以在设备的"属性"对话框上启用设备。在"属性"对话框的"驱动程序"选项卡上，单击"启用"按钮，然后单击"确定"按钮即可。如果系统提示用户重新启动计算机，则直到重新启动计算机后才会启用设备。

（2）禁用设备。

禁用设备时，物理设备虽然保持与计算机的连接，但设备驱动程序处于禁用状态。启用设备时，驱动程序将再次可用。如果系统提示用户重新启动计算机，则设备将不会被禁用并继续运行，直到重新启动计算机为止。像磁盘驱动器和处理器之类的设备，用户是无法禁用的。

禁用设备的禁用方法同启用设备方法相同，只是将"启用"改为"禁用"即可。

3. 更新或更改设备的驱动程序

随着计算机技术的快速发展，硬件设备的驱动程序也在不断升级，以更好地支持硬件设备的正常使用，提高计算机的整体性能。

对于要更新的硬件设备驱动程序，用户可以通过如下方法来操作：在图 2-26 所示的"设备管理器"窗口中，通过单击要查看设备类型前的图标"▷"展开该类型的所有设备。双击要查看的设备类型，或者右键单击要查看的设备类型，然后单击"属性"。在"属性"对话框的"驱动程序"选项卡上，单击"更新驱动程序"按钮，然后单击"确定"按钮即可。

2.7.6 设备和打印机

"设备和打印机"允许用户执行多种任务，所执行的任务因设备而异。在该项功能中，用户可以执行的主要任务有：

（1）向计算机添加新的无线或网络设备或打印机；
（2）查看连接到计算机的所有外部设备和打印机；
（3）检查特定设备是否正常工作；
（4）查看有关设备的信息，如种类、型号和制造商；
（5）使用设备执行任务。

在图 2-15 所示的控制面板提供的"小图标"查看方式窗口中，单击"设备和打印机"图标，打开如图 2-27 所示的"设备和打印机"窗口。在该窗口中，用户可以单击"添加设备"或"添加打印机"图标来实现无线或网络设备及打印机的安装。

图 2-27 "设备和打印机"窗口

1. 添加打印机

单击"添加打印机"图标，打开一个如图 2-28 所示的"添加打印机"对话框。在该对话框中，有"添加本地打印机(L)"和"添加网络、无线或 Bluetooth 打印机(W)"两个选项。例如，将鼠标指针指向第一项"添加本地打印机"并单击，在新出现的对话框中选择"打印机端口"（例如使用现有的端口），单击"下一步"按钮，出现"安装打印机驱动程序"对话框，在厂商项下面选择打印机名，再在打印机下面选择型号，依次单击"下一步"按钮，最后单击"完成"按钮即可完成打印机的安装。

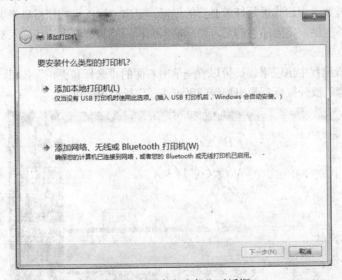

图 2-28 "添加打印机"对话框

2. 删除打印机

在图 2-27 所示的"设备和打印机"窗口中，选中要删除的打印机，然后单击工具栏上的"删除设备"图标，出现"删除设备"对话框，单击"确定"按钮，即可将选定的打印机删除。

2.8 Windows 7 实用工具

2.8.1 数学输入面板

通常情况下，用户需要输入数学公式时，总是首先打开 Word，然后再调用公式编辑器进行输入。尽管这是一种用户较常用的方法，但是比较麻烦。其实，在 Windows 7 的附件中就自带了一个实用工具——数学输入面板，使用它，用户输入数学公式时就感觉非常简单了。

数学输入面板使用内置于 Windows 7 的数学识别器来识别手写的数学表达式，然后可以将识别的数学表达式插入字处理程序或计算程序。

单击任务栏上的"开始"按钮，在"所有程序"中单击"附件"文件夹，在"附件"文件夹中单击"数学输入面板"选项，即可打开如图 2-29 所示的"数学输入面板"对话框。

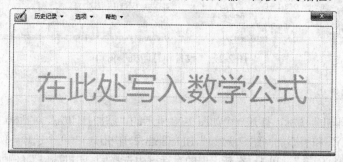

图 2-29 "数学输入面板"对话框

在书写区域书写格式正确的数学表达式，如图 2-30 所示。识别的数学表达式会显示在预览区域。当然，用户也可以对数学表达式进行任何必要的更正。单击"插入"按钮可以将识别的数学表达式插入字处理程序或计算程序。需要注意的是，数学输入面板只能将数学表达式插入支持数学标记语言的程序中。

如果在公式编辑过程中出现错误，可以首先单击右侧的"选择和更正"按钮，然后使用鼠标拖曳选中需要更改的内容，放开鼠标后弹出相应的更正选项进行更正即可。

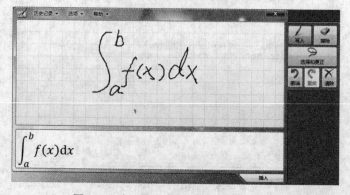

图 2-30 在"数学输入面板"中手写公式

2.8.2 计算器

用户可以使用计算器进行如加、减、乘、除这样简单的运算。计算器还提供了编程计算器、科学型计算器和统计信息计算器等高级功能。

可以单击"计算器"按钮来执行计算,或者使用键盘输入进行计算。通过按 Num Lock 键,用户还可以使用数字键盘输入数字和运算符。

单击任务栏上的"开始"按钮,在"所有程序"中单击"附件"文件夹,在"附件"文件夹中单击"计算器"选项,即可打开如图 2-31 所示的"计算器"窗口。在该窗口中单击"查看"菜单,然后单击所需模式,即可进行相应的运算。

图 2-31 "计算器"窗口

1. 使用科学型模式

单击"查看"菜单,然后单击"科学型"选项,单击计算器键进行所需的计算即可。

注意: 在科学型模式下,计算器会精确到 32 位数。以科学型模式进行计算时,计算器采用运算符优先级。

2. 使用程序员模式

单击"查看"菜单,然后单击"程序员"选项,单击计算器键进行所需的计算即可。

注意: 在程序员模式下,计算器最多可精确到 64 位数。以程序员模式进行计算时,计算器采用运算符优先级。程序员模式只是整数模式,小数部分将被舍弃。

3. 使用统计信息模式

使用统计信息模式时,可以输入要进行统计计算的数据,然后进行计算。输入数据时,数据将显示在历史记录区域中,所输入数据的值将显示在计算区域中。单击"查看"菜单,然后单击"统计信息"选项,输入或单击首段数据,然后单击"添加"按钮将数据添加到数据集中。单击要进行统计信息计算的求"平均值、平均平方值、总和、平方值总和、标准偏差、总体标准偏差"的按钮即可。

4. 使用计算历史记录

计算历史记录跟踪计算器在一个会话中执行的所有计算，并可用于标准模式和科学型模式。可以更改历史记录中的计算值。编辑计算历史记录时，所选的计算结果会显示在结果区域中。单击"查看"菜单，然后单击"历史记录"选项，双击要编辑的计算，输入要计算的新值，然后按 Enter 键。

注意：标准模式和科学型模式中的计算历史记录会分别进行保存。显示的历史记录取决于用户所使用的模式。

5. 将值从一种度量单位转换成另一种度量单位

可以使用计算器进行各种度量单位的转换。单击"查看"菜单，然后单击"单位转换"选项。在"选择要转换的单位类型"下，单击三个列表以选择要转换的单位类型，然后在"从"框中输入要转换的值即可。

6. 计算日期

可以使用计算器计算两个日期之差，或计算自某个特定日期开始增加或减少天数。单击"查看"菜单，然后单击"日期计算"选项。在"选择所需的日期计算"下单击列表并选择要进行计算的类型。输入信息，然后单击"计算"即可。

7. 计算燃料经济性、租金或抵押额

用户可以在计算器中使用燃料经济性、车辆租用以及抵押模板来计算你的燃料经济性、租金或抵押额。单击"查看"菜单，指向"工作表"，然后单击要进行计算的工作表。在"选择要计算的值"下，单击要计算的变量。在文本框中输入已知的值，然后单击"计算"即可。

2.8.3 截图工具

用户可以使用截图工具捕获屏幕上任何对象的屏幕快照或截图，然后对其添加注释、保存或共享该图像。

可以捕获以下任何类型的截图：

(1) "任意格式截图"。围绕对象绘制任意格式的形状。
(2) "矩形截图"。在对象的周围拖动光标构成一个矩形。
(3) "窗口截图"。选择一个窗口，例如希望捕获的浏览器窗口或对话框。
(4) "全屏幕截图"。捕获整个屏幕。

捕获截图后，系统会自动将其复制到剪贴板和标记窗口。可在标记窗口中添加注释、保存或共享该截图。

截图工具的使用方法：单击任务栏上的"开始"按钮，在"所有程序"中单击"附件"文件夹，在"附件"文件夹中单击"截图工具"选项，即可打开如图 2-32 所示的"截图工具"窗口。

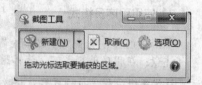

图 2-32 "截图工具"窗口

单击"新建"按钮旁边的箭头，从列表中选择"任意格式截图"、"矩形截图"、"窗口截图"或"全屏幕截图"，然后选择要捕获的屏幕区域，捕获截图后，系统会自动将其复制到剪贴板和标记窗口。

给截图添加注释的步骤：捕获截图后，可以在标记窗口中的截图上或围绕截图书写或绘图。

保存截图的步骤：捕获截图后，在标记窗口中单击"保存截图"按钮。在"另存为"对话框中，输入截图的名称，选择保存截图的位置，然后单击"保存"按钮即可。

2.8.4 Windows 7 系统还原与映像修复

1. 系统还原

当用户安装应用软件、硬件驱动或进行系统设置时，Windows 7 会首先将当前系统的状态记录下来，形成一个备份。今后，如果系统工作不正常了，可将整个系统恢复到备份时的状态。

（1）还原点的创建。

当用户安装硬件驱动程序时、安装部分软件时、对系统进行重要的设置时，Windows 7 会默认地适时自动创建还原点。但是，如果用户认为某些操作可能会影响系统的稳定性、安全性，比如安装试用软件、更新非官方驱动程序时，则需要手动创建一个还原点。手动创建一个还原点的方法如下：

① 在桌面上右键单击"计算机"，在出现的快捷菜单中选择"属性"命令，打开一个如图 2-33 所示的控制面板"系统"窗口。在该窗口中，单击"系统保护"图标，打开如图 2-34 所示的"系统属性"对话框。在此对话框中，用户可以可观察到安装 Windows 7 的分区（例如 C 分区）的"保护"状态为"打开"，即不管是手动还是自动创建还原点时，该分区都在保护之列。

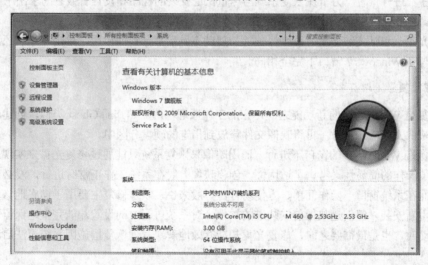

图 2-33 "系统"窗口

② 在图 2-34 中单击"创建"按钮，打开"系统保护"对话框，在该对话框中按提示输入还原点的名称，再单击"创建"按钮即可手动创建一个还原点。

用户需要注意的是，还原点的名称最好不要为了方便而随意输入，应有一定的助记意义，这样才能有的放矢地选择还原点来恢复系统。

（2）还原的设置。

系统还原是一个很重要而方便的功能，最大的优势在于不会破坏用户的文件，比如我的文档、我的图片、我的音乐等。为让其工作得更好，可进行一些简单的设置。

默认情况下，系统还原功能只监视安装 Windows 7 的分区，如果还想监视其他分区，读者可在图 2-34 所示对话框中单击"配置"按钮，并在打开的对话框中选择"还原

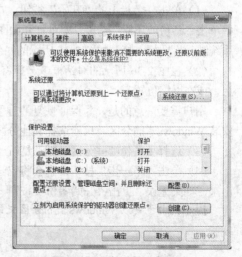

图 2-34 "系统属性"对话框

系统设置和以前版本的文件"。同时，通过拖动磁盘空间使用量中的对应滑块来控制还原功能所占用的硬盘空间。一般来说，可选择10%左右。

要关闭系统还原，只要在此选择"关闭系统保护"即可。

（3）用还原点修复系统。

如果用户明显感觉到系统工作不正常是因为某次操作而引起的，或某一时刻之后系统受到了恶意软件的攻击，那么利用还原来修复系统是一个很好的选择。用还原点修复电脑可在 Windows 7 窗口下进行，也可通过修复光盘来完成。

① 在 Windows 7 窗口下进行。

在图 2-34 所示对话框中单击"系统还原"按钮，打开"系统还原"对话框。在该对话框中单击"下一步"按钮，出现"系统还原"对话框，在该对话框中选择一个已存在的还原点，并单击"下一步"按钮即可。

在这一步中一定要注意还原点的选取，因为自还原点以后安装的程序将无法运行，用户手动对系统进行过的一些设置将不再生效。为解决这一问题，请注意用还原点的名称来区分，或者单击"扫描受影响的程序"进行查看，力争在恢复系统与尽量保证安装的程序和设置有效之间求出平衡点。

② 用修复光盘来还原。

用修复光盘（包括安装光盘、安全模式等）启动电脑后直至界面出现，单击"系统还原"即可，以后的操作与在 Windows 7 窗口下完全相同。

2. 映像修复

映像修复是 Windows 7 的新功能之一，它的工作原理与用户熟知的 Ghost 类似。创建时，将整个分区备份为映像文件，修复时，再将映像文件释放到指定的硬盘分区中。

创建映像在 Windows 7 的窗口下进行，而用映像来恢复系统只能通过修复光盘来实现。这一设计理念既照顾了操作的简易性又考虑了适用性。创建映像一般在系统工作正常时进行，没必要用修复光盘来实现，而在系统窗口下操作简单、方便易行。一般来说，映像修复主要用于彻底地修复受损的系统，相当于重新安装，但创建映像前安装过的软件、对系统进行过的设置却能完整地保留下来。当系统已不能启动时，也是最需要之时，修复光盘却能有效地解决其他恢复措施因系统无法启动而不能实施的弊端。

在 Windows 7 的窗口下创建映像的方法：

（1）单击任务栏上的"开始"按钮，在"所有程序"中单击"维护"文件夹，在"维护"文件夹中单击"备份或还原"选项，即可打开如图 2-35 所示的"备份或还原"窗口。在该窗口中单击"创建系统映像"图标，打开如图 2-36 所示的"创建系统映像"对话框。

（2）在图 2-36 所示的对话框中选择将备份保存于何处。可选择在硬盘上，或在一片或多片 DVD 上，或在网络位置上。

用户需要注意的是，为保证恢复的方便性，建议将备份存放于本地硬盘之上。备份不可能存放于安装 Windows 7 的分区，只能选择其他分区。

（3）选择要备份哪些分区。默认情况下，安装 Windows 7 的分区将处于选中状态且无法修改。

（4）单击"下一步"按钮，它会将已选择的要备份的分区、备份的存放位置等以列表的形式展现出来，如果无误，单击"开始备份"按钮，否则，请单击左上角的后退按钮重新设置。

提示： 由于安装 Windows 7 的分区文件占用量比较大，多为 10GB 或之上，备份花费的时间也比较长。

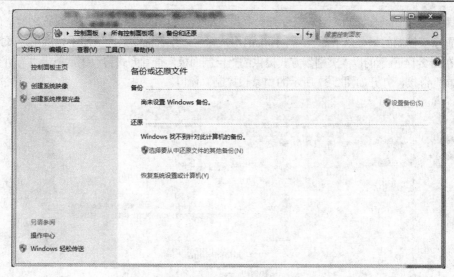

图 2-35 "备份或还原"窗口

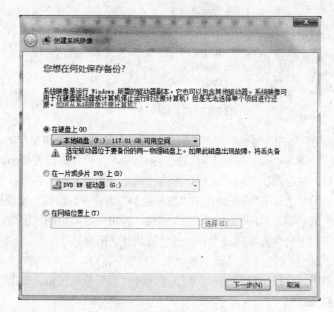

图 2-36 "创建系统映像"对话框

2.9 技能拓展

2.9.1 为帐户添加家长控制

用户可以通过使用 Windows 7 操作系统中的"家长控制"功能对儿童使用计算机的方式进行协助管理,以此来限制儿童使用计算机的时段、可玩的游戏类型以及可以运行的程序等。

当家长控制阻止了对某个游戏或程序的访问时,将显示一个通知,声明已阻止该程序。孩子可以单击通知中的链接,以请求获得该游戏或程序的访问权限。用户可以通过输入帐户信息来允许其访问。

若要为孩子设置家长控制,用户需要有一个自己的管理员用户帐户。在开始设置之前,确保用户要为其设置家长控制的每个孩子都有一个标准的用户帐户,家长控制只能应用于标准用户帐户。

(1) 在图2-14所示的以"类别"方式提供的"控制面板"查看方式窗口中,单击"为所有用户设置家长控制"链接,打开如图2-37所示的"家长控制"窗口。

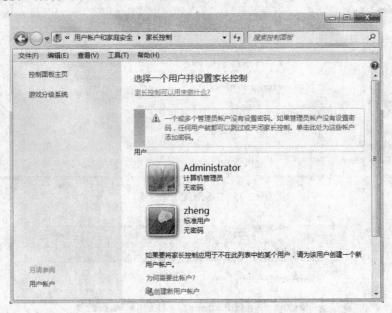

图2-37 "家长控制"窗口

(2) 单击"创建新用户帐户"链接,弹出"创建新用户"窗口,输入新用户的名称,例如"孩子"。单击"创建帐户"按钮,弹出"家长控制"对话框,提示用户为管理员设置密码,单击"是"按钮,弹出"设置密码"窗口,输入两次相同的密码,单击"确定"按钮,返回到"家长控制"窗口。

(3) 选择新创建的用户"孩子",在弹出的"用户控制"窗口中,选择"家长控制"列表下的"启用,应用当前设置"单选按钮,单击"时间限制"链接,弹出"时间限制"窗口,单击并拖动来设置要阻止或允许的时间,其中白色方块代表允许,蓝色方块代表阻止。

(4) 设置完成后,单击"确定"按钮返回到"用户控制"窗口,单击"游戏"链接,即可打开"游戏控制"窗口,在"是否允许孩子玩游戏?"列表中选择"否"单选按钮,单击"确定"按钮即可完成对"孩子"用户的家长控制。

2.9.2 对文件或文件夹进行加密

为了增加文档的安全性,有的用户会采用将文档隐藏的方法进行保护,但对于一些不希望别人修改的文档来说,最好的办法还是对其进行加密处理。

(1) 选择需要加密的文件或文件夹,单击鼠标右键,在弹出的快捷菜单中选择"属性"命令,弹出如图2-38所示的所选择文件或文件夹的"属性"对话框。

(2) 在该文件或文件夹的"属性"对话框中选择"常规"选项卡,单击"高级"按钮,弹出"高级属性"对话框。勾选"加密内容以便保护数据"复选框,如图2-39所示。

(3) 单击"确定"按钮,返回到图2-38所示的文件"属性"对话框,单击"应用"按钮,系统开始自动对所选的文件或文件夹进行加密操作。加密完成后,可以看到被加密的文件或文件夹名称显示为绿色,表示加密成功。

图 2-38 文件"属性"对话框

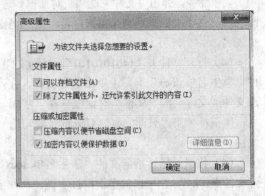

图 2-39 "高级属性"对话框

2.10 上 机 实 训

2.10.1 实训题目

请在打开的窗口中进行下列 Windows 操作,完成所有操作后,请关闭窗口。
(1) 在 D 盘上建立一个文件夹并命名为"1401010101"。
(2) 在文件夹"1401010101"中创建一个文本文档,命名为"test.txt"。
(3) 将文件夹"1401010101"中所有文件的扩展名显示出来。
(4) 更改"test.txt"文件名为"学生名单.docx",并设置属性为只读。
(5) 将 word 文档"学生名单.docx"复制到文件夹"ks"内。
(6) 将文件夹"1401010101"内的文本文档"kk.txt"剪切到文件夹"hd"内。
(7) 删除文件夹"hd"内的文件夹"zheng"。
(8) 在"1401010101"文件夹下新建指向"C 盘"的快捷方式,名称为"本地磁盘 (C)"。
(9) 将本机 IP 地址、子网掩码、默认网关分 3 行输入到"hd"文件夹下的文本文档"kk.txt"中保存。
(10) 在当前文件夹下查找满足下列条件的文件:文件名第三个字符为 c,文件大小不超过 5KB,并复制到"student"文件夹下。
(11) 将当前屏幕画面保存在考生文件夹中,命名为"Exer.bmp"。

2.10.2 实训操作

(1) 打开 D 盘,在空白处单击鼠标右键,在弹出的快捷菜单中选择"新建";在"新建"级联菜单中选择"文件夹"并单击,即可在 D 盘上建立一个名称默认为"新建文件夹"的文件夹。在"新建文件夹"上单击鼠标右键,在弹出的快捷菜单中选择"重命名",即可将"新建文件夹"重命名为"1401010101"。

(2) 打开文件夹"1401010101",在空白处单击鼠标右键,在弹出的快捷菜单中选择"新建";在"新建"级联菜单中选择"文本文档"并单击,即可在该文件夹下建立一个名称默认为"新建文本文档"的文件夹。将"新建文本文档"重命名为"test"。

(3) 打开文件夹"1401010101",可以看到在该文件夹窗口的"文件列表窗格"中的所有文件都不显示扩展名,单击文件夹窗口"菜单栏"中的"工具"菜单,在出现的下拉菜单中单击"文件夹选项"菜单命令,弹出"文件夹选项"对话框。选择"查看"选项卡,在"高级设置"栏中取消勾选"隐藏已知文件类型的扩展名"复选框,单击"确定"按钮,此时用户可以查看到该文件夹下所有文件的扩展名。

(4) 打开文件夹"1401010101",找到文件"test.txt",将其文件名更改为"学生名单.docx"。在文件"学生名单.docx"名称上单击鼠标右键,在弹出的快捷菜单中选择"属性"菜单命令,系统弹出所选文件或文件夹的"属性"对话框。在"常规"选项卡中,用户可以看到所选文件或文件夹的详细信息。用鼠标单击"只读"属性复选框(即勾选)并单击"确定"按钮,即可将该文件设置为"只读"属性。

(5) 将鼠标指针指向文件"学生名单.docx"并单击右键,在弹出的快捷菜单中选择"复制";打开文件夹"ks",在空白处单击鼠标右键,在弹出的快捷菜单中选择"粘贴",即可将word文档"学生名单.docx"复制到文件夹"ks"内。

(6) 将鼠标指针指向文件"kk.txt"并单击右键,在弹出的快捷菜单中选择"剪切";打开文件夹"hd",在空白处单击鼠标右键,在弹出的快捷菜单中选择"粘贴",即可将文件"kk.txt"复制到文件夹"hd"内。

(7) 打开文件夹"hd",将鼠标指针指向文件夹"zheng"并单击右键,在弹出的快捷菜单中选择"删除"即可。

(8) 选中需要创建快捷方式的文件夹"1401010101",用鼠标右键单击并在弹出的快捷菜单中选择"复制"。打开"C盘",在空白处用鼠标右键单击并在弹出的快捷菜单中选择"粘贴快捷方式",即可在"C盘"上建立了一个文件夹"1401010101"的快捷方式,并重命名为"本地磁盘 (C)"。

(9) 单击"开始"菜单右侧窗格的常用功能列表中的"运行",快速打开"运行"对话框。在该对框中输入"cmd"并单击"确定"按钮,即可打开一个dos窗口。在命令提示符后输入"ipcongfig"并按回车键,即可看到本机IP地址、子网掩码、默认网关。打开文本文档"kk.txt",将本机IP地址、子网掩码和默认网关输入并保存即可。

(10) 打开当前文件夹窗口,在该窗口右上角的"搜索"文本框中输入"??c*.*",即可在该文件夹下查找到所有满足文件名第三个字符为c的文件,按住Ctrl键,并用鼠标单击文件大小不超过5KB的所有文件,将其复制到"student"文件夹下即可。

(11) 打开考生文件夹"1401010101",在空白处单击鼠标右键,在弹出的快捷菜单中选择"新建";在"新建"级联菜单中选择"bmp图像"并单击,即可在该文件夹下建立一个名称默认为"新建位图图像.bmp"的文件。将"新建位图图像.bmp"重命名为"Exer.bmp"。按键盘上的Print Screen键,即可将当前屏幕画面复制到缓冲区中。打开文件"Exer.bmp",将缓冲区中的当前屏幕画面内容粘贴到该文件中并保存即可。

习 题 2

1. 在C:\1401010101文件夹下创建名为a、b的两个文件夹,在a文件夹下再建一个文件夹c。
2. 在a文件夹下创建名为test.txt的空文本文件,文件内容为"计算机应用技术实验"。

3. 在硬盘上搜索名为 calc.exe 的文件,并将它复制到 C:\1401010110 下,并改名为 computing.exe。

4. 在硬盘上搜索名为 notepad.exe 的文件,并同名复制到 C:\1401010101 下。

5. 将 C:\1401010101 文件夹下 a 文件夹的属性设置为"隐藏"。

6. 在 C:\1401010101 文件夹下删除 c 文件夹。

7. 在 C:\1401010101 文件夹下,将 b 文件夹中的文件 my.jpg 复制到 C:\1401010101\d 文件夹中,并更名为 you.bmp。

8. 在 C:\1401010101 文件夹下创建一个名为"记事本"的快捷方式,其对应的项目为"notepad.exe"文件,并设置快捷键 Ctrl+Shift+B。

9. 在 C:\1401010101 文件夹下创建一个能打开"计算机"的快捷方式,取名为"我的电脑",更改图标图案为"照相机"。

10. 将日期和时间属性窗口画面复制到画图程序,并采用 256 色位图格式,以 daytime.bmp 为文件名保存到 e 文件夹下。

第 3 章 Word 2010

【内容概述】

　　文档排版是计算机应用的一个非常重要的功能,而 Word 则是文档排版软件的代表作品。Word 2010 是产品多次升级后的最新版本,它不仅在功能上进行了优化,还增添了许多更实用的功能,让用户可以根据个人的需求,更直观、便捷地操作软件。作为一款文字处理软件,Word 2010 拥有强大的文档制作和编辑功能,常被用于文档的审查批阅,文本的输入、编辑、排版和打印,还可以制作图文并茂的具有专业水准的高级排版的文档。

　　本章主要介绍 Word 2010 的基本操作、文表混排、图文混排以及文档的高级排版等内容。

　　通过对本章内容的学习,相信大家一定会成为一名使用 Word 2010 的高手,实现创建和排版具有专业水准的文档。

【学习要求】

　　通过本章的学习,使学生能够:

1. 掌握 Word 2010 的启动和退出方法;
2. 熟悉 Word 2010 的工作界面;
3. 掌握文档排版的基本操作,包括文档的新建、保存、加密和打开等操作;
4. 掌握文档的编辑操作,包括文本的输入、选取、查找与替换、移动与复制、删除与修改、撤销与恢复等操作;
5. 掌握字体和段落格式的设置方法;
6. 掌握在文档中创建表格的方法;
7. 掌握表格的编辑操作,包括表格的选择、插入、删除、合并与拆分,调整表格大小,调整表格的行高与列宽,绘制斜线表头,以及表格与文本相互转换等操作;
8. 熟悉一些美化表格的方法;
9. 学会处理表格中的数据;
10. 掌握在文档中插入并设置艺术字、图片与剪贴画、文本框,以及绘制自选图形的方法;
11. 学会在文档中创建数学公式;
12. 学会使用 Word 样式、模板和主题功能对长篇文档进行格式设置;
13. 掌握文档的页面设置,包括设置页面属性、分隔符,以及页眉页脚等操作;
14. 学会设置题注、交叉引用、脚注和尾注,以及创建目录与图表目录的方法;
15. 掌握审阅文档的基本方法。

3.1 初识 Word 2010

　　要想充分感受 Word 2010 的魅力,用户必须要先将其安装到计算机上,具体的安装过程不在这里详细介绍,请参看有关资料。

　　Word 2010 安装完成后,该如何启动、关闭它呢?它的工作界面又是什么样子的呢?这是本节主要介绍的内容,下面一起来学习。

3.1.1 启动 Word 2010

打开 Word 2010 是使用该软件的前提。因此,对于每位用户来说,都必须首先要掌握启动 Word 2010 的方法。下面介绍三种启动软件的方法供大家选择。

1. 利用"开始"菜单启动 Word 2010

"开始"菜单集合了计算机中所有已安装的程序,单击相应的程序图标即可启动相应的程序。

单击"开始"按钮,然后从弹出的"开始"菜单中选择"所有程序"→"Microsoft Office"→"Microsoft Word 2010"菜单项即可打开 Word 2010,如图 3-1 所示。

图 3-1 启动 Word 2010

2. 利用桌面快捷方式启动 Word 2010

快捷方式是 Windows 提供的一种快速启动程序、打开文件或文件夹的方法。它是应用程序的快速链接,双击即可打开链接的程序窗口。但是,在使用此方法之前,需要先在桌面上添加应用程序的快捷方式图标。方法很简单,有两种方法可以实现此功能。

(1)选择菜单命令"开始"→"所有程序"→"Microsoft Office",然后在"Microsoft Word 2010"菜单项上单击鼠标右键,从弹出的快捷菜单上选择"发送到"→"桌面快捷方式"命令,如图 3-2 所示。此时,Word 2010 程序的快捷方式图标就被添加到桌面上了。快捷方式的图标都有一个共同的特点,在每个图标的左下角都有一个右斜向上的小箭头,如图 3-3 所示,以后双击它即可快速启动 Word 2010。

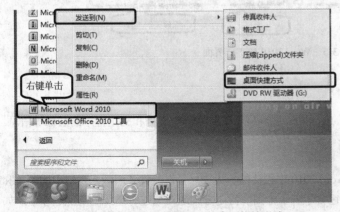

图 3-2 创建 Word 2010 的桌面快捷方式

图 3-3 Word 2010 的桌面快捷方式图标

（2）在"所有程序"列表中单击要创建快捷方式的程序，例如 Word 2010，然后按住鼠标左键不放，将其拖动到桌面后松开鼠标，也可在桌面上创建该程序的快捷方式。

3. 利用快速启动栏启动 Word 2010

利用快速启动栏启动 Word 2010 是一种最方便的方法，只需将程序图标放入快速启动栏中，每次只要通过单击所需的程序图标就可以启动相应的程序了。

选择"开始"→"所有程序"→"Microsoft Office"命令，然后在打开的列表中右键单击"Microsoft Word 2010"命令，从弹出的快捷菜单中选择"锁定到任务栏"命令，此时，Word 2010 图标就被添加到了快速启动栏中，如图 3-4 所示，以后单击即可启动该程序。

图 3-4　添加 Word 2010 图标到快速启动栏

3.1.2　认识 Word 2010 的工作界面

启动 Word 2010 后进入其工作界面，大家一定有耳目一新的感觉。与旧版本相比，Word 2010 的设计更加新颖，背景颜色更加柔和，操作更加人性化，同时增加了许多新的功能，给用户带来了全新的视觉和使用感受。

下面我们来认识一下 Word 2010 的工作界面，如图 3-5 所示。

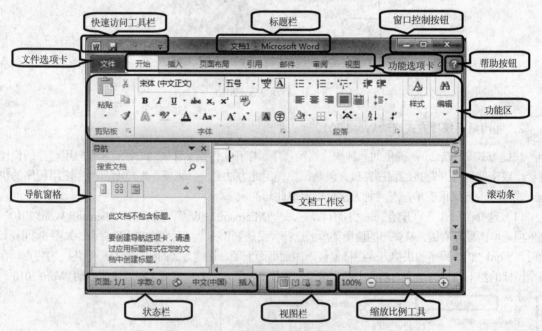

图 3-5　Word 2010 的工作界面

1. 标题栏

标题栏位于 Word 工作界面最上方的中间处，用于显示正在编辑的文档和应用程序的名称等信息。

2. 功能区和功能选项卡

功能区位于标题栏的下方，它是 Word 2010 中设计的一大亮点，它替代了旧版本窗口中的菜单和工具栏。为了方便浏览和操作，功能区包含了若干个围绕特定方案或对象进行组织的功能选项卡，如

图 3-5 所示。在窗口中,有些选项卡是直接显示在功能区的,例如,"文件"、"开始"和"页面布局"等选项卡;而有些选项卡只会在需要的时候才会显示出来,例如,在文档中插入一张图片后,然后单击该图片,则会在功能区中出现"图片工具"下的"格式"选项卡,以便对图片进行相关操作,如图 3-6 所示。

图 3-6 隐藏式选项卡的显示效果

选项卡将各种命令分门别类地放在一起,只要单击即可执行相应的命令,每个选项卡中所有的命令按钮都被细化为若干个组显示出来,如图 3-7 所示。

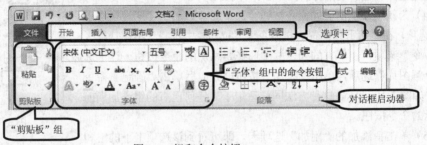

图 3-7 组和命令按钮

在功能区中,某些组的右下角存在一个"对话框启动器"按钮,如图 3-7 所示。单击此按钮即可打开相应的对话框或任务窗格,从而可以进行更多的设置。

用户可以根据需要在功能区中添加新选项卡和新组,并在新组中添加所需的命令按钮。具体实现步骤如下:

(1)新建选项卡和组。在功能区中的任意空白位置处单击鼠标右键,在弹出的快捷菜单中选择"自定义功能区"命令,此时弹出"Word 选项"对话框的"自定义功能区"选项卡窗口,单击"新建选项卡"命令按钮,即可在"主选项卡"中添加上"新建选项卡"及其"新建组"选项,如图 3-8 所示。

(2)重命名新建的选项卡。选中"新建选项卡(自定义)"选项,单击"重命名"命令按钮,如图 3-8 所示。此时弹出"重命名"对话框,在"显示名称"文本框中输入自定义的选项卡名称,例如,输入"附加",单击"确定"按钮。

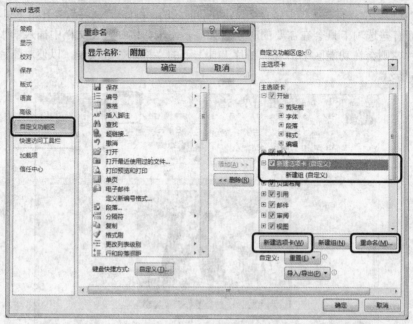

图 3-8 新建选项卡

（3）重命名新选项卡里的新组。单击"附加（自定义）"选项，选中"新建组"按钮，然后单击"重命名"命令按钮，弹出"重命名"对话框，在此对话框中，不但可以重命名新建组的名称，而且可以对新建的组选择合适的组图标，如图 3-9 所示。

（4）为新组添加所需的命令按钮。选中新建好的组"图片（自定义）"选项，在"从下列位置选择命令"下拉列表中选择"不在功能区中的命令"选项，在下方的列表框中选择要添加的命令按钮，这里选择"分解图片"选项，单击"添加"按钮，完成后单击"确定"命令按钮，如图 3-10 所示。这种方法同样适用于为任何已有的组添加当前未显示的命令按钮。

（5）单击新添加的"附加"选项卡，即可看到该选项卡下的组和命令按钮。

图 3-9 新建组

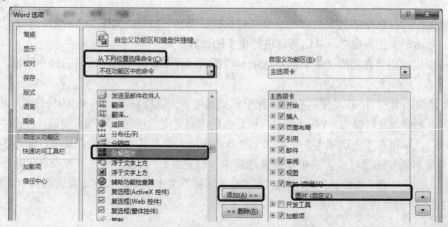

图 3-10 为新建组添加命令按钮

3. 快速访问工具栏

通常，快速访问工具栏位于窗口的左上角，主要放置一些使用频率较高的命令按钮，例如，"新建"、"保存"、"打印预览和打印"、"撤销"和"恢复"等。快速访问工具栏中除了默认的命令按钮之外，还有很多命令按钮被隐藏，可以通过自定义的方法将那些隐藏的命令按钮显示出来。

自定义快速访问工具栏的方法：单击"自定义快速访问工具栏"下拉三角按钮 ，在弹出的下拉列表中选择所要显示的命令按钮。例如，选择"打印预览和打印"选项，此时快速访问工具栏中就添加上了"打印预览和打印"命令按钮 ，如图3-11所示。

如果"自定义快速访问工具栏"下拉列表中没有需要的命令按钮选项，可以在下拉列表中选择"其他命令"选项，如图3-11所示，此时弹出"选项"对话框，在此对话框的"快速访问工具栏"选项卡中可以很轻松地实现将所需命令按钮添加到快速访问工具栏中。

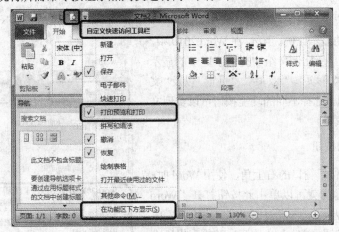

图3-11　自定义快速访问工具栏

用户还可以根据需要来设置快速访问工具栏的显示位置。单击"自定义快速访问工具栏"下拉按钮，在弹出的下拉列表中选择"在功能区下方显示"选项，此时快速访问工具栏就被移动到了功能区的下方。

4. 窗口控制按钮

窗口控制按钮位于窗口的右上角，包括"最小化"按钮 、"向下还原"按钮 和"关闭"按钮 ，单击它们可以执行相应的操作。当Word 2010窗口界面显示为小窗口时，拖动标题栏可以移动整个窗口，同时，原来的"向下还原"按钮位置上将显示"最大化"按钮 ，单击它可以使窗口最大化显示。

5. 导航窗格

Word 2010特别为长文档增加了"导航"窗格，不但可以为长文档轻松导航，而且提供了非常精确方便的搜索功能。"导航"窗格中的上方是搜索框，用于搜索文档中的内容。在搜索框的下方分别通过单击 这三个选项卡，可以实现浏览文档中的标题、页面和搜索结果的功能。在浏览文档的标题时，通过拖放文档结构中的各个标题可以轻松地重新组织文档。

6. 文档工作区

文档工作区位于功能区的下方，它是窗口中最大也是最主要的工作区域，用于实现文档的输入、编辑和查阅。文档工作区中有个闪烁的光标称为文档插入点，文本内容的输入都是由插入点开始的。

7. 状态栏

状态栏位于窗口的最下方，用于显示当前正在工作的文档的页数、字数以及输入法等状态信息。

8. 视图栏

视图栏位于状态栏的右侧，主要用于切换文档视图版式。视图栏中包括五种视图版式按钮，分别是页面视图按钮、阅读版式视图按钮、Web 版式视图按钮、大纲视图按钮和草稿按钮，单击不同的视图版式按钮即可切换到不同的视图版式来浏览文档。默认状态下文档的视图版式为页面视图。

另外，也可以在"视图"选项卡的"文档视图"组中找到各种文档视图按钮。

9. 缩放比例工具

缩放比例工具位于窗口的右下角，通过拖曳"显示比例"滑块或单击"缩小"按钮和"放大"按钮来调整文档的显示比例。当然，在 Word 2010 中，"视图"选项卡的"显示比例"组中提供了更多的显示比例按钮，主要包括"单页"、"双页"、"页宽"以及"文字宽度"等功能按钮，选择不同的功能按钮可以实现文档不同的显示比例效果。

10. Word 帮助按钮

Word 帮助按钮位于窗口的右上角，使用 Word 时，如果遇到了疑难问题，就可以单击此按钮打开"Word 帮助"窗口，在"搜索文本框"中输入要搜索的问题，然后单击"搜索"按钮，Word 会快速自动搜索出所有相关的帮助信息显示在窗口中供用户选择，如图 3-12 所示。

图 3-12 "Word 帮助"窗口

3.1.3 关闭 Word 2010

完成对文档的处理后即可关闭文档。关闭 Word 2010 的方法主要有以下几种。

（1）单击窗口控制按钮中的"关闭"按钮，可关闭当前正在工作的文档。

（2）单击"文件"选项卡中的"关闭"命令，可关闭当前正在工作的文档。

（3）单击"文件"选项卡中的"退出"命令，可完全退出应用程序，也就意味着同时关闭了所有已经打开的文档。

（4）右键单击任务栏上的文档图标，在弹出的快捷菜单中选择"关闭窗口"命令，可关闭当前正在工作的文档；如果打开了多个文档，在快捷菜单中选择"关闭所有窗口"命令，可同时关闭所有打开的文档，并退出应用程序。

（5）直接按下键盘上的"Alt+F4"组合键也可关闭当前的文档。

在关闭文档时，如果该文档修改后没有保存，选择"关闭"命令时就会弹出一个保存文档的提示对话框，如图 3-13 所示，选择相应的命令按钮就可以执行相应的操作。

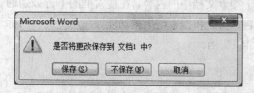

图 3-13 保存文档的提示对话框

3.2 文档排版的基础操作

我们要想制作一份具有专业水准的文档，前提是必须要熟练掌握文档排版的基础操作，主要包括文档的新建、保存、加密和打开等基本操作、文本的输入、选取、查找与替换、移动与复制、删除与修改、撤销与恢复等基本操作，设置字体和段落格式等。下面我们就来一起学习吧！

3.2.1 新建文档

启动 Word 2010 后，系统会自动新建一个标题为"文档1"的空白文档，用户可直接使用它进行编辑，对于有特殊需要的用户，可根据 Word 2010 提供的模板快速新建带有一定格式和内容的特殊文档，同时可大大提高工作效率。

1．新建空白文档

新建空白文档主要有以下几种方法：

（1）利用"文件"选项卡新建。在"文件"选项卡中选择"新建"命令，在"可用模板"列表中选择"空白文档"选项，再单击右侧的"创建"命令按钮，即可新建一个空白文档，如图3-14所示。

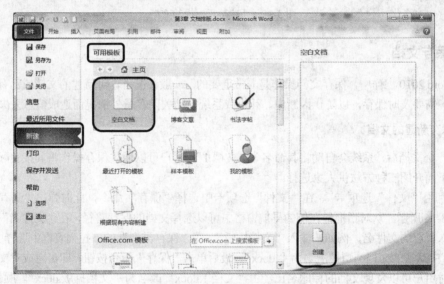

图 3-14 新建空白文档

（2）利用快速访问工具栏新建。通过 3.1.2 节中介绍的"自定义快速访问工具栏"的方法，将"新建"命令按钮添加到快速访问工具栏上，单击"新建"命令按钮即可直接新建一个空白文档。

（3）利用桌面快捷菜单新建。在桌面上右键单击，从弹出的快捷菜单中选择"新建"→"Microsoft 文档"，即可新建一个空白文档。

2．新建基于模板的文档

Word 2010 为用户提供了许多精美的用途广泛的模板，用户可以根据实际需要选择特定的模板新建文档。

在"文件"选项卡中选择"新建"命令，在"可用模板"列表中选择合适的模板。例如，选择"博客文章"选项，此时可以在预览框中看到模板效果，然后单击"创建"命令按钮，如图3-15所示，就可新建一个基于该模板的文档。同时用户也可以在"Office.com 模板"区域选择合适的模板,并单击"下载"命令按钮。

图 3-15 新建基于模板的文档

3.2.2 保存文档

在 Word 2010 工作中,保存文档操作是非常重要的。一般情况下,对新建的文档或已有的文档进行修改后,需要及时保存,以防止因断电、死机或系统自动关闭等意外情况而造成信息丢失。

1. 保存新建的文档

新建一个文档后,系统会自动将其命名为"文档1",用户可以通过保存操作将其按实际需要进行重命名。下面介绍三种方法供大家选择。

(1)利用"文件"选项卡。在"文件"选项卡中选择"保存"命令,此时弹出"另存为"对话框,如图 3-16 所示。从对话框最左侧的导航窗格中可以选择文档的保存路径,在"文件名"的下拉列表框中输入所需的文件名,例如,输入"文档排版",在"保存类型"的下拉列表框中选择文件类型,Word 2010 中默认的文档类型扩展名为".docx",最后单击"保存"命令按钮,即可完成对文档的保存操作,此时用户可以发现文档的标题名已经由"文档1.docx"改名为"文档排版.docx"。顺便说一下,为了便于在旧版本 Word 中打开新版本的 Word 文档,在"保存类型"的下拉列表中选择"97-2003 文档",此时的文档类型扩展名可以改为".doc"。

(2)利用快速访问工具栏。单击快速访问工具栏中的"保存"图标 ,即可打开"另存为"对话框,然后按照上述操作方法同样可以实现对文档的保存。

(3)利用键盘快捷键。使用"Ctrl+S"组合键也可以很方便地实现对新建文档的保存。

2. 保存已有的文档

对于已经保存过的文档进行修改后,仍然需要用户多执行文档的保存操作,以免造成不必要的信息丢失。保存已有文档与保存新建文档的操作方法相同。但是,在保存过程中将不会弹出"另存为"对话框,其保存的文件路径、文件名和文件类型与第一次保存文档时的设置相同。

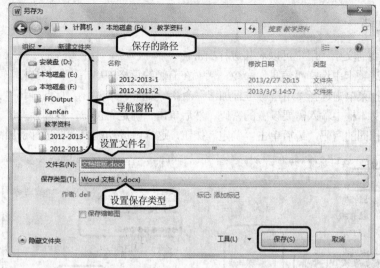

图 3-16 "另存为"对话框

3. 另存已有的文档

如果需要对修改后的文档重新命名或备份，在"文件"选项卡中选择"另存为"命令，打开"另存为"对话框。然后，在对话框中可以重新选择文件的保存路径，或修改文件名，最后单击"保存"按钮。在进行文档的另存为操作时，需要特别注意的是，一定要设置与原文档不同的保存路径或不同的文件名，否则原文档就会被另存的文档覆盖。执行完文档的另存为操作后，当前的文档就会由原文档变为另存的新文档。

4. 设置自动保存文档

在文档工作的过程中还可以设置自动保存功能，这样系统会按照设定的时间间隔自动对文档进行保存，也算是对正在工作的文档进行的临时备份。如此一来，在遇到死机或者断电等意外情况时即可对文档进行自动恢复。

在"文件"选项卡中选择"选项"命令，随即打开"选项"对话框，如图3-17所示。在对话框的左侧窗格中选择"保存"选项，接着在右侧的"保存文档"组合框中勾选"保存自动恢复信息时间间隔"复选框，并修改其右侧文本框内的自动保存时间间隔，一般设置为5~10分钟为宜，最后单击"确定"命令按钮，即可完成文档自动保存的设置。在处理文档的过程中，每隔5~10分钟系统就会自动地对文档进行保存。

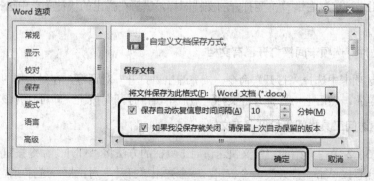

图 3-17 "选项"对话框

3.2.3 加密文档

对于一些重要的文档，用户可以对其进行加密。

在"文件"选项卡中选择"信息"命令，接着在右侧的窗格中单击"保护文档"下拉三角按钮，接着在打开的下拉菜单中选择"用密码进行加密"命令，如图 3-18 所示，此时弹出"加密文档"对话框。在"密码"文本框中输入需要设置的密码，然后单击"确定"按钮，随即会弹出"确认密码"对话框，再次输入相同的密码，最后单击"确定"按钮，这样就成功地为文档进行了加密。

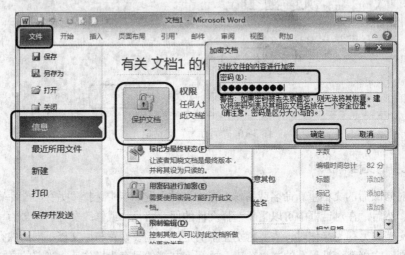

图 3-18 设置加密文档

若需要对加密后的文档取消已设置的密码，可以按照上述方法在"文件"选项卡中打开"加密文档"对话框，直接删除掉"密码"文本框中已经设置好的密码，然后单击"确定"命令按钮，即可实现取消密码的功能。

3.2.4 打开文档

要想对一个已经存在的文档进行处理，必须先要打开它，Word 2010 中提供了多种打开已有文档的方法供用户选择。

1. 直接打开已有的文档

在已有文档的存储位置处，直接双击文档图标，即可直接打开该文档，这是打开已有文档最简单的方法。另外，用户还可以右键单击要打开的文档图标，然后在弹出的快捷菜单中选择"打开"命令，也可打开该文档。

2. 利用"文件"选项卡间接打开已有文档

在"文件"选项卡中选择"打开"命令，接着弹出"打开"对话框，在对话框的左侧导航窗格中选择文档存储的位置，然后选中要打开的文档，最后单击"打开"按钮，即可打开该文档。

3. 利用快速访问工具栏间接打开已有文档

首先，使用 3.1.2 节中介绍的自定义快速访问工具栏的方法将"打开"命令按钮 添加到快速访问工具栏上，这样直接单击"打开"命令按钮，就会弹出"打开"对话框，选择所需要的文档，再单击"打开"按钮即可。

第 3 章　Word 2010

4. 利用"最近所用文件"列表打开已有文档

在已打开的应用程序中，可以利用"最近所用文件"列表打开所需文档。在已打开的文档中，单击"文件"选项卡，选择"最近所用文件"命令，此时在窗口右侧展开了"最近使用的文档"和"最近的位置"两个列表框，在"最近使用的文档"列表框中选择所需要的文档，即可打开对应的文档。默认情况下，程序允许在"最近所用文件"列表中显示最近打开的 25 个文档。

3.2.5　输入文本

前面讲述了如何新建文档，新建完文档后，便可以向文档中输入文本内容了，下面我们来学习如何在文档中输入中英文、特殊符号以及时间和日期等文本内容。

1. 输入普通文本

输入文本之前，首先将光标定位在所要输入的位置处，然后使用键盘直接输入所需要的汉字、字母、数字和一般的符号等普通文本即可。

2. 输入特殊符号

在使用键盘输入文本时，有时还会遇到一些键盘上无法直接输入的特殊符号，这时可以通过 Word 2010 的"插入"选项卡来输入。

在"插入"选项卡的"符号"组中，单击"符号"按钮，从弹出的下拉列表中选择"其他符号"命令，此时会弹出"符号"对话框，如图 3-19 所示，在对话框中的"符号"选项卡下设置"字体"和"子集"选项，接着在列表框中选择需要插入的符号，最后单击"插入"按钮即可。

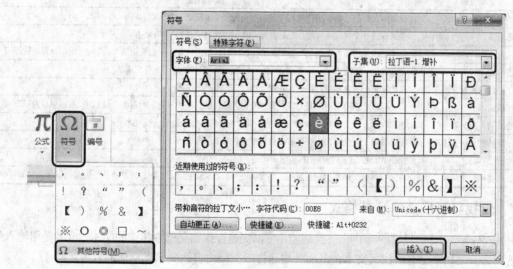

图 3-19　插入特殊符号

3. 输入日期和时间

手动输入日期和时间的时代已经成为了过去，现在只需将光标定位在需要输入日期和时间的地方，在"插入"选项卡的"文本"组中，单击"日期和时间"命令 日期和时间，在弹出的"日期和时间"对话框中选择所需要的日期和时间的格式，再单击"确定"按钮即可，如图 3-20 所示。

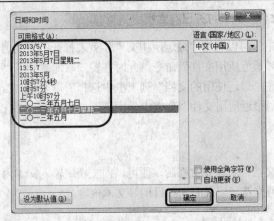

图 3-20 "日期和时间"对话框

3.2.6 选取文本

选取文本是对文本进行各种编辑操作的前提。选取文本前,必须先将光标定位到所要选取文本的开始处。

最常用的选取文本的方法就是使用鼠标选取文本,使用鼠标可以选取字符或词组、行、段以及整篇文档,具体操作如表 3-1 所示。

表 3-1 使用鼠标选取文本

选取范围	操作方法
选取单个字符或词组	在鼠标定位处开始,按住鼠标左键向右拖曳一个字符或一个词组
同时选取多个字符或词组	先选取第一个字符或词组,之后按住 Ctrl 键继续选取其他字符或词组
选取一行文本	将光标移至需要选取的某一行左侧的空白区域,当光标变为向右的箭头"⇗"时,单击鼠标左键即可
选取连续的多行文本	在选取第一行文本后,按住 Shift 键,继续选择所需要的最后一行文本
选取不连续的多行文本	在选取第一行文本后,按住 Ctrl 键,继续选取其他行文本
选取一段文本	将光标移至需要选取的某一段左侧的空白区域,当光标变为向右的箭头"⇗"时,双击鼠标左键即可
选取连续的多段文本	在选取第一段文本后,按住 Shift 键,继续选择所需要的最后一段文本
选取不连续的多段文本	在选取第一行文本后,按住 Ctrl 键,继续选取其他段文本
选取矩形文本	按住 Alt 键的同时拖动鼠标左键即可
选取整篇文档	将光标移至文档左侧空白区域,当光标变为向右的箭头"⇗"时,连续 3 次快速单击鼠标左键即可

3.2.7 查找与替换文本及其格式

利用 Word 2010 中提供的查找与替换功能,可以快速查找到文档中指定的文本,或者是用输入的文本统一替换文档中已有的相关文本,从而使快速排版文档内容达到事半功倍的效果。

1. 查找文本

假如要实现在某一文档中查找"右手"一词,我们可以选择两种方法来进行操作。

(1) 利用"导航"对话框查找文本。把光标定位在整篇文档的开始处,在"开始"选项卡的"编辑"组中选择"查找"命令按钮 ,此时会在文档页面左侧打开"导航"对话框,如图 3-21 所示,在查找文本框中输入要搜索的内容"右手",系统会自动搜索符合条件的文本,搜索的结果会在文档中以黄色底纹突出显示出来。

第 3 章　Word 2010

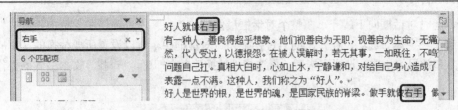

图 3-21　利用"导航"对话框查找文本

（2）利用"查找和替换"对话框查找文本。把光标定位在文档中，在"开始"选项卡的"编辑"组中，单击"查找"下拉三角按钮，在其下拉列表中选择"高级查找"命令 高级查找(A)...，此时会打开"查找和替换"对话框，如图 3-22 所示。在"查找内容"文本框中输入所要查找的文本，通过单击"查找下一处"命令按钮，即可实现从光标定位处开始向后依次查看所要搜索的文本，在文档中符合条件的文本会以蓝色底纹突出显示出来。

图 3-22　利用"查找和替换"对话框查找文本

2. 替换文本

假如在某一文档中要实现将所有出现的文本"右手"替换为"左手"，具体操作是这样的。

替换文本与查找文本的操作非常类似。在"开始"选项卡的"编辑"组中，单击"替换"按钮 替换，打开"查找和替换"对话框的"替换"选项卡窗口，如图 3-23 所示。然后分别在"查找内容"和"替换为"两个文本框中输入相应的内容，例如，"右手"和"左手"，单击"替换"按钮即可。若想一次性全部替换，直接单击"全部替换"命令即可实现；若想部分替换，选择"查找下一处"和"替换"两个命令按钮配合着使用即可。

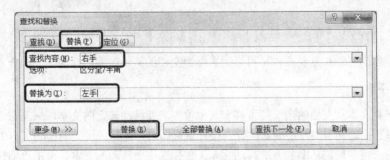

图 3-23　利用"查找和替换"对话框替换文本

3. 查找与替换文本格式

在"查找和替换"对话框中，除了可以查找和替换文本之外，还可以查找和替换文本格式。下面以"替换"文本格式为例介绍相应的具体操作，在"替换"选项卡中，如图 3-24 所示，先选择"更多"

命令按钮，此时对话框向下展开，在整个对话框最低端的"替换"选项组中，单击"格式"下拉三角按钮，选择"字体"选项，在弹出的"替换字体"对话框中，可以设置所要替换的文本的字体、字形、字号和效果等格式。设置完毕后，再选择"替换"命令即可。"查找"文本格式的操作方法与此类似。

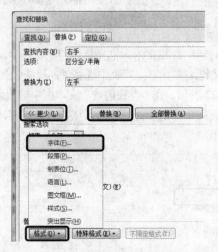

图 3-24 "查找和替换"文本格式

3.2.8 移动与复制文本

在 Word 中，文本的移动和复制功能都可以利用"剪贴板"加以实现。Word 2010 中的"剪贴板"是作为"开始"选项卡下的一个组显示出来的，如图 3-25 所示。

另外，对于需要移动或复制的文本，通过单击鼠标右键打开一个快捷菜单，在其中也可以找到"剪贴板"中的"剪切"、"复制"和"粘贴"功能按钮，如图 3-26 所示。

图 3-25 "剪贴板"组　　　　　图 3-26 快捷菜单中的剪贴板

熟练掌握文本的移动和复制操作，可以大大缩短文档的编辑时间，从而提高工作效率。

1. 移动文本

移动文本是将文本从文档的当前位置移至其他位置。要移动选定的文本，只需在选定的文本上，按住鼠标左键将其拖动到需要移至的新位置，松开鼠标即可，这是最快捷的移动文本的方法。

另外，也可选用剪切后粘贴的方法移动文本。首先选中要移动的文本，单击"剪切"按钮，或者按下键盘组合键 Ctrl+X，接着将光标定位到需要移动的新位置处，然后单击"粘贴"选项的上半部分按钮，或者按下键盘组合键 Ctrl+V。如果选用快捷菜单中的"粘贴"按钮，则有三种"粘贴"选项可选，如图 3-26 所示，这三种选项分别是"保留原格式"、"合并格式"和"只保留文本"，只要单击各个选项，即可看到各个选项粘贴后的显示效果。

2. 复制文本

复制文本是将文本复制到当前文档的其他位置或其他文档中。复制文本与移动文本的方法类似。首先选中要复制的文本，单击"复制"按钮，或者按下键盘组合键 Ctrl+C，然后将光标定位到需要复制到的位置处，选择"粘贴"选项，或者按下键盘组合键 Ctrl+V 即可。

3.2.9 删除与修改文本

在对文档进行编辑的过程中，文本的删除和修改操作是必不可少的。

1. 删除文本

删除文本最快捷的方法就是，先选中需要删除的文本，然后按下键盘上的 Backspace 键或 Delete 键，即可实现文本的删除。

如果删除的是极少量的文本，则可以不选中任何文本，只需将光标定位在需要删除的文本的前面或后面，直接按 Backspace 键删除的是光标前面的字符，而按 Delete 键删除的是光标后面的字符。

2. 修改文本

修改文本最简便的方法就是，先选择需要修改的文本，直接输入新的文本内容，新内容就会替代原有的文本。

如果需要修改一段较长的文本，可以将光标定位到需要改写的文本前面，按下键盘上的 Insert 键或单击窗口状态栏上的"插入"按钮 插入 ，此时该按钮变成"改写"状态 改写 ，接着输入正确的内容即可对错误的文本进行修改，完成后再单击一次 Insert 键或单击"改写"按钮，即可恢复到"插入"状态。

3.2.10 撤销与恢复

撤销和恢复操作是 Word 中非常实用的一组功能。撤销和恢复命令按钮都在"快速访问工具栏"中。

1. 撤销操作

单击"快速访问工具栏"中的"撤销"按钮 ，即可撤销上一次的操作。利用"撤销"命令，可以一次撤销一个操作，也可以一次撤销多个操作，单击"撤销"的下拉三角按钮，其下拉列表框中列出了目前能撤销的所有操作，可以根据需要选择多个需要撤销的操作。

2. 恢复操作

单击"快速访问工具栏"中的"恢复"按钮 ，便可以恢复已撤销的上一次操作。恢复操作不能像撤销那样一次性地还原多个操作。当一次性撤销多个操作后，再单击"恢复"按钮，此时恢复的是最先撤销的那次操作。

3.2.11 设置字体和段落格式

为了使文档的层次分明、重点突出，需要对文档中的字体和段落格式进行适当的设置，从而可以加强文档的视觉效果，使文档更加美观大方。下面以文档"好人就像右手"为例来介绍字体和段落格式的设置，此文档内容如图 3-27 所示。

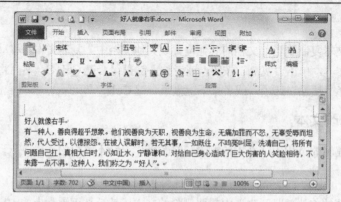

图 3-27　实例文档"好人就像右手"

1. 设置字体格式

字体格式的设置主要包括字体、字号、字体颜色、字形和字体效果以及字符间距等。

（1）设置字体、字号和字体颜色。

在 Word 2010 中可以使用三种方法实现对字体、字号和字体颜色的设置，分别是使用 Word 2010 中独有的浮动工具栏、使用功能区和使用字体对话框。

在实例文档中，设置标题字体为"黑体"，字号为"二号"，字体颜色为"红色"。

① 利用浮动工具栏设置。这是一种最快捷的设置方法。先选中首行标题文本，接着将鼠标沿斜向上移动，此时会出现浮动工具栏，如图 3-28 所示。在"字体"下拉列表框中选择"黑体"，在"字号"下拉列表框中选择"二号"，在"字体颜色"下拉列表框中选择"红色"。

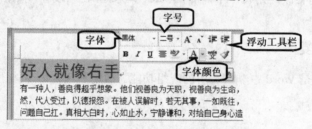

图 3-28　使用"浮动工具栏"设置字体格式

② 利用功能区设置。在功能区的"开始"选项卡的"字体"组中，同样可以对"字体"、"字号"和"字体颜色"进行设置，如图 3-29 所示。

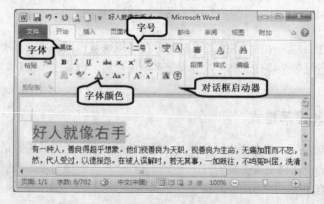

图 3-29　使用"字体"组设置字体格式

③ 利用"字体"对话框设置。在"开始"选项卡的"字体"组中,单击"对话框启动器",如图 3-29 所示,此时会打开"字体"对话框,如图 3-30 所示,在对话框的"字体"选项卡中即可进行相应的设置,最后单击"确定"命令按钮即可。

另外,还可以使用鼠标右键快捷菜单打开"字体"对话框进行设置。右键单击需要设置字体格式的文本,从弹出的快捷菜单中选择"字体"选项,即可打开"字体"对话框,如图 3-31 所示。

图 3-30 使用"字体"对话框设置字体格式   图 3-31 使用鼠标右键快捷菜单打开"字体"对话框

提示: 在上述讲到的设置文本"字号"中,可以在显示字号的文本框中直接输入表示字体大小的数值,按 Enter 键确认后,也可以调整字体的大小。

(2) 设置字形和字体效果。

在 Word 2010 中,可以在"开始"选项卡的"字体"组中和"字体"对话框中进行一些字形和字体效果的设置。

① 在"开始"选项卡的"字体"组中,所具有的字形和字体效果及其他们的显示效果如表 3-2 所示。

表 3-2 "字体"组中的字形和字体效果

字形或字体效果按钮	字形或字体效果名称	效果示例	字形或字体效果按钮	字形或字体效果名称	效果示例
B	加粗	**好人就像右手**	*I*	倾斜	*好人就像右手*
U	下划线	好人就像右手	abc	删除线	好人就像右手
X₂	下标	Word $_{2010}$	x²	上标	Word ^{2010}
A	字符边框	好人就像右手	字	带圈字符	好
A	字符底纹	好人就像右手	ab	突出显示	好人就像右手
A	阴影、发光或映像	好人就像右手	Aa	更改大小写	wORD

② 在"字体"对话框中,所具有的字形和字体效果如图 3-32 所示。

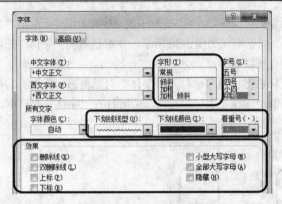

图 3-32 "字体"对话框中的字形和字体效果

"字体"对话框中,所有的字形和字体效果的显示效果如表 3-3 所示。

表 3-3 "字体"对话框中的字形和字体效果

字形或字体效果名称	效果示例	字形或字体效果名称	效果示例
加粗	**好人就像右手**	删除线	好人就像右手
倾斜	*好人就像右手*	双删除线	好人就像右手
加粗 倾斜	***好人就像右手***	上标	Word^{2010}
下划线线型	好人就像右手	下标	Word$_{2010}$
着重号	好人就像右手	小型大写字母	WORD 2010
全部大写字母	WORD 2010		

(3) 设置字符间距。

设置字符间距是指对文档中字符之间的距离进行控制。不仅可以改变字符间的缩放比例,还可以控制字符之间的间距,以及设置字符在垂直方向上的位置。我们可以在"字体"对话框的"高级"选项卡中实现对"字符间距"的设置,如图 3-33 所示。

图 3-33 设置"字符间距"

① 缩放:单击"缩放"下拉三角按钮,在其下拉列表中选择一种缩放比例,例如,选择"150%"选项,然后单击"确定"命令按钮,如图 3-34 所示。

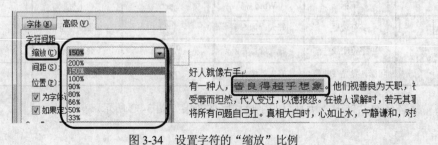

图 3-34 设置字符的"缩放"比例

② 间距：单击"间距"下拉三角按钮，在其下拉列表中选择"加宽"或"紧缩"选项，即可使所选字符之间的距离加宽或紧缩。例如，选择"加宽"选项，设置"磅值"为"5 磅"，如图 3-35 所示。

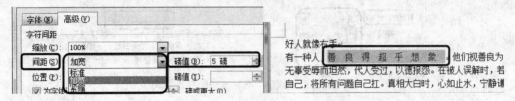

图 3-35　设置字符的"间距"

③ 位置：单击"位置"下拉三角按钮，在其下拉列表中选择"提升"或"降低"选项，即可调整字符的位置。例如，选择"提升"选项，设置"磅值"为"8 磅"，如图 3-36 所示。

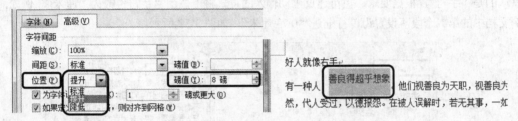

图 3-36　设置字符在垂直方向上的"位置"

2．设置段落格式

在 Word 中，两个回车符"↵"之间的文本内容被看作是一个段落。段落格式的设置是以段落为单位的，在设置之前，先要选中需要设置的段落。段落格式主要包括段落的对齐方式、段落的缩进、段间距和行间距。

（1）设置段落对齐方式。

段落的对齐方式主要有"左对齐"、"居中对齐"、"右对齐"、"两端对齐"和"分散对齐"五种，段落对齐方式的设置可以选用功能区中的"段落"组和"段落"对话框两种方式来完成。

① 利用"段落"组设置。在"开始"选项卡的"段落"组中，根据要求选择不同的对齐方式进行设置，如图 3-37 所示。

图 3-37　"段落"组中的对齐方式

② 利用"段落"对话框设置。在"开始"选项卡的"段落"组中，单击"对话框启动器"，如图 3-37 所示，即可打开"段落"对话框，如图 3-38 所示，然后在此对话框的"缩进和间距"选项卡下，单击"对齐方式"的下拉三角按钮，在其下拉列表中根据需要选择相应的对齐方式，最后单击"确定"命令按钮即可。例如，选择"居中"对齐方式。

（2）设置段落缩进。

段落缩进是指段落两侧与页面左右两边的距离。段落缩进包括"首行缩进"、"悬挂缩进"、"左缩进"和"右缩进"四种形式。

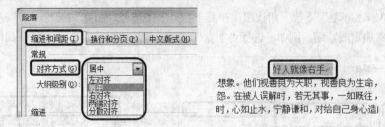

图 3-38 "段落"对话框中的对齐方式

将光标定位在需要进行设置的段落前,单击鼠标右键,在打开的快捷菜单中,选择"段落"选项,也可弹出"段落"对话框。在"缩进和间距"选项卡的"缩进"组中,单击"特殊格式"的下拉三角按钮,即可选择"首行缩进"或者"悬挂缩进",并在"磅值"微调框中调整缩进的磅值,其中磅值单位默认的是"字符",根据要求,也可通过手动输入的方式将单位由"字符"改为"厘米"。例如,将实例文档中的第二个段落设置为首行缩进"0.73 厘米",如图 3-39 所示。

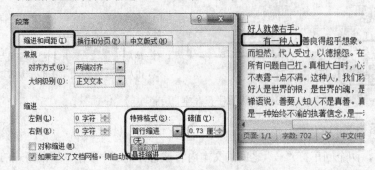

图 3-39 设置段落特殊格式缩进

还有,也可以通过自定义"左侧缩进"和"右侧缩进"来设置段落的整体缩进。例如,将实例文档中的第二个段落设置为"左右各缩进 2 个字符",如图 3-40 所示。

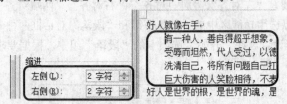

图 3-40 设置段落左右缩进

另外,在"开始"选项卡的"段落"组中,还可以单击"减少缩进量"按钮 ≣ 和"增加缩进量"按钮 ≣ 来快速设置段落的缩进。

(3) 设置段间距和行间距。

段间距指的是相邻两段之间的距离,行间距指的是相邻两行之间的距离。段间距和行间距的设置可以在"段落"对话框的"缩进和间距"选项卡中来完成。

① 设置段间距:段间距包括段前与段后两个距离。在"段前"微调框中设置该段距离上段的行数,在"段后"微调框中设置该段距离下段的行数。例如,将实例文档中的第二段的"段前"和"段后"值分别设置为"1.5 行",如图 3-41 所示。

② 设置行间距:单击"行距"的下拉三角按钮,在其下拉列表中选择要设置的行距方式,并在"设置值"微调框中调整行距的值。例如,将实例文档中的第二段的"行距"设置为"固定值"方式,设置值为"20 磅",如图 3-42 所示。

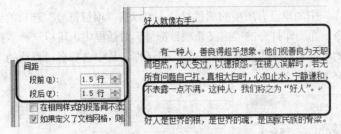

图 3-41 设置段间距

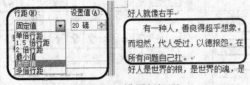

图 3-42 设置行间距

3. 使用格式刷重复设置文本格式

Word 2010 中的"格式刷"工具可以将已经设置好的文本格式复制到其他文本中,当用户需要为不同文本快速重复设置相同格式时,即可使用格式刷工具提高工作效率。

先选中已经设置好格式的文本,然后在"开始"选项卡的"剪贴板"组中双击"格式刷"按钮,此时"格式刷"上记录了需要被复制的格式,接着将鼠标指针移动至 Word 文档文本区域,鼠标指针就会变成刷子形状。按住鼠标左键拖选需要设置格式的文本,则"格式刷"刷过的文本将被复制上"格式刷"记录的格式。释放鼠标左键,再次拖选其他文本即可实现同一种格式的多次复制,如图 3-43 所示。全部复制完后,再单击一下"格式刷"按钮即可取消格式刷状态。

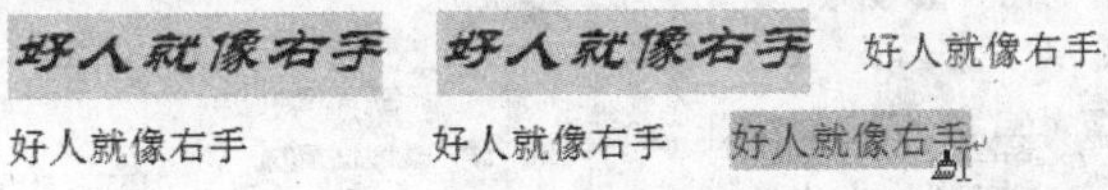

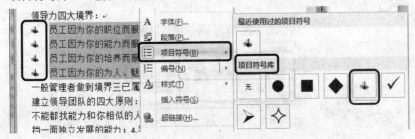

图 3-43 使用"格式刷"多次复制文本格式

如果文本格式只需被复制一次,那么只要单击"格式刷"按钮即可,复制结束后光标自动恢复到文本插入状态。

4. 添加项目符号

项目编号可以使文档的条理清楚和重点突出,提高文档编辑速度,因而深受大家的喜爱。Word 为我们提供了多种项目符号。

选择需要添加项目符号的段落,单击鼠标右键,在快捷菜单中选择"项目符号"选项,在其级联菜单中打开"项目符号库",选择一种合适的项目符号即可,如图 3-44 所示。

图 3-44 添加项目符号

在"项目符号库"中如果没有所需的项目符号，可以在"项目符号"选项的级联菜单中选择"定义新项目符号"命令。在随即打开的"定义新项目符号"对话框中，可以选择"符号"或"图片"按钮，随即打开对应的"符号"或"图片项目符号"对话框，从中选择自己喜欢的字符或图片作为项目符号即可，如图3-45所示。

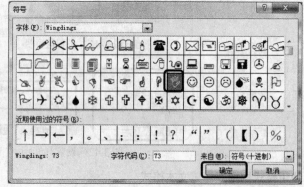

图3-45 自定义新项目符号

5．添加编号

在 Word 中，可以对文档中的段落按照大小顺序添加编号。右键单击需要添加编号的段落，在弹出的快捷菜单中，选择"编号"命令，从其级联菜单的"编号库"中选择所需要的编号形式即可，如图3-46所示。

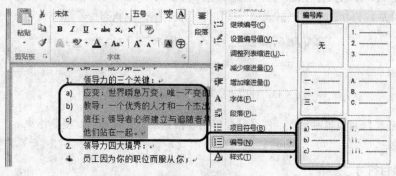

图3-46 添加编号

在"编号库"中如果没有所需的编号，我们可以在"编号"选项的级联菜单中选择"定义新编号格式"命令，在随即打开的"定义新编号格式"对话框中，根据需要选择相应的"编号样式"和"编号格式"进行设置，同时，通过单击对话框中的"字体"命令也可对"编号样式"的"字体"进行相应的设置，如图3-47所示。

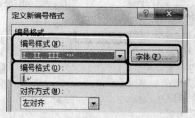

图3-47 "定义新编号格式"对话框

6. 添加边框和底纹

在文档排版时，可以通过对一些重要的文字或段落添加边框和底纹，使其突出显示，从而给人以深刻的印象，也可以使文档更加美观。

（1）添加边框。

选择要添加边框的文本，在"开始"选项卡的"段落"组中单击"边框线"下拉三角按钮，从打开的菜单中选择"边框和底纹"命令，在打开的"边框和底纹"对话框中的"边框"选项卡下进行设置，在"设置"列表中选择"方框"选项，接着在"样式"列表框中选择线条样式，在"颜色"下拉列表中设置线条颜色，在"宽度"下拉列表中选择合适的线条宽度，然后在"应用于"下拉列表中设置添加边框的应用范围"段落"或"文字"，设置完毕后，单击"确定"按钮，如图3-48所示。

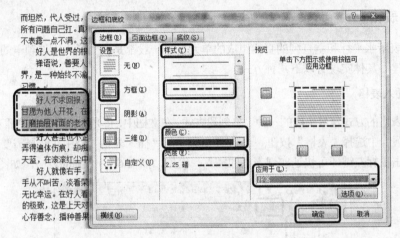

图 3-48 添加"边框"

（2）添加底纹。

选择要添加底纹的文本，在"边框和底纹"对话框中选择"底纹"选项卡，在"填充"下拉三角按钮中选择所需的底纹颜色，然后在"图案"组的"样式"下拉列表中选择底纹的样式，接着单击"应用于"下拉列表设置添加底纹的应用范围"段落"或"文字"，最后单击"确定"按钮即可，如图3-49所示。

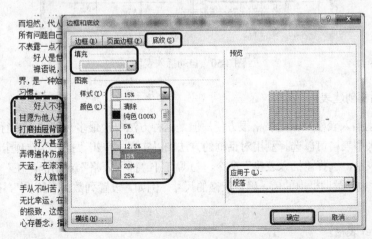

图 3-49 添加"底纹"

提示: 在"开始"选项卡下的"段落"组中单击"底纹"按钮旁边的下三角按钮,接着从打开的菜单中选择需要的颜色,也可以为段落添加底纹效果。

3.3 文表混排

在日常的生活、工作和学习中,我们都会遇到或用到各式各样的表格,如课程表、问卷调查表、财务报表等等。在 Word 文档中,使用表格来组织信息能大大增强文档的逻辑性、条理性和可读性。Word 2010 为用户提供了强大的表格创建和编辑功能,下面我们就来一起学习如何在 Word 文档中熟练地创建和使用表格吧!

3.3.1 创建表格

表格是由表示水平行和垂直列的直线组成的单元格。一般都是在"插入"选项卡的"表格"组中进行表格的创建,具体实现有以下几种方式。

1. 自动插入表格

自动插入表格的方式是最快捷的一种表格创建方式。在文档中,将光标定位在需要插入表格的位置,在"插入"选项卡中选择"表格"按钮,在弹出菜单的"插入表格"栏中,选择需要插入表格的行数和列数,单击鼠标左键即可快速实现表格的插入。例如,插入 6 行×8 列的表格,如图 3-50 所示。

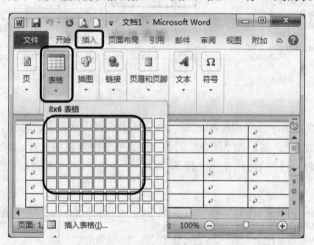

图 3-50 自动插入表格

2. 利用对话框创建表格

虽然利用自动插入表格来创建表格很方便,但是这种方法一次最多只能插入 8 行×10 列的表格。因此,要想创建大型表格可以选择利用对话框的方法加以实现。单击"插入"选项卡中的"表格"按钮,在其下拉列表中,选择"插入表格"命令,随即打开"插入表格"对话框。在对话框中,通过设置"列数"和"行数"微调框中的值,确定表格的尺寸。例如,设置列数为"10 列",行数为"20 行",如图 3-51 所示。

3. 插入 Excel 表格

Word 2010 中不仅可以插入普通的表格,而且还可以插入 Excel 表格。单击"插入"选项卡的"表格"按钮,在其下拉列表中,单击"Excel 电子表格"命令,即可在 Word 中插入 Excel 表格,如图 3-52 所示。

图 3-51 "插入表格"对话框

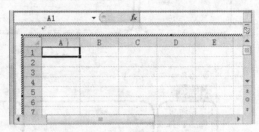

图 3-52 插入 Excel 表格

4. 插入样式表格

Word 2010 中为用户提供了丰富的表格模板,选择不同的模板可以创建不同样式的表格。在"表格"按钮的下拉列表中,选择"快速表格"命令,然后在左侧展开的级联菜单中选择所需的表格样式即可。例如,创建样式为"带副标题 1"的表格,如图 3-53 所示。

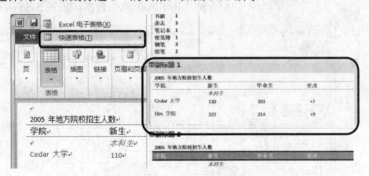

图 3-53 创建样式表格

5. 绘制表格

若想创建一个不规则的表格,Word 2010 为用户提供了运用铅笔工具手动绘制表格的功能。在"表格"按钮的下拉列表中,选择"绘制表格"命令,此时鼠标在文档编辑区变成了铅笔的形状,然后通过拖动鼠标即可实现表格的手动绘制。

3.3.2 表格的基本操作

表格创建好之后,还需要学习一些表格的基本操作,诸如输入表格数据、表格的选定、表格的插入和删除、表格的合并和拆分等操作。表格的这些基本操作命令在表格工具的"布局"选项卡中都可以找到,下面只介绍执行每种操作时最快捷的实现方法。

1. 功能区中表格工具的"设计"和"布局"选项卡

在 Word 中创建表格或者选择表格后,将自动激活"表格工具"的"设计"和"布局"选项卡,通过这两个选项卡可将 Word 中创建的表格设置得更加美观,如图 3-54 和图 3-55 所示。

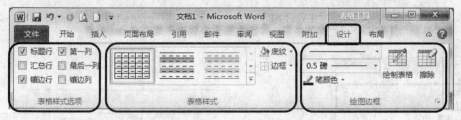

图 3-54 "表格工具"的"设计"选项卡

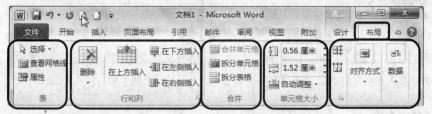

图 3-55 "表格工具"的"布局"选项卡

2. 输入表格数据

创建好表格后,就可以向表格中输入数据了。将光标定位到单元格中,根据要求,直接输入所需的数据内容即可。例如,创建一个"学生成绩表"并输入相应的数据,如图 3-56 所示。

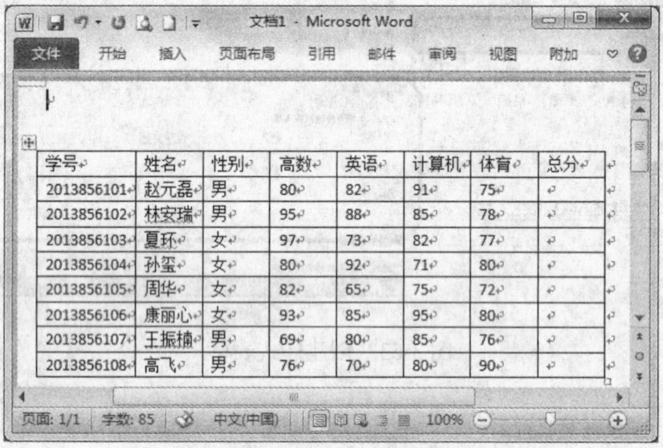

图 3-56 创建"学生成绩表"

3. 表格的选择操作

在操作表格之前,首要需要选择要操作的表格对象。表格中的选择操作主要有选定单个或多个单元格、选择整行或整列以及选择整张表格等等。表格的选定操作可以使用鼠标和使用功能区中表格工具的"布局"选项卡两种方式加以实现。当然,使用鼠标来选择表格是最方便的,其具体操作如表 3-4 所示。

表 3-4 表格的选择操作

选定范围	操作方法
选择当前单元格	将鼠标移至要选定的单元格的左边界处,当鼠标变成➚形状时,单击鼠标左键即可
选择后(前)一个单元格	按下键盘 Tab 或 Shift+Tab 键,可选择当前单元格后面或前面的单元格
选择一整行	将鼠标移动至当前行的左边界外侧,当鼠标变成↗形状时,单击鼠标左键即可
选择一整列	将鼠标移动至当前列的顶端,当鼠标变成↓形状时,单击鼠标左键即可
选择多个单元格	单击要选择的第一个单元格,按住 Ctrl 键的同时单击其他需要选择的单元格即可
选择整张表格	单击表格左上角的按钮"⊞"即可

4. 表格的插入操作

在文档中编辑表格时,有时根据表格内容,需要在表格中插入行、列或单元格。实现表格插入操作最快捷的方式是使用右键快捷菜单的方法。

(1) 插入行或列。

选择需要插入行或列的单元格,在选中的状态下单击鼠标右键,随即弹出快捷菜单。然后选择"插入"选项,在其右侧的级联菜单中,根据实际需要选择相应的命令即可。例如,实现在"学生成绩表"的最上方插入一个标题行,首先选中表的第一行,然后进行上述操作,如图3-57所示。

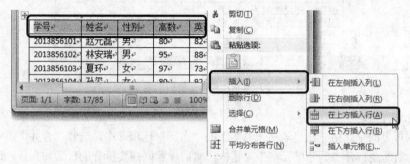

图 3-57 插入行或列

(2) 插入单元格。

选择需要插入单元格的相邻单元格,在右键快捷菜单中,选择"插入"选项,在其级联菜单中单击"插入单元格"命令,随即弹出"插入单元格"对话框,如图3-58所示,然后根据实际要求选择需要的插入命令,最后单击"确定"按钮即可。

5. 表格的删除操作

在处理表格时,根据实际需要还可以对表格的行、列或单元格进行删除操作。选用右键快捷菜单的方式实现表格的快速删除。

选择需要删除的行或列或单元格,在右键快捷菜单中,若要删除行或列,则选择相应的"删除行"或"删除列"的命令即可直接删除指定的行或列;若要删除单元格,则随即会弹出"删除单元格"对话框,如图3-59所示,选择所需的删除命令,最后单击"确定"按钮即可。

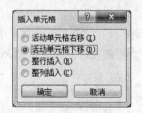

图 3-58 "插入单元格"对话框

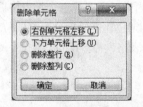

图 3-59 "删除单元格"对话框

6. 表格的合并和拆分操作

在 Word 的表格中,我们可以实现将多个单元格合并成一个单元格,也可将一个单元格或一张表格拆分为多个单元格或多张表格。

(1) 合并单元格。

先选择需要合并的单元格区域,接着在右键快捷菜单中单击"合并单元格"命令,即可将所选单元格合并为一个单元格。例如，在"学生成绩表"中，在表格最上方插入两行单元格，然后对其进行单元格合并，效果如图3-60所示。

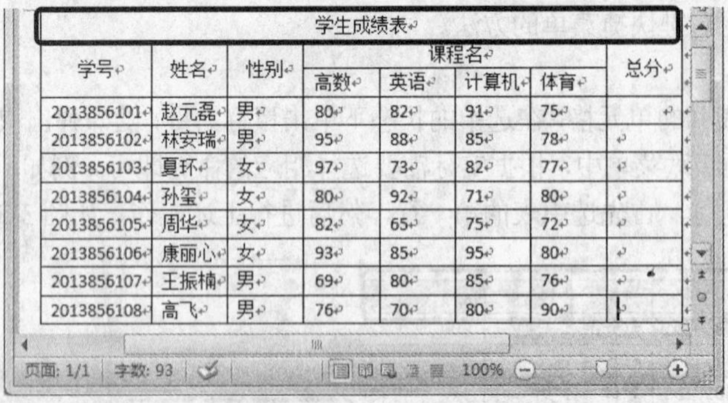

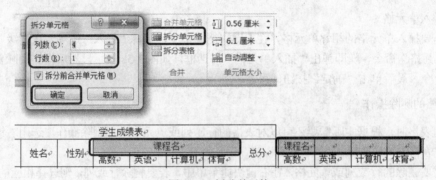

图3-60　合并单元格后的效果

（2）拆分单元格。

选择需要拆分的单元格，在"表格工具"下的"布局"选项卡中，选择"合并"组中的"拆分单元格"命令，随即会打开"拆分单元格"对话框，然后设置好需要拆分的行数和列数，最后单击"确定"按钮即可，如图3-61所示。

图3-61　拆分单元格

（3）拆分表格。

Word中同样可以实现将一张表格拆分成多张表格。

先将光标定位在需要拆分表格的位置处，接着在"表格工具"下的"布局"选项卡中选择"合并"组中的"拆分表格"命令即可。例如，将"学生成绩表"拆分为两张表格，如图3-62所示。

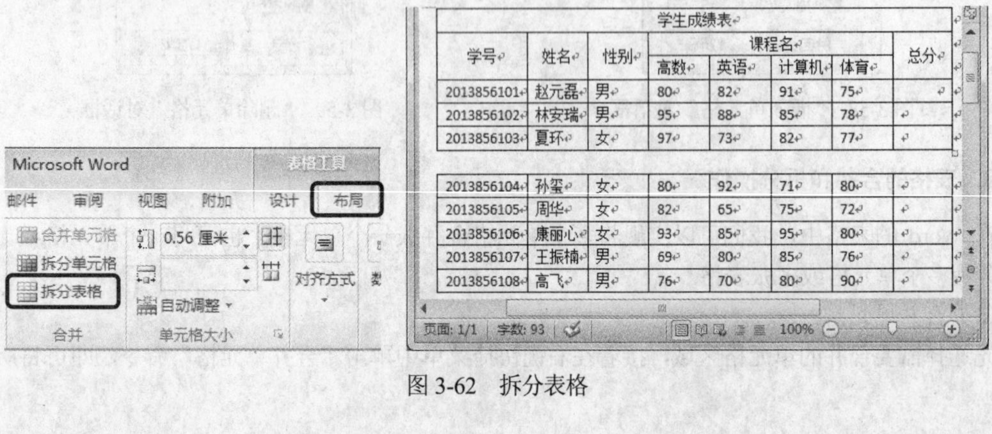

图3-62　拆分表格

7. 调整表格的大小

在编辑表格时，因为版面设计的原因，需要调整表格的大小。调整表格大小最便捷的方法是使用鼠标直接进行调整。先将鼠标移动到表格的右下角，当鼠标变成拖动标记“↘”时，拖动鼠标即可调整表格大小。

如果需要将表格调整到指定大小的尺寸，则可以通过“表格属性”对话框进行调整。先选中整张表格，单击鼠标右键，在快捷菜单中，选择“表格属性”命令，随即弹出“表格属性”对话框，在对话框的“表格”选项卡中，对表格的“指定宽度”和“度量单位”进行设置即可。例如，将“学生成绩表”的尺寸设置为“指定宽度 13 厘米”，如图 3-63 所示。

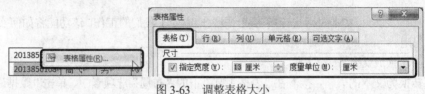

图 3-63　调整表格大小

8. 调整表格的行高和列宽

在 Word 文档中，调整行高和列宽最简单的方法就是将鼠标指针移动到要调整行的下边框线或要调整列的右边框线，当鼠标变成“÷”形状或“⇹”形状时，按住鼠标左键进行上下或左右拖动即可，如图 3-64 所示。

学生成绩表							
学号	姓名	性别	课程名				总分
			高数	英语	计算机	体育	
2013856101	赵元磊	男	80	82	91	75	
2013856102	林安瑞	男	95	88	85	78	
2013856103	夏环	女	97	73	82	77	

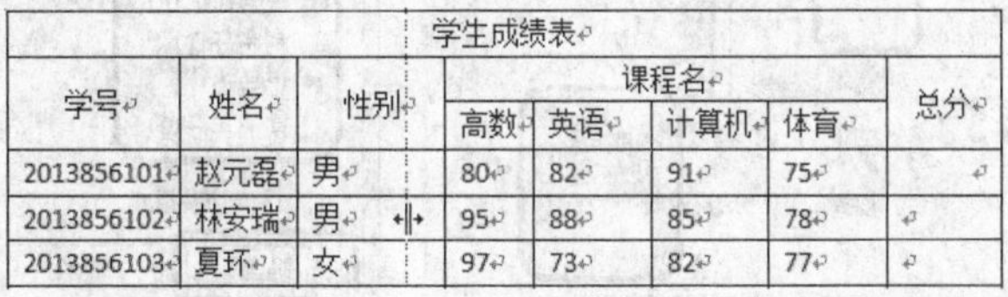

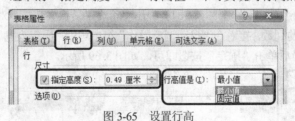

图 3-64　调整列宽

如果需要指定表格的行高或列宽的具体数值，则可以通过“表格属性”对话框来实现。右键单击需要调整的行或列，从弹出的快捷菜单中选择“表格属性”对话框。在“表格属性”对话框的“行”选项卡中，设置“尺寸”组中的“指定高度”和“行高值”即可实现对行高的调整，如图 3-65 所示。

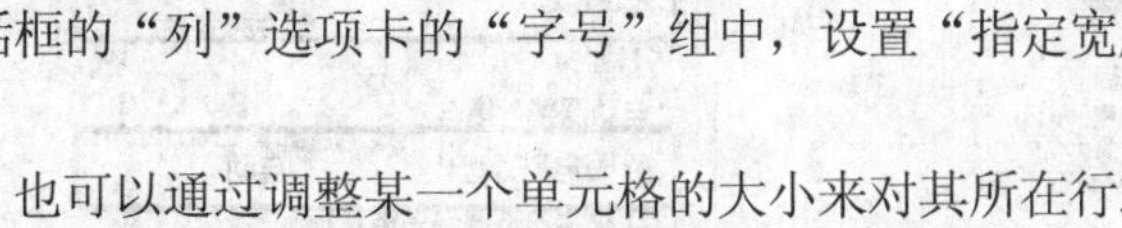

图 3-65　设置行高

在“表格属性”对话框的“列”选项卡的“字号”组中，设置“指定宽度”和“度量单位”即可实现对列宽的调整。

另外，在 Word 中，也可以通过调整某一个单元格的大小来对其所在行或列进行调整。选择需要调整的单元格，在“表格工具”下的“布局”选项卡中，直接设置“单元格大小”组中的“高度”和“宽度”值即可，如图 3-66 所示。

9. 绘制斜线表头

在 Word 文档中，有时为了清晰地显示行与列的字段信息，需要在表格中绘制斜线表头。斜线表头一般在表格的第一行和第一列的单元格中。

先将光标定位于第一个单元格中,在"表格工具"下的"设计"选项卡中,单击"绘图边框"组中的"绘制表格"按钮,此时光标变成铅笔的形状,在第一个单元格中直接绘制斜线即可,如图 3-67 所示。

图 3-66 设置单元格大小　　　　　　　　　图 3-67 绘制斜线表头

10. 表格与文本的相互转换

Word 提供了表格与文本的相互转换功能,极大地方便了我们的工作。该功能将如何实现呢?让我们来一起学习吧。

(1) 表格转换成文本。

选中要转换为文本的表格,接着在"表格工具"下的"布局"选项卡中,单击"数据"组中的"转换为文本"按钮,随即弹出"表格转换成文本"对话框,然后在"文字分隔符"选项组中选择需要的分隔符,最后单击"确定"按钮即可,如图 3-68 所示。

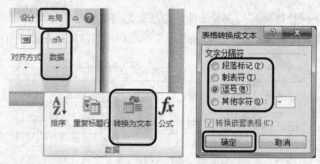

图 3-68 表格转换为文本

(2) 文本转换成表格。

选择要转换为表格的文本内容,然后在"插入"选项卡中单击"表格"的下拉三角按钮,在其下拉列表中选择"文本转换成表格"命令,随即会弹出"将文字转换成表格"对话框,然后在"表格尺寸"选项组中设置表格的列数,接着在"自动调整操作"组中选中"固定列宽",再在"文字分隔位置"组中选择"制表符",最后单击"确定"按钮即可,如图 3-69 所示。

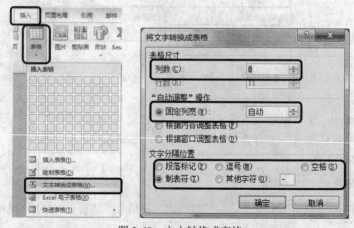

图 3-69 文本转换成表格

3.3.3 美化表格

在创建和编辑完表格后，为了增强表格的视觉效果，使表格看起来更加美观，可以对表格进行对齐方式、添加边框和底纹、套用表格样式等设置。

1. 设置对齐方式

在表格中设置对齐方式的操作主要包括设置表格的文字环绕、设置整张表格的对齐方式、设置单元格的对齐方式、设置单元格边距以及更改单元格中的文字方向。

（1）设置表格的文字环绕。

我们在使用 Word 2010 制作和编辑表格时，如果想让表格跟周围的文字更好地融合在一起，可以设置表格在页面中的文字环绕方式。

右键单击表格中的任意一个单元格，在其快捷菜单中选择"表格属性"命令，随即打开"表格属性"对话框，在"表格"选项卡的"文字环绕"组中选择环绕方式，主要有"无"与"环绕"两种方式。当选择"环绕"选项时，激活了右侧的"定位"命令按钮。单击该按钮，可在弹出的"表格定位"对话框中设置水平、垂直及上下左右边距等格式，如图 3-70 所示。

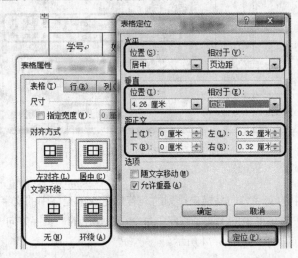

图 3-70 设置表格文字环绕

（2）设置整张表格的对齐方式。

在 Word 文档中，可以为表格设置相对于页面的对齐方式，其中包括"左对齐"、"居中对齐"和"右对齐"三种。右键单击表格中的任意一个单元格，在其快捷菜单中选择"表格属性"命令，随即打开"表格属性"对话框，在"表格"选项卡的"对齐方式"组中选择相应的对齐方式即可，如图 3-71 所示。

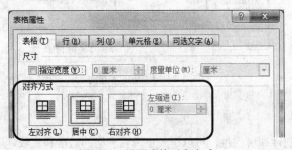

图 3-71 设置表格对齐方式

(3) 设置单元格的对齐方式。

在 Word 中，单元格中文本内容的默认对齐方式为底端左对齐，Word 中还有另外 9 种对齐方式供选择。右键单击需要设置文本内容对齐方式的单元格，在其快捷菜单中单击"单元格对齐方式"命令，接着在其右侧的级联菜单中选择所需的对齐方式即可，如图 3-72 所示。

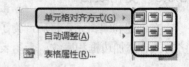

图 3-72　设置单元格内容的对齐方式

(4) 设置单元格边距。

单元格边距是指单元格中填充内容与单元格边框的距离，用户可以统一设置表格的边距数值，使 Word 表格中所有的单元格具有相同的边距设置。

在"表格工具"下的"布局"选项卡中，单击"对齐方式"组中的"单元格边距"按钮，在弹出的"表格选项"对话框中分别对上下左右边距值进行设置即可，如图 3-73 所示。

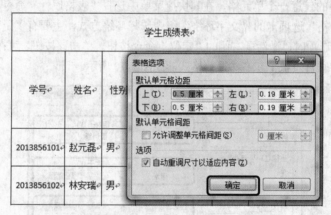

图 3-73　调整单元格的边距

(5) 更改文字方向。

默认状态下，表格中的文字方向是横向排列的。若想更改单元格中的文字方向，右键单击需要更改的单元格，选择右键快捷菜单中的"文字方向"命令，在弹出的"文字方向-表格单元格"对话框中选择不同效果的文字方向即可，如图 3-74 所示。

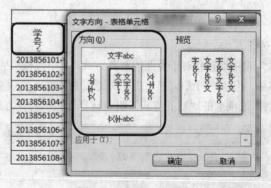

图 3-74　更改文字方向

2. 添加边框和底纹

为了增加表格的美观性和可视性，可以进一步设置表格的边框和底纹，以及它们的颜色。

右键选择需要添加边框和底纹的单元格，单击快捷菜单中的"边框和底纹"命令，随即打开"边框和底纹"对话框。

（1）添加边框。

首先在"边框"选项卡下的"设置"组中选择合适的边框样式，接着在"样式"组中选择合适的边框线条样式，紧接着在"颜色"组中选择所需的边框线条颜色，再在"宽度"组中选择边框线条的宽度，然后在"预览"组中设置边框的整体样式，同时还可以增减边框中的单个线条，接着在"应用于"组中选择边框的应用范围。如果是对整张表格设置边框，则选择"表格"；如果是对部分单元格设置边框，则选择"单元格"，全部设置完后，单击"确定"按钮即可，如图 3-75 所示。

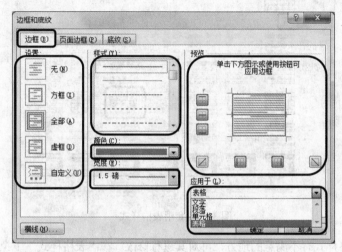

图 3-75　设置表格的边框

（2）添加底纹。

切换到"边框和底纹"对话框中的"底纹"选项卡下，首先在"填充"组中设置所需的底纹颜色，接着在"图案"组中设置表格背景的图案样式和图案颜色，设置完后可以在"预览"组中预览到设置完的边框和底纹的整体效果，然后在"应用于"组中选择设置底纹的应用范围，最后单击"确定"按钮即可，如图 3-76 所示。

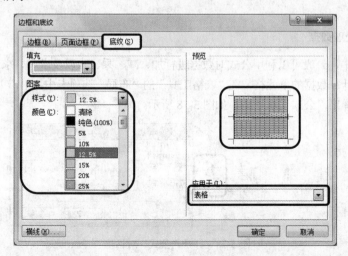

图 3-76　设置表格的底纹

3. 套用表格样式

在 Word 文档中,我们还可以套用 Word 中自带的表格样式来实现快速美化表格。先选中整张表格,在"表格工具"的"设计"选项卡下,单击"表格样式选项"的下拉按钮,在其下拉列表的"内置"组中选择合适的样式即可,如图 3-77 所示。

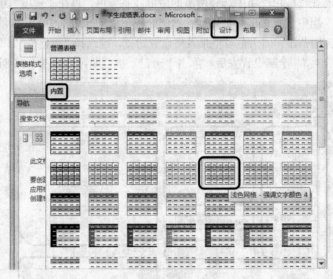

图 3-77 套用表格样式

若对自带的表格样式有不满意的地方,可对其进行修改。在"表格样式"下拉列表中选择"修改表格样式"命令,随即打开"修改样式"对话框,在此对话框中即可对样式进行修改,最后单击"确定"按钮。

另外,在"表格样式"下拉列表中选择"新建表格样式"命令还可以自己动手创建样式。

3.3.4 处理表格数据

在 Word 2010 中,除了创建、编辑和美化表格以外,还可以对表格中的数值数据进行运算和排序等处理。

1. 使用公式处理数据

在 Word 表格中,一般可以利用公式对数据进行加、减、乘、除以及求和、求平均值等运算。先将光标定位于需要计算数据的单元格,在"表格工具"的"布局"选项卡中,单击"数据"组中的"f_x 公式"按钮,随即弹出"公式"对话框,如图 3-78 所示。

图 3-78 打开"公式"对话框

在"公式"对话框中,需要在"公式"下方的文本框中输入正确的公式,它的输入格式为"=函数名（函数参数）"。其中，默认情况下，显示的是 SUM 求和函数，如果需要实现其他功能，则可以在"粘贴函数"的下拉列表中选择所需的函数，它所包含的主要函数名及其函数功能如表 3-5 所示。

表 3-5 "粘贴函数"中包含的主要函数及其功能

函数名称	函数功能
ABS	对参数中指定的数据求绝对值
AND	如果参数中指定的所有数据均为逻辑真，则返回逻辑 1；否则返回逻辑 0
AVERAGE	对参数中指定的数据求平均值
COUNT	统计参数中指定数据的个数
DEFINED	判断参数中指定的单元格是否存在，若存在，则返回 1；否则返回 0
INT	对参数中指定的数据结果取整
MAX	求参数中指定数据的最大值
MIN	求参数中指定数据的最小值
OR	如果参数中指定的所有数据中至少有一个为真，则返回 1；否则返回 0
PRODUCT	求参数中指定数据的乘积
SIGN	如果参数中指定的数据为正数，则取值为 1；如果为负数，则取值为–1
SUM	对参数中指定的数据结果求和

公式中的函数参数有两种写法，一种是表示计算方向的英语单词，可以是 LEFT（左边的数据）、RIGHT（右边的数据）、ABOVE（上边的数据）和 BELOW（下边的数据）。例如，要对所选单元格上边的所有数据求和，可以写为"=SUM(ABOVE)"；另一种是输入单元格名称表示的区域，表格中的每个单元格用其所在的行（用字母 A、B、C 等表示）和列（用数字 1、2、3 等表示）来命名。例如，输入公式为"=SUM(A4:A7)"，表示对 A4 到 A7 四个单元格中的数据进行求和运算，其中，A4 表示第 1 行第 4 列的那个单元格。

按照上述方法，对"学生成绩表"的总分列进行求和，在公式文本框中可以输入"=SUM(LEFT)"或"=SUM(D4:D7)"，如图 3-79 所示。

图 3-79 利用公式处理数据

2．数据排序

Word 2010 中允许用户按照一定的规律对表格中的数据进行排序。选择需要排序的表格区域，此时需要特别注意，表格区域中若有合并后的单元格是无法进行排序的，接着选择"布局"选项卡下的"数据"组中的"排序"命令，在弹出的"排序"选项卡中设置各个选项即可。例如，对"学生成绩表"中的数据按照"总分"、"升序"的方式进行排序。若总分相同，则按照"计算机"分数的"升序"方式排序，进而若前两项都相同，则按照"高数"分数进行"升序"排序。具体设置是这样的：先在对话框的"列表"组中选中"有标题行"单选按钮，然后在"主要关键字"中选择"总分"，在"次要关键字"中选择"计算机"，在"第三关键字"中选择"高数"，并在每个关键字右侧的"类型"下拉列表中都可以选择相应的排序"类型"，主要包括"笔划"、"数字"、"日期"和"拼音"四种类型，再选中其右侧的"升序"单选按钮，最后单击"确定"命令即可，如图 3-80 所示。

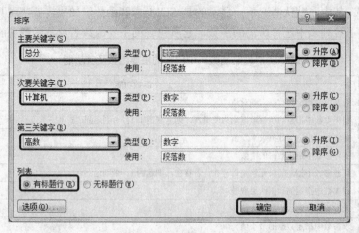

图 3-80 "排序"对话框

3.4 图文混排

本节将学习如何在文档中插入艺术字、图片与剪贴画、文本框,以及绘制自选图形,并对这些元素进行格式设置,最终实现图文混排,使文档更加形象和美观。

3.4.1 艺术字

在文档编辑的过程中,有时需要插入非常大的字体,而且需要设置特殊的格式,基本的字体已不能达到这些要求,这时就需要使用"艺术字"功能。

艺术字是结合了文本和图形的特点的一种图形对象。Word 2010 的艺术字效果更加注重用户的体验效果,字体颜色更加亮丽。

1. 插入艺术字

(1)打开文档,将光标定位到要插入艺术字的位置。在"插入"面板的"文本"分组中单击"艺术字"按钮,并在"预设样式"面板中选择合适的样式,如图 3-81 左图所示。

(2)在出现的"文字编辑框"中输入文本内容,如图 3-81 右图所示。在修改文字的同时,用户还可以对艺术字进行字体、字号、颜色等格式设置。选中需要设置格式的艺术字,并切换到"开始"面板。在"字体"分组即可对艺术字分别进行字体、字号、颜色等设置。

2. 修改艺术字效果

如果常用艺术字样式不能满足需求,可以在插入艺术字时先任意选择一种,待输入文字后选中文字,单击"绘图工具"下的"格式"选项卡,可以在以下分组中设置艺术字的各种属性。

(1)形状样式。

单击"形状填充"按钮设置艺术字文本框的填充效果。用户可以选择适合的颜色、图片、渐变效果或者纹理进行填充。

单击"形状轮廓"按钮设置艺术字文本框轮廓的颜色、线条粗细和线型。

单击"形状效果"按钮设置艺术字文本框的以下几种效果:阴影、映像、发光、柔化边缘、棱台和三维旋转。

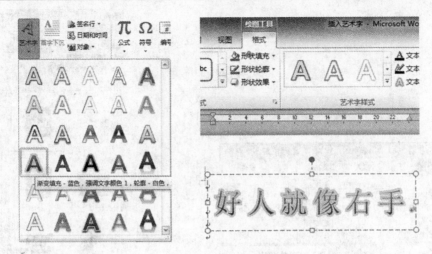

图 3-81　插入艺术字

(2) 艺术字样式。

单击"文本填充"按钮设置文本填充颜色和渐变样式。

单击"文本轮廓"按钮设置文本轮廓的颜色、线条粗细和线型。

单击"文本效果"按钮设置以下几种效果：阴影、映像、发光、棱台、三维旋转和转换。用户可以根据需要进行设置。

(3) 文本。

单击"文字方向"按钮设置文本水平或垂直排列，也可以将文本旋转 90 度或 270 度。

单击"对齐文本"按钮设置文本为顶端对齐、中部对齐或底端对齐。

(4) 排列。

该分组主要用于设置艺术字在文档中的布局方式或者旋转艺术字。

(5) 大小。

该分组用于设置艺术字文本框的宽度与高度。

3.4.2　图片与剪贴画

在文档写作时，我们经常会遇到插入图片的问题。插入图片的方法主要有两类：一类是将网页或其他外部程序中的图片复制或者截图并粘贴到 Word 文档中；另一类是使用"插入"面板的"插图"分组中的图片按钮插入图片文件。另外，用户也可以使用微软提供的剪贴画来丰富文档。下面主要介绍插入图片文件和剪贴画的基本方法，以及基本的编辑处理方法。

1．插入图片

将光标定位到要插入图片的位置。单击"插入"面板的"插图"分组中的图片按钮，如图 3-82 所示。

2．插入剪贴画

单击"插入"面板的"插图"分组中的剪贴画按钮。此时窗口右侧会弹出剪贴画任务窗格，如图 3-83 所示。

直接单击"搜索"，或者在"搜索文字"文本框内输入要插入剪贴画的关键词后单击搜索，下方的列表框中将列出可用的剪贴画资源。选取所需要的剪贴画后，单击即可插入。

另外，单击"在 Office.com 中查找详细信息"链接，打开微软官方网站，用户可以下载免费的在线资源。

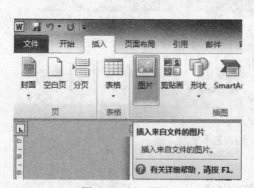

图 3-82 插入图片　　　　　　　　图 3-83 插入剪贴画

3. 编辑图片和剪贴画

选中插入的图片或者剪贴画，单击"图片工具"下的"格式"选项卡。该选项卡中有四个分组，用户可以根据需要设置图片和剪贴画的属性。

（1）"调整"分组。

该分组用于调整图片和剪贴画的亮度、对比度、饱和度或者色调等属性，对于插入的图片还可以进行压缩以减小文档占用空间，还可以选择其他图片文件以更改图片。

（2）"图片样式"分组。

该分组用于设置图片边框、图片效果和版式等样式。

（3）其他分组。

"排列"分组用于设置图片位置、对齐方式、叠放次序等属性，也可以对图片进行旋转。"大小"分组用于设置图片大小或者对图片进行裁剪。

3.4.3 自选图形

自选图形是指如矩形、圆、各种线条和连接符、箭头、流程图符号、星与旗帜和标注等基本形状。用户可以使用自选图形来绘制各类图形。下面介绍 Word 自选图形的相关操作。

1. 新建绘图画布

绘图画布相当于 Word 2010 文档页面中的一块画板，主要用于绘制各种图形和线条，并且可以设置独立于 Word 2010 文档页面的背景。新建绘图画布的方法如下：

切换到"插入"功能区。在"插图"面板中单击"形状"按钮，并在打开的形状菜单中选择"新建绘图画布"命令。绘图画布将根据页面大小自动被插入到文档中。接下来可以在画布上添加各种自选图形。

2. 绘制自选图形

在新建的绘图画布中可以绘制各种自选图形，并设置自选图形的不同属性。

例如，在文档中绘制一图形，类型为"星与旗帜"中的"前凸带形"，并设置其大小为：高度 2 厘米、宽度 8.5 厘米，填充颜色为"浅黄色"，版式为"上下型"。
操作方法如下：

（1）插入自选图形。

在"插图"面板中单击"形状"按钮，并在打开的形状菜单中选择希望插入的图形，如选择"星与旗帜"中的"前凸带形"，如图 3-84 所示。拖动鼠标至合适的大小和位置后释放，即可插入图形。

图 3-84 插入自选图形

（2）设置自选图形属性。

选中自选图形，在自动打开的"绘图工具/格式"功能区中可以设置图形的形状样式、大小、文字环绕等属性。例如修改"形状样式"分组中的"形状填充"、"形状轮廓"和"形状效果"属性，修改插入的"前凸带形"图形，如图 3-85 所示。

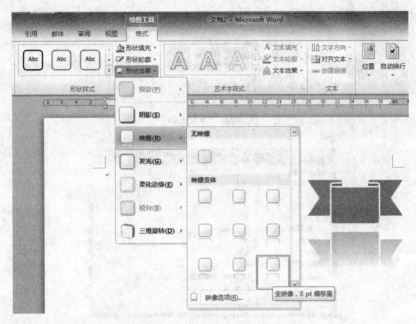

图 3-85 设置自选图形属性

3.4.4 添加删除水印

Word 具有添加文字和图片两种类型的水印的功能。Word 内置水印有"机密"、"严禁复制"的字样，可以强调文档的重要性。用户也可以添加任意的图片和文字作为水印，从而美化自己的文档。

1．添加水印

（1）单击"页面布局"面板的"页面背景"分组中的"水印"按钮，可以选择内置水印，也可以加入自定义水印，如图 3-86 所示。

（2）单击下拉菜单中的自定义水印，打开水印设置对话框，如图 3-87 所示。

（3）选中"图片水印"，可以选择要插入的图片水印。

（4）选中"文字水印"，可以根据需要设置水印文字、字体、字号、颜色和版式。

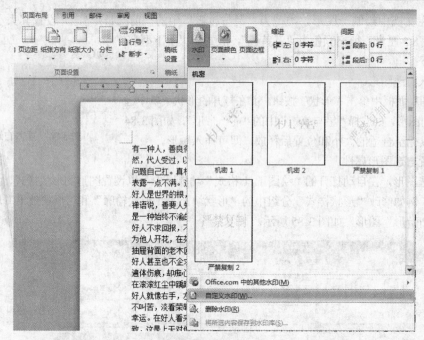

图 3-86 插入水印

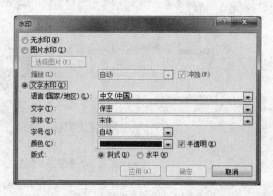

图 3-87 水印设置对话框

2. 编辑水印

若添加完文字水印后想修改文字的大小、位置、样式等,可以单击"插入"面板的"页眉和页脚"分组中的"页眉"按钮,在下拉菜单中单击"编辑页眉"。此时,可以对水印进行任意修改。

3. 删除水印

如果需要删除已经插入的水印,则再次单击"水印"按钮,并单击下拉菜单中的"删除水印"即可。

3.4.5 文本框

使用文本框,可以方便用户将文本放置到文档指定位置,而不会受到段落格式和页面设置的影响。

1. 插入文本框

将插入点定位到文档的合适位置,单击"插入"面板中"文本"分组的"文本框"按钮,在弹出的下拉菜单中可以选择插入"内置"文本框，如图3-88所示。也可以选择"绘制文本框"选项，在文档的合适位置拖动鼠标，画出一个适当大小的文本框。

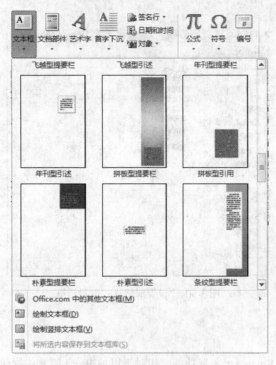

图3-88　插入内置文本框

2. 设置文本框格式

插入文本框后，可以直接输入文字。选中文本框，选择"绘图工具"面板的"格式"选项卡，可以修改文本框的形状、形状样式、文本样式、排列和大小等格式，如图3-89所示。或者，也可以选中文本框并单击右键，在弹出的快捷菜单中选择"设置形状格式"，打开设置对话框，如图3-90所示，然后设置文本框的相关格式。

图3-89　文本框"格式"选项卡

3. 对齐、组合自选图形和文本框

当插入多个自选图形或者文本框时，可以设置对齐方式或组合为一个图形，使文档布局更加美观。设置步骤如下：

（1）单击任意一个自选图形或文本框，按住Shift键，再单击其他自选图形和文本框。

（2）选择"绘图工具"中的"格式"面板，单击"排列"分组中的"对齐"按钮。

（3）在弹出的下拉菜单中选择合适的对齐方式进行设置，对齐方式主要有左对齐、左右居中、右对齐、顶端对齐、上下居中和底端对齐等。

(4)选择"绘图工具"中的"格式"面板,单击"排列"分组中的"组合"按钮,或者单击右键,在弹出的快捷菜单中选择"组合"子菜单中的"组合",可以将选中的自选图形和文本框合并为一个图形。

图 3-90 "设置形状格式"对话框

3.4.6 SmartArt 图形

Word 2010 新增加了 SmartArt 图形功能。相对于以前 Word 版本中提供的图形功能,用户可以在 Word 2010 文档中插入丰富多彩、表现力丰富的 SmartArt 示意图。下面介绍插入 SmartArt 图形的步骤。

(1)将光标定位到插入位置,单击"插入"面板的"插图"分组中的"SmartArt"按钮,如图 3-91 所示。

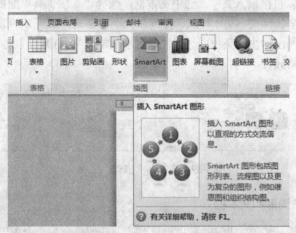

图 3-91 插入 SmartArt 图形

(2)在打开的"选择 SmartArt 图形"对话框中,如图 3-92 所示,在左侧的类别列表中选择合适的类别,然后在右侧列表中选择需要的 SmartArt 图形,单击"确定"按钮。

(3)在插入的 SmartArt 图形中单击文本占位符输入合适的文字内容即可。

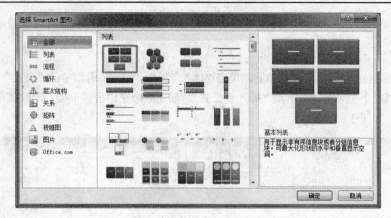

图 3-92 "选择 SmartArt 图形"对话框

3.5 创建数学公式

Word 2010 和 Office.com 提供了多种常用的公式，用户可以根据需要直接插入这些内置公式并修改，以提高工作效率。若内置公式不能满足需要，用户也可以创建并编辑新的公式。操作步骤如下。

1. 插入内置公式

（1）将光标定位到要插入公式的位置，单击"插入"面板"符号"分组中的"公式"下拉三角按钮，如图 3-93 所示。

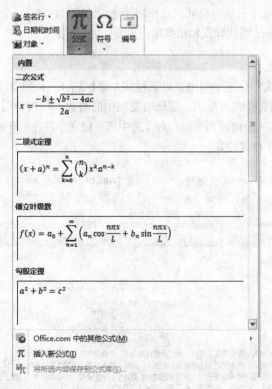

图 3-93 插入内置公式

(2) 在弹出的下拉菜单中，在内置列表中选择公式加入，然后对公式进行编辑即可。

2. 创建新公式

（1）将光标定位到要插入公式的位置，单击"插入"面板"符号"分组中的"公式"下拉三角按钮。

（2）在弹出的下拉菜单中，单击"插入新公式"，创建一个空白公式框架，同时菜单中将增加"公式工具"面板，如图3-94所示。

图3-94 "公式工具"面板

（3）通过键盘或"公式工具/设计"功能区的"符号"分组输入公式内容即可。

3.6 样式、模板和主题

在撰写长文档或是书籍时，常常需要对大量的文本和段落进行相同的格式设置工作。使用Word样式、模板和主题能减少许多重复的操作，确保格式编排的一致性，在短时间内排出高质量的文档。

3.6.1 样式

Word样式是指一组已经命名的字符和段落格式，规定了文档中标题、正文及其他各种文本元素的格式。用户可以直接将样式中的所有格式直接应用于选定的文档内容上，而不需要重新进行具体的设置。本节介绍如何使用Word默认样式和根据用户需要创建新样式。

1. 使用默认样式

"开始"面板的"样式"分组中列出了默认样式，如标题1、标题2、标题3、正文等。默认情况下文档中的格式是以正文样式为准的。要修改文档中的格式，可以使用Word默认样式。例如，要将图3-95所示文档的第一段设置为一级标题，选中第一段文字，在"开始"功能区的"样式"分组中单击"标题1"即完成了格式设置。

图3-95 使用默认样式

2. 修改默认样式

用户可以根据需要修改 Word 默认样式。如上例中，要将样式表中标题 1 的格式修改为黑体、二号、行间距为单倍行距，步骤如下：

（1）在"样式"分组右下角单击小箭头按钮，如图 3-96 所示，打开"样式"窗格。

（2）"样式"窗格列表中列出了 Word 内置样式，由于内置样式比较多，可以单击窗格右下角的"选项"按钮，在"样式窗格选项"中"选择要显示的样式"下拉列表中选择"当前文档中的样式"，从而在列表中只列出当前文档使用的样式，如图 3-97 所示。

图 3-96 "样式"按钮　　　　　　　　　　图 3-97 "样式"窗格

（3）在样式窗格中单击标题 1 右侧的下拉箭头，在弹出的快捷菜单中单击"修改"命令，如图 3-98 所示，弹出"修改样式"对话框。

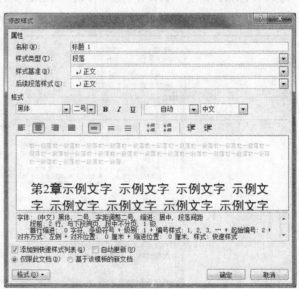

图 3-98 修改默认样式　　　　　　　　　图 3-99 "修改样式"对话框

（4）在"修改样式"对话框中的"格式"区域，将字体为修改为黑体、二号，如图 3-99 所示；

（5）单击窗口左下侧的"格式"按钮，在弹出的快捷菜单中单击"段落"选项，打开段落设置对话框，将行距设置为"单倍行距"，如图 3-100 所示。

3. 创建新样式

当 Word 默认样式无法满足用户需求时，用户可以创建新样式。例如新的表格样式、列表样式、图表文字样式等，操作步骤如下：

（1）在"开始"功能区的"样式"分组中单击"显示样式窗口"按钮，打开"样式"窗格。

（2）在"样式"窗格中单击"新建样式"按钮，如图 3-101 所示。

图 3-100　段落设置

图 3-101　新建样式

（3）在弹出的"根据格式设置创建新样式"对话框中可以设置新样式的各种格式，如图 3-102 所示。

图 3-102　"根据格式设置创建新样式"对话框

① "名称"编辑框用于设置新建样式的名称。

② "样式类型"下拉列表中包含五种类型。

● 段落：新建样式将应用于段落级别；

- 字符：新建样式将仅用于字符级别；
- 链接段落和字符：新建样式将用于段落和字符两种级别；
- 表格：新建的样式主要用于表格；
- 列表：新建的样式主要用于项目符号和编号列表。

选择一种样式类型，例如"段落"。

③ 在"格式"区域，根据需要设置字体、字号、颜色、段落间距、对齐方式等段落格式和字符格式。如果希望该样式应用于所有文档，则选中"基于该模板的新文档"单选框。

④ 若需要设置其他格式，单击"格式"按钮，打开设置对话框进行设置。

（4）创建了新样式后，该样式将被添加到"样式"分组和样式窗格列表中。

另外，也可以将文档中某部分已设置好格式的内容选中，在"样式"分组中，单击样式下拉列表中的"将所选内容保存为新快速样式"，在弹出的"根据格式设置创建新样式"对话框中设置新样式的名称，实现快速创建新样式。

3.6.2 使用模板创建文档

Word 模板是指 Microsoft Word 中内置的包含固定格式设置和版式设置的模板文件，用于帮助用户快速生成特定类型的 Word 文档。Word 2010 中内置的文档模板主要有"空白文档"、"博客文章"、"书法字帖"等等。另外，Office.com 网站还提供了大量特定功能模板，使用户可以创建比较专业的 Word 2010 文档，例如"报表"、"标签"、"费用报表"、"贺卡"等模板。下面以创建一个"学校读书报告"类文档为例介绍模板的使用方法。

（1）启动 Word 2010，并打开"文件"面板。

（2）单击菜单中的"新建"选项，打开模板选择页面，如图 3-103 所示。

图 3-103 根据模板新建文档

（3）在"Office.com 模板"中选择"报表"，当前主机将从 Office.com 网站下载可用的模板类别，如图 3-104 所示。

（4）单击"学术论文和报告"，当前主机将从 Office.com 网站下载可用模板列表，如图 3-105 所示。

（5）双击"学校读书报告"，当前主机将从 Office.com 网站下载该模板，并基于该模板创建新文档，如图 3-106 所示，用户可根据需要对文档进行编辑。

图 3-104 模板类别列表

图 3-105 可用模板列表

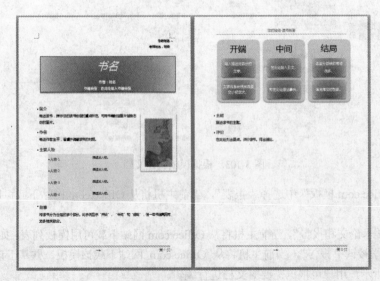

图 3-106 "学校读书报告"文档

3.6.3 应用主题美化文档

Word 2010 的主题功能使用户可以快速改变 Word 2010 文档的整体外观。主题是一组格式选项，包括一组主题颜色、一组主题字体（包括标题字体和正文字体）和一组主题效果（包括线条和填充效果）。Word 2010 内置了多种主题供用户选择，微软的 Office.com 网站还提供了多种联机主题供用户下载使用。下面介绍主题的应用。

（1）打开要设置主题的文档，切换到"页面布局"功能区，单击"主题"分组下拉三角按钮，打开"主题"下拉列表，如图 3-107 所示。

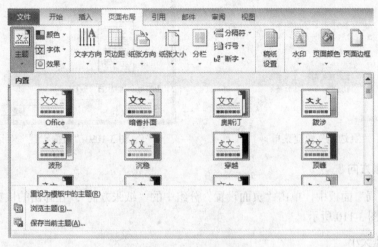

图 3-107 应用主题

（2）在"主题"下拉列表中选择合适的主题，当鼠标指向某一种主题时，会在 Word 文档中显示应用该主题后的预览效果。

（3）如果希望将主题恢复到 Word 模板默认的主题，可以在"主题"下拉列表中单击"重设为模板中的主题"按钮。

应用主题后，用户可以根据需求，在"主题"分组中修改当前文档的主题颜色、字体和效果。

3.7 页 面 设 置

3.7.1 设置页面属性

在创建文档时，Word 已设置了默认的页边距、纸张大小、纸张方向等页面属性，用户可以根据需要修改这些属性。下面简介页面基本属性的设置方法。

1．设置页边距

在"页面布局"面板中，单击"页面设置"分组中的"页边距"。在弹出的快捷菜单中可以选择 Word 内置的几类页边距设置，如图 3-108 所示。

若内置页边距不能满足排版的需要，用户可以单击快捷菜单中的"自定义页边距"，打开"页面设置"对话框，然后设置页边距，如图 3-109 所示。

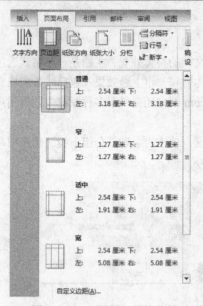

图 3-108 "页边距"快捷菜单

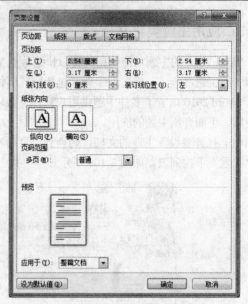

图 3-109 "页面设置"对话框

2. 设置纸张方向

在"页面布局"面板中,单击"页面设置"分组中的"纸张方向"。在弹出的快捷菜单中选择纵向或者横向,如图 3-110 所示。

3. 设置纸张大小

在"页面布局"面板中,单击"页面设置"分组中的"纸张大小"。在弹出的快捷菜单中选择纸张类型。或者单击"其他页面大小",打开"页面设置"对话框进行自定义设置。

4. 设置分栏

(1)在"页面布局"面板中,单击"页面设置"分组中的"分栏",在弹出的快捷菜单中的预设分栏中按需选择即可,如图 3-111 所示。

图 3-110 纸张方向设置

图 3-111 设置分栏

(2)如果只对部分段落进行分栏处理,在设置之前先选中要分栏的段落,然后进行分栏设置。
(3)如果要设置其他属性,单击"更多分栏",在弹出的"分栏"对话框中进行设置即可。

3.7.2 稿纸设置

Word 2010 中,可以使用稿纸方式来编辑文档,使我们的文档更具个性化。稿纸的设置步骤如下:

(1) 单击"页面设置"面板的"稿纸设置",弹出"稿纸设置"对话框,如图 3-112 所示。

(2) Word 稿纸格式有"方格式稿纸"、"行线式稿纸"和"外框式稿纸"三种,在"网格"区单击"格式"下拉列表选择要设置的稿纸格式。

(3) 设置"行数×列数"、"网格颜色"属性。

(4) 在"页面"区设置"页面大小"和纸张方向。

(5) 在"页眉/页脚"区设置页眉/页脚需要显示的相关信息。

(6) 根据中文行文规范,要避免标点出现在行首的情况,选中"换行"区中"允许标点溢出边界"前的复选框即可。

(7) 单击"确定"按钮完成稿纸设置。

图 3-113 为设置"方格式稿纸"的效果。如果要取消稿纸版式,只需在"稿纸设置"对话框中的"格式"选项下拉菜单中选择"非稿纸文稿"选项。

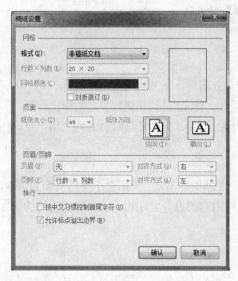

图 3-112 "稿纸设置"对话框

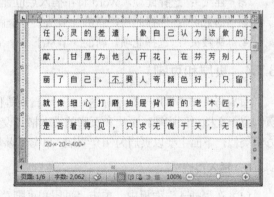

图 3-113 插入稿纸效果图

3.7.3 分隔符

在编辑 Word 文档的时候通常会用到分隔符,包括分页符和分节符等。通过插入分隔符,可以把 Word 文档分成多个部分,我们可以对这些部分进行不同的页面设置和灵活排版,满足比较复杂的文档页面要求。下面主要介绍分页符和分节符的使用方法。

1. 分页符

在文档编辑的过程中,如果某页文档未满,需要强制分页,可插入"分页符",这样可以确保每个章节标题总在新的一页开始。插入分页符的步骤如下:

(1) 将插入点置于要插入"分页符"的位置,单击"页面布局"面板中"页面设置"分组的"分隔符",如图 3-114 所示。

(2) 单击弹出的快捷菜单的"分页符"分组中的"分页符"即可。

(3)若要删除分页符，可将光标定位到了分页符的前面，按一下 Delete 键，分页符就被删除了。

2. 分节符

在论文或者书籍的写作过程中，通常首页、前言等内容无页码，目录用"Ⅰ、Ⅱ、Ⅲ、…"作为页码，正文用"1、2、3、…"作为页码。另外正文部分有时要求按章节设置不同的页眉或页脚。合理正确地使用分节符，可以轻松解决这些问题。节是文档的一部分。插入分节符之前，Word 将整篇文档视为一节。在需要改变分栏数、页面页脚、页边距或页眉/页脚等属性时，需要创建新的节。插入分节符的步骤如下：

（1）将插入点定位到新节的开始位置。

（2）单击"页面布局"面板中"页面设置"分组的"分隔符"。

（3）在弹出的快捷菜单的"分节符"分组中有四种分隔符：

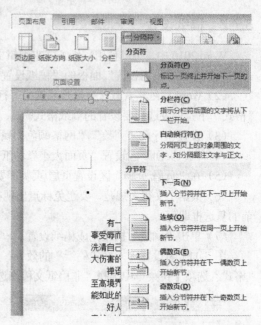

图 3-114　插入分页符

①"下一页"：选择此项，新的一节从下一页开始。

②"连续"：选择此项，Word 将在插入点位置添加一个分节符，新节从当前页开始。

③"偶数页"：选择此项，新的一节从下一个偶数页开始，Word 自动在偶数页之间空出一页。

④"奇数页"：选择此项，新的一节从下一个奇数页开始，Word 自动在奇数页之间空出一页。

3.7.4　页眉和页脚

页眉与页脚通常用于显示标题、页码、日期等信息，使文档更加丰富。页眉位于文档页面的顶端，页脚位于文档页面底端。页眉和页脚的文本格式设置与文档内容的设置方法相同。页眉和页脚的插入方法类似，下面主要以页眉为例介绍插入和修改步骤。

1. 插入页码

（1）在"插入"面板中，单击"页眉和页脚"分组的"页码"按钮，如图 3-115 所示。

（2）在弹出的快捷菜单中，选择 Word 内置页码格式，即可插入页码。

（3）插入页码后，可以单击快捷菜单中的"设置页码格式"，打开"页码格式"对话框，可以设置"编号格式"和"页码起始编号"，图 3-116 所示。

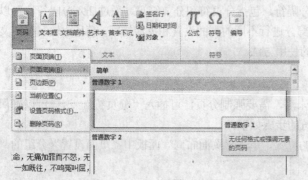

图 3-115　插入内置页码

图 3-116　页码格式设置

2. 插入页眉

（1）在"插入"面板中，单击"页眉和页脚"分组的"页眉"按钮，如图 3-117 所示。

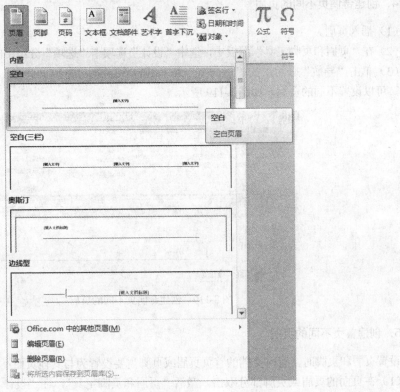

图 3-117　插入页眉

（2）选择合适的 Word 内置页眉插入。

（3）Word 默认插入的页眉下端会有横线，如果不需要，可以全选页眉文本，包括换行符，在"边框和底纹"对话框中设置"边框"为"无"，即可去掉横线。

3. 修改页眉和页脚

（1）在文档中插入页眉和页脚后，如果需要修改页眉或页脚的内容或者格式，可以双击页眉或页脚，打开"页眉和页脚工具"面板，如图 3-118 所示，在"设计"选项卡中进行设置。

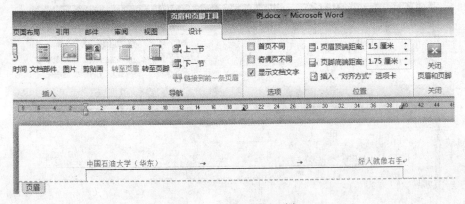

图 3-118　编辑页眉和页脚

(2)在页眉和页脚中可以插入页码、日期和时间、文档部件、图片剪贴画等内容。

(3)如果要从页眉切换到页脚,单击"导航"分组中的"页脚",就可以修改页脚的内容和格式了。

4.创建奇偶页不同的页眉

(1)插入页眉。

(2)在"页眉和页脚工具"面板中,选中"设计"选项卡"选项"分组中的"奇偶页不同"选项。

(3)单击"导航"分组中的"上一节"和"下一节",在"奇数页页眉"和"偶数页页眉"之间切换,可以设置不同的页眉,如图 3-119 所示。

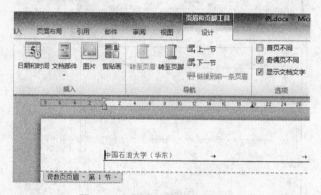

图 3-119　创建奇偶页不同的页眉

5.创建首页不同的页眉

设置页眉和页脚时,有时文档的首页页眉或页脚需要设置为与其他页面不同。操作步骤如下:

(1)在页面的页眉或页脚部分双击,激活"页眉和页脚工具",在"设计"选项卡中的"选项"分组中选中"首页不同复选框"。

(2)单击"导航"分组中的"上一节"和"下一节",在首页页眉和其他页眉之间切换,可以设置不同的页眉或者页脚。

6.每个分节设置不同的页眉

当一个文档有多个独立的分节时,可以为每个分节设置不同的页眉和页脚。设置步骤如下:

(1)首先在文档中插入分节符,将文档分为多个节。

(2)在文档首页插入页眉,设置第 1 节的页眉,如图 3-120 所示。

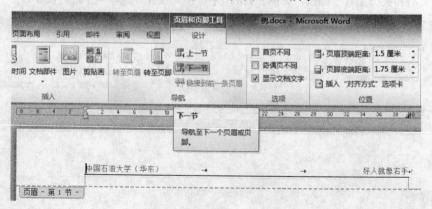

图 3-120　设置第 1 节页眉

（3）单击"导航"分组中的"下一节"，切换到下一节页眉，此时页眉与第 1 节相同，如图 3-121 所示。

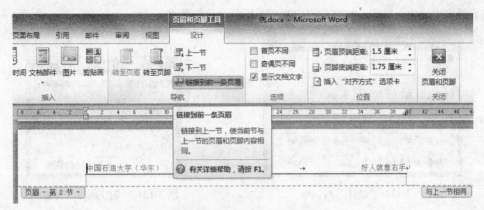

图 3-121 切换到第 2 节页眉

（4）单击"导航"分组中的"链接到前一条页眉"，取消与"与上一节相同"设置，此时就可以设置第 2 节页眉了，如图 3-122 所示。

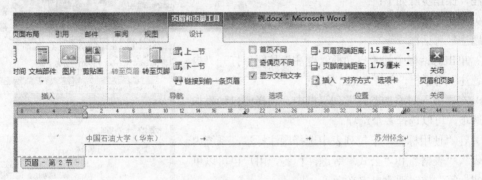

图 3-122 设置第 2 节页眉

其他分节页眉设置与第 2 节相同。

3.8 设置引用

3.8.1 设置题注

在长文档的编辑中，通常要插入大量的图形、表格或公式等内容。为了便于在文档中引用这些内容，方便读者阅读，需要为这些图形、表格或公式添加诸如"图 1"、"表 1"、"公式 1"等文字说明。用户可以在插入这些对象后手工插入题注，也可以在 Word 中设置自动添加题注。

1. 插入题注

（1）选中要进行题注的图片、表格或公式等对象。
（2）单击"插入"面板"引用"分组中的"题注"，打开"题注"对话框，如图 3-123 所示。
（3）在"选项"中选择题注"标签"和"显示位置"，如果标签列表中无合适的选项，可以单击"新建标签"按钮添加自定义标签。

(4)单击"编号"按钮,打开"题注编号"对话框,如图3-124所示,为题注选择编号格式;单击"确定"按钮关闭"题注编号"对话框。

(5)单击"确定"按钮,将在指定位置插入选定对象的题注。

图3-123 "题注"对话框

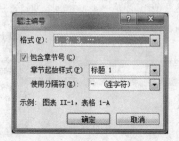
图3-124 "题注编号"对话框

2. 设置自动插入题注

在Word中插入表格、图表等对象时,可以设置为自动插入题注,操作步骤如下:

(1)单击"引用"分组"题注"功能区的"插入题注",打开"题注"对话框。

(2)单击对话框中的"自动插入题注"按钮,打开"自动插入题注"对话框,如图3-125所示。

(3)在"插入时添加题注"列表框中,选择要自动添加题注的选项,可以选择多个选项。

(4)在"使用标签"下拉列表中选择题注标签,系统内置"图表"、"表格"和"公式"等题注标签,用户也可以单击"新建标签"按钮创建自定义标签。

(5)在"位置"下拉列表中指定题注是位于"项目下方"或是"项目上方"。

图3-125 设置自动插入题注

(6)单击"确定"按钮完成插入题注设置。

设置完成后,在文档中插入所设置类别的对象时,将自动为其添加题注。

3.8.2 设置交叉引用

为文档中的图片等对象设置题注后,还要在正文中设置引用说明。如上节中"如图3-125所示"等文字,即对"图3-125"的"引用说明"。引用说明文字和图片是相互对应的,这种引用关系称为"交叉引用"。交叉引用可以使读者能够尽快地找到想要找的内容,也能使整个文档的结构更有条理。下面以图片设置交叉引用为例介绍设置步骤。

1. 插入交叉引用

(1)将光标定位到需要添加插图引用说明的位置。

(2)单击"插入"面板"链接"分组中的"交叉引用",或者"引用"面板"题注"分组中的"交叉引用",打开"交叉引用"对话框,如图3-126所示。

（3）在"引用类型"下拉列表中选择"图"，"引用哪一个题注"列表中将列出当前文档中已设置的所有题注。

（4）在"引用内容"下拉列表中选择要插入的引用内容，如本书中的设置选择"只有标签和编号"。

（5）在"引用哪一个题注"列表中选择要引用的题注，单击"插入"按钮即可。

2. 更新交叉引用

在文档中插入或删除新的图、表等对象并设置题注时，后续图表的题注编号会自动更新，但是对该题注的交叉引用并不会自动更新。可以使用以下三种方法更新交叉引用。

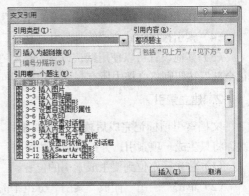

图 3-126 "交叉引用"对话框

（1）选择要更新的交叉引用，单击右键，在弹出的快捷菜单中选择"更新域"，可以更新当前选中的交叉引用。

（2）选择"打印预览"，Word 会自动更新文档中的所有域。

（3）按下 CTRL+A，全选文档，然后使用 F9 键更新文档中的所有域。

3.8.3 设置脚注和尾注

脚注和尾注用于在文档中为文档中的内容提供解释、批注以及相关的参考资料。脚注或尾注一般由两个链接的部分组成，即注释引用标记及相应的注释文本。设置步骤如下：

（1）单击"引用"面板"脚注"分组的右下角箭头，弹出"脚注和尾注"对话框，如图 3-127 所示。

（2）在"脚注和尾注"对话框设置脚注或尾注的"位置"、"编号格式"、"起始编号"等，单击"应用"按钮完成设置。

（3）在页面视图中，将光标定位到添加引用标记的位置。

（4）单击"引用"面板"脚注"分组的"插入脚注"或"插入尾注"。

（5）插入脚注或尾注后，光标自动定位到脚注或尾注的文本注释区，用户可输入注释文本。

图 3-127 "脚注和尾注"对话框

添加完成后，双击脚注或尾注编号，返回到文档中的引用标记。需要修改注释内容时，双击脚注或尾注的引用标记，则返回到文本注释区。

3.8.4 建立索引

建立索引是为了方便在文档中查阅某些概念名词、短语和符号，把这些对象提取出来，按规则生成列表，标明其引用页码。建立索引之前，首先要为文档中的概念名词、短语和符号等索引项添加标记，然后生成索引。操作步骤如下：

1. 标记索引项

（1）选中要标记的索引项。

（2）单击"引用"面板"索引"分组中的"标记索引项"，打开"标记索引项"对话框，如图 3-128 所示。

(3) 在"索引"分组中设置"主索引项"。

(4) 索引排序方式有"笔划"和"拼音"两种，若要按拼音排序，则需要设置"所属拼音项"。

(5) 其他设置可以使用默认设置，单击"标记"按钮则对当前选中的内容标记索引项，单击"标记全部"按钮则将文档中所有与选中内容相同的内容都标记索引项。

2. 建立索引

文档索引项标记完成后就可以提取索引项建立索引列表了，如果一个索引词在同一页中出现多次，将只生成一项索引，并按笔画或拼音进行排序。生成索引的步骤如下：

(1) 将光标定位到要生成索引的位置。

(2) 单击"引用"面板"索引"分组中的"插入索引"，打开索引对话框，如图 3-129 所示。

(3) 在"索引"对话框中设置生成索引的排序依据和相关格式，单击"确定"按钮即可。

图 3-128 "标记索引项"对话框

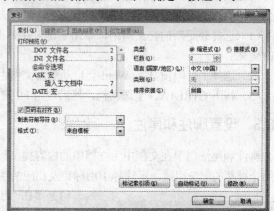

图 3-129 "索引"对话框

3. 更新索引

创建索引后，若对文档中标记的索引项进行了添加或修改，可以将光标定位到索引列表，并按"F9"键，更新索引列表。

3.9 创建目录和图表目录

3.9.1 创建目录

在书籍和许多文档的编辑中，目录是不可缺少的。目录的作用是列出文档中各级标题以及每个标题所在的页码，以便用户快速找到需要阅读的文档内容。

首先介绍"大纲级别"的概念。Word 使用层次结构来组织文档，大纲级别就是段落所处层次的级别编号。Word 内置提供 9 级大纲级别，命名为"标题1"、"标题2"、……、"标题9"。目录的创建直接基于这些大纲级别。创建步骤如下：

(1) 在各个章节的标题段落应用各级标题样式。例如，章标题使用"标题1"样式，节标题使用"标题2"，第三层次的标题使用"标题3"。

(2) 将光标定位到创建目录的位置。

(3) 单击"引用"面板"目录"分组中的"目录"按钮。

(4) 在弹出的快捷菜单中可以选择 Word 内置目录样式，也可以选择"插入目录"选项，弹出"目录"对话框，打开"目录"选项卡，如图 3-130 所示。

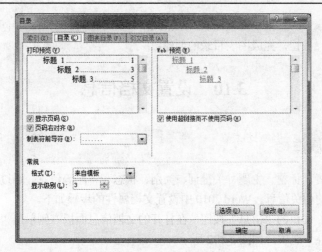

图 3-130 "目录"对话框

（5）选中"显示页码"和"页码右对齐"复选框，在目录中的每个标题后边显示页码并右对齐。
（6）在"制表符前导符"下拉列表中选择分隔符样式。
（7）在"常规"选区中的"格式"下拉列表中选择一种目录风格。
（8）在"显示级别"微调框中设置目录中显示的标题层数，一般设定最多显示 3 级标题。
（9）单击"确定"按钮后 Word 将会自动生成目录。

创建目录后，若修改了正文内容，需要同时更新目录。可以单击"目录"分组中的"更新目录"；或者将光标定位到目录区域，单击右键，在弹出的快捷菜单中选择"更新域"，实现目录的更新。

3.9.2 创建图表目录

有时候我们不仅需要对文档正文生成目录，还需要对文档中的图表制作单独的图表目录。下面以本书用到的插图为例，说明创建图表目录的步骤。
（1）首先为所有的图表设置题注。
（2）将光标定位到要创建图表目录的位置。
（3）单击"引用"面板"题注"分组中的插入表目录，弹出"图表目录"对话框，如图 3-131 所示。

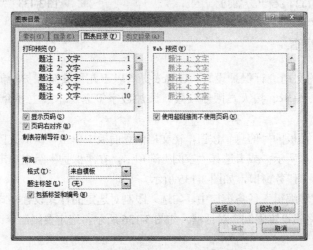

图 3-131 "图表目录"对话框

(4) 在"图表目录"对话框中设置图表目录格式,设置方法与目录格式相同。
(5) 单击"确定"按钮,完成图表目录的创建。

3.10 设置文档信息

3.10.1 设置文档属性

文档属性包括作者、标题、主题、关键词、类别、状态和备注等信息。通过设置文档属性,可以方便读者了解该文档的相关信息。Word 2010 中设置文档属性的步骤如下。

(1) 单击"文件"面板的"信息"按钮,在打开的文档信息面板右侧单击"属性"按钮,在下拉列表中选择"高级属性"选项,如图 3-132 所示。

(2) 在弹出的"文档属性"对话框中选择"摘要"选项卡,如图 3-133 所示,设置文档相关信息,单击"确定"按钮。

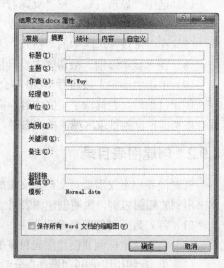

图 3-132 文档信息面板　　　　　　　　　图 3-133 "文档属性"对话框

3.10.2 限制文档编辑

用户可以对自己的文档进行保护设置。Office 提供以下几种安全保护功能:标记为最终状态、用密码进行加密、限制编辑、按人员限制权限、添加数字签名。本节主要介绍限制对文档进行编辑,基本步骤如下:

(1) 单击"文件"面板的"信息"按钮,在文档信息面板中单击"保护文档"按钮,选择"限制编辑"按钮,如图 3-134 所示;或者选择"审阅"选项卡,在"保护"组中单击"限制编辑"按钮,弹出"限制格式和编辑"任务窗口,如图 3-135 所示。

(2) 在"限制格式和编辑"任务窗口中,勾选"限制对选定的样式设置格式"选项,单击选项下方的"设置",打开"格式设置限制"对话框,如图 3-136 所示,选定要限制修改的样式或者格式后,单击"确定"按钮。

(3) 弹出对话框提示"该文档可能包含不允许的格式,是否将其删除?",选择"否"。

 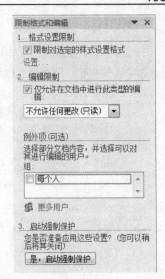

图 3-134 "限制编辑"按钮　　　　　图 3-135 "限制格式和编辑"任务窗口

(4) 在"限制格式和编辑"任务窗口中，勾选"仅允许在文档中进行此类型的编辑"选项，选项下方的下拉菜单变为可用，如图 3-137 所示，选择允许编辑的类型。

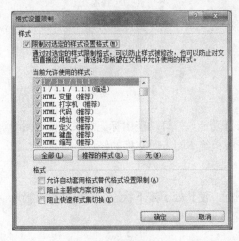 

图 3-136 "格式设置限制"对话框　　　　　图 3-137 编辑限制选项

(5) 单击"是，启用强制保护"按钮，在弹出的对话框中选择"密码"选项，输入密码，单击"确定"按钮即可。

3.11 审阅文档

文档的审阅者需要对文档添加评语或者修改文档内容时可以使用"批注"和"修订"功能。下面介绍这两种功能的用法。

3.11.1 批注

当文档审阅者只评论文档而不做直接修改时可以使用批注。批注使用独立的批注框来注释或注解文档，因而不影响文档的内容。Word 会为每个批注自动设置不同的编号和名称。

1. 新建批注

(1) 选中要添加批注的文本内容。

(2) 单击"审阅"面板"批注"分组中的"新建批注",选中内容会变红并以直线引出一个批注框,如图3-138所示。

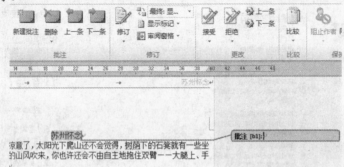

图3-138 添加批注

(3) 在批注框中输入修改意见即可。

插入多个批注后可以使用"批注"分组中的"上一条"、"下一条"按钮,在各批注之间进行切换。

2. 删除批注

(1) 将光标定位到要删除的批注内容或者所对应的文本,则"批注"分组中的"删除"按钮变为可用。

(2) 单击"删除"按钮,即可删除批注。

3.11.2 修订

当文档审阅者需要直接修改文档时可以使用修订功能。修订功能用标记反映多位审阅者对文档所做的修改,原作者可以复审这些修改,并可以接受或拒绝审阅者对文档的修订。

1. 使用修订标记

单击"审阅"面板"修订"分组的"修订"图标,使其处于按下状态。对原文进行插入、删除、移动或格式设置等修改操作,Word都将会逐一标记在原文中。

2. 接受或拒绝修订

文档进行了修订后,作者可以决定是否接受这些修改,操作步骤如下:

(1) 将光标定位到修订内容,并切换到"审阅"面板。

(2) 如果接受当前的修订,单击"更改"分组中的"接受"按钮;若接受全部修订,则在弹出的下拉菜单中选中"接受对文档的所有修订",如图3-139所示。

(3) 若不接受当前的修订,单击"拒绝"按钮;若拒绝全部修订,则在弹出的下拉菜单中选中"拒绝对文档的所有修订"。

(4) 单击"上一条"或"下一条"按钮,切换到下一处修订继续进行以上操作。

3. 更改审阅者信息

(1) 单击"审阅"面板"修订"分组中的"修订"按钮。

(2) 在弹出的下拉菜单中选择"更改用户名",弹出"Word选项"对话框,如图3-140所示。

(3) 在"常规"选项卡中修改用户名和缩写,用户名就是修订人的姓名,而缩写则是批注中的姓名。

图 3-139　接受所有修订

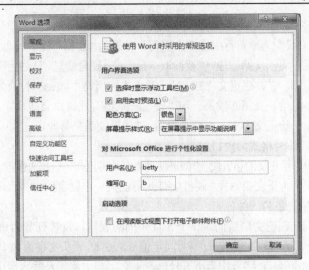

图 3-140　更改审阅者信息

3.12 上机实训

3.12.1 实训题目

（1）对文档"素材一"进行下列操作，完成操作后，请保存文档，并关闭 Word。

【素材一】

3544 变形 virus 具有数亿种变形，其加密部分也可变为 9 或 10 个段落，比率约为 1：1000，分别变化着穿插在被感染的文件各处。长期以来，大多数杀毒软件误认为 3544 变形 virus 是 10 个加密段落，因而，对 9 个加密段落的 virus 产生漏查漏杀现象，致使该 virus 长久以来，在国际上屡杀不绝，反复流行，被列为世界十大流行 virus 之一，在国内也是感染概率较高的 virus。

3544 幽灵 virus 感染硬盘主引导区和.COM、.EXE 文件。潜伏在硬盘主引导区的 virus 具有极大的危害性，用硬盘引导一次，virus 就借机从硬盘最后两个柱面开始对硬盘上的信息加密，每引导一次硬盘，virus 就向前加密两个柱面，直至硬盘大部分被 virus 加密。

要读取被 virus 加密的硬盘信息，必需用自身染毒的硬盘引导后由 virus 自行解密，方可正常读取。如用软盘引导系统后，就无法读取被 virus 加密了的硬盘信息。

硬盘一旦染有此毒，立即杀除，危害不大。若长久不查杀，危害极大。如未解密硬盘信息，而草率地去杀死引导区 virus，那么，硬盘上被 virus 加密的信息大部分会丢失。

如果硬盘染有此毒已久，硬盘大部分信息已被 virus 加密，这时，若另外一覆盖式引导区 virus 将此引导区 virus 覆盖，那么，硬盘上被 virus 加密了的信息将大部分丢失，损失惨重。

硬盘染有此毒已久，硬盘大部分信息已被 virus 加密，这时，另外一搬家式引导区 virus 将此 3544virus 移位，自己先占据硬盘主引导区，那么，硬盘引导时，新 virus 先被激活，新 virus 再调用老 virus，老 virus 再解密硬盘信息，使硬盘信息还可使用。一旦用杀毒软件先将占据硬盘主引导区的 virus 杀死，那么，硬盘信息将大部分丢失。

① 为本文加上"3544 变形病毒的特性"的标题，并将其字体格式设置为：华文行楷，二号，加粗，红色，字符间距加宽 3 磅，缩放 150%；段落格式设置为：居中，段后间距为 1 行。

② 将正文第二、三两个段落("3544 变形 virus 具有数亿种变形……直至硬盘大部分被 virus 加密。")设置为:首行缩进 2 个字符,行距为 1.3 倍行距。

③ 将正文第三段("要读取 virus……硬盘信息。")文字设置为:首字下沉,行数为"2 行",字体为"隶书",距正文"25 磅",并将本段所有"virus"替换为"病毒"。

④ 给正文第四段第一句"硬盘一旦染有此毒,立即杀除,危害不大。"加双删除线和着重号。

⑤ 给正文第五、六两个段落("如果硬盘染有此毒已久……硬盘信息将大部分丢失。")设置项目编号,编号格式为"1)2)…"。

⑥ 给正文的第五段("如果硬盘染有此毒已久……损失惨重。")添加文字底纹,底纹图案样式为15%。

⑦ 为正文第六段"硬盘染有此毒已久……硬盘信息将大部分丢失。"加上 1 磅蓝色带阴影的边框,底纹填充色为浅绿色。

⑧ 在正文最后插入一个 5 行 4 列的表格,设置列宽为第一列 1.5 厘米,第二列 2 厘米,第三列 6 厘米,第四列 3 厘米,行高为固定值 0.8 厘米,表头文字为隶书加粗,表内容为黑体,数字设置为"Times New Roman",字号均为小五号。表头文字要求水平及垂直居中。外框线为 3 磅,内框线为 1 磅。表格内容和样式如图 3-141 所示。

编号	姓名	住址	电话
0001	张小三	北京市长安大街 128 号	010-85674568
0002	李明国	四川省成都市人民南路 16 号	028-85533616
0003	王建伟	江苏省南京市新街口 88 附 1 号	025-57746782
0004	赵东升	重庆市江北区胜利路 12 号	023-77765890

图 3-141　样张表格

(2) 对文档"素材二"进行下列操作,完成操作后,请保存文档,并关闭 Word。

【素材二】

污染大气的元凶

大气污染按照世界卫生组织(WHO)的规定,是指室外大气中存在着人为造成的污染物质,主要有颗粒物质、硫氧化物、氮氧化物、一氧化碳、碳氢化合物等,颗粒物质是漂浮在大气中的固体和液体微粒。微粒的直径可以小到不足 0.1 微米,最大的可以超过 500 微米。较大的颗粒物质可以因重力沉降而离开大气,小的颗粒物质则能在空气中漂留很长时间,甚至可以随气流环绕全球运动。

● 颗粒物质

大气中的颗粒物质能散射和吸收阳光,使可见度降低,影响交通,增加汽车与航空事故。颗粒物质会使云雾增多,影响气候。我国许多城市雾天增多,也是大气污染的后果之一。颗粒物质在空气潮湿时还会腐蚀金属、玷污建筑物、雕塑品、油漆表面和服装,颗粒物质还会损害电子设备,原因是它能对电接点发生化学腐蚀和机械作用。

颗粒物质对植物的危害也是显而易见的。粉尘降落到叶片上,能堵塞叶子上的气孔,抑制叶片的呼吸作用,同时妨碍光合作用,抑制植物生长,还会危及其繁育。

颗粒物质产生的最大危害是有损人体健康,其中直径在 10 微米左右的最为严重,它们可以直接深入肺部,在肺泡内沉积,也可以进入血液,输往身体各部。直径在 10 微米以上的,几乎都可以被鼻毛、呼吸道粘液挡住,不会进入肺泡。许多研究证明,城市颗粒物质浓度越高,死亡率和发病率也越高,其中呼吸道疾病,特别是气管炎、肺气肿等慢性病,同颗粒物质浓度的关系最为密切。

● 硫的氧化物

硫的氧化物是指二氧化硫和三氧化硫。大气中的硫氧化物大部分来自煤和石油的燃烧,其余来自自然界中的有机物腐化。硫氧化物对人体的危害主要是刺激人的呼吸系统,吸入后,首先刺激上呼吸道粘膜表层的迷走神经末梢,引起支气管反射性收缩和痉挛,导致咳嗽和呼气道阻力增加,接着呼吸道的抵抗力减弱,诱发慢性呼吸道疾病,甚至引起肺水肿和肺心性疾病。如果大气中同时有颗粒物质存在,颗粒物质吸附了高浓度的硫氧化物,可以进入肺的深部。因此当大气中同时存在硫氧化物和颗粒物质时其危害程度可增加3～4倍。

● 氮氧化物

造成大气污染的氮氧化物主要是一氧化氮和二氧化氮。这些氮氧化物主要是燃料在空气中燃烧时产生的高温,使空气中的氮气与氧气发生反应,其次是制造硝酸、氮肥等工厂排出的氮氧化物。

一氧化氮为无色无臭气体,它在大气中出现的浓度对人体不会产生有害影响,但当它转变成二氧化氮时,就具有腐蚀性和生理刺激作用,因而有害。当其含量在100ppm以上时,几分钟就能致人和动物死命,吸入浓度为5 ppm的二氧化氮,几分钟就能危害呼吸系统。氮氧化物由于参与光化学烟雾和酸雨的形成而危害性更大。

● 一氧化碳

一氧化碳是排放量最大的大气污染物之一,它主要是碳氢化合物在空气中燃烧不完全时的产物。一氧化碳是无色、无味、无臭的窒息性毒气,人们不易察觉其存在,所以危险性更大。

一氧化碳对人类和动物的毒性作用是由于它与血液中的血红蛋白的结合力要比氧气与血红蛋白的结合力大200～300倍。当大气中存在一定浓度的一氧化碳时,一氧化碳抢先与血红蛋白结合成碳氧血红蛋白,这些血红蛋白就不能再与氧结合,因而降低血红蛋白输送氧气的能力,减少对体内细胞的氧气供应,从而造成体内缺氧。另外,一氧化碳还会减慢氧合血红蛋白的解离过程,所以血液中即使载有几倍于身体所需的氧气,因不能释放出来而发生缺氧症。一氧化碳对支配肌肉运动的神经末梢会起麻痹的作用,因此中毒初期,尽管患者心里明白,但手足已不听使唤,要想采取自救措施(如开门窗、逃离现场)已不可能,所以它的危险性更大。

冬季若门窗紧闭,在室内用煤炉取暖或用燃气热水器洗澡,容易发生一氧化碳中毒事故。万一发生一氧化碳中毒,首先应将中毒者抬到空气新鲜的地方,若呼吸停止而心脏尚在跳动应立即进行人工呼吸,并送医院急救。

● 碳氢化合物

碳氢化合物是指只含碳和氢的化合物。大气中的碳氢化合物一部分来自有机物的腐烂。污染大气的碳氢化合物主要是由于广泛应用石油、天然气作为燃料和工业原料而造成的。在城市里,有一半以上的碳氢化物是由车辆排出的。其次是石油化工生产和以石油作溶剂的油漆、涂料、油墨等在制造和使用过碳氢化合物蒸发逸出。

① 将文档标题修改为艺术字,设置文字方向为"水平"效果,环绕方式为"嵌入型"。

② 为第一段文字"世界卫生组织(WHO)"添加脚注,编号格式为"A, B, C, ...",脚注内容为"世卫组织是联合国系统内卫生问题的指导和协调机构。它负责拟定全球卫生研究议程,制定规范和标准,向各国提供技术支持,以及监测和评估卫生趋势"。

③ 设置正文样式:中文字体宋体,西文字体为Times New Roman,字体大小为小四号,段落格式为首行缩进。

④ 设置正文第三段"大气中的颗粒物质能散射和吸收阳光……"文本分栏,栏数为"2栏",栏宽相等,栏间添加"分隔线"。

⑤ 在第一页插入任意一幅剪贴画,环绕方式为"衬于文字下方",设置图片高度、宽度大小缩放150%,设置颜色模式为"冲蚀"。

⑥ 插入页眉,设置奇数页页眉为"计算机应用技术实验实训",偶数页页眉为"污染大气的元凶",字体格式均为居中、隶书、五号。页眉距纸张上边界0.4厘米,页脚距纸张下边界1厘米。

⑦ 在文档中插入页码,页码位于页面底端居中,设置页码格式为"a,b,c"。

⑧ 将文档的纸张大小设置为A4,页边距设置为:左、右边距为2厘米,上、下边距为3厘米,每行38个字符,每页42行。

3.12.2 实训操作

1. 素材一

(1) 具体操作一。

① 在文档开头处插入一个空行,输入标题"3544变形病毒的特性"。

② 选择新输入的标题,在"开始"选项卡的"字体"组中,设置字体、字号、字形和字体颜色,如图3-142所示。

图3-142 设置字体格式

③ 选择标题,在右键快捷菜单中选择"字体",在"字体"对话框的"高级"选项卡中设置字符缩放比例和字符间距,如图3-143所示。

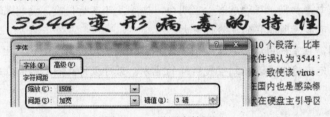

图3-143 设置字符间距

④ 选择标题,在"开始"选项卡的"段落"组中设置居中,在右键快捷菜单中选择"段落",在"段落"对话框的"缩进和间距"选项卡中,设置段后间距,如图3-144所示。

(2) 具体操作二。

选择第二和第三段,右键快捷菜单中选择"段落",在"段落"对话框的"缩进和间距"选项卡中,设置首行缩进和行距,如图3-145所示。

(3) 具体操作三。

① 选择第三段的第一个字"要",在"插入"选项卡的"文本"组中,选择"首字下沉"下拉菜单中的"首字下沉选项",打开对应的对话框,设置字体、下沉行数,以及距正文的值,其中值"25磅"可以手动输入,如图3-146所示。

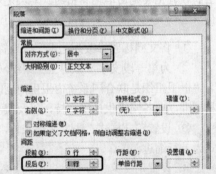

图3-144 设置段落段后间距

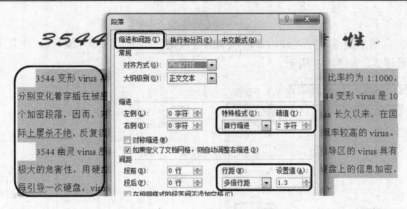

图 3-145　设置段落首行缩进和行距

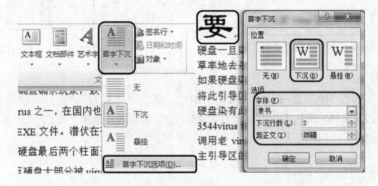

图 3-146　设置首字下沉

② 选择第三段，在"开始"选项卡的"编辑"组中，选择"替换"命令，打开"查找和替换"对话框的"替换"选项卡，接着在"查找内容"文本框中输入"virus"，在"替换为"文本框中输入"病毒"，单击"查找下一处"命令按钮，系统自动查找所选文本中第一个符合条件的文本，以黑字蓝底显示，接着单击"替换"按钮，Word 会自动替换，并查找下一处，如图 3-147 所示，直到弹出 Microsoft Word 提示对话框，提示 Word 已完成对所选文本范围的搜索，单击"确定"按钮即可。

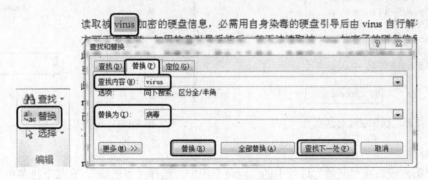

图 3-147　替换与查找操作

（4）具体操作四。

选择第四段第一句，在右键快捷菜单中选择"字体"，在"字体"对话框的"字体"选项卡中，选择双删除线和着重号，如图 3-148 所示。

(5) 具体操作五。

选择第五、六两个段落,在"开始"选项卡的"段落"组中,选择"编号",在其下拉菜单中单击所需要的编号格式,如 3-149 所示。

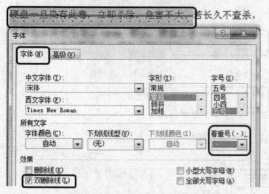

图 3-148 添加双删除线和着重号

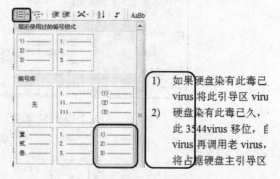

图 3-149 设置项目编号

(6) 具体操作六。

选择第五段,在"开始"选项卡的"段落"组中,选择"下框线",在其下拉菜单中选择"边框和底纹"命令,如图 3-150 所示即可打开"边框和底纹"对话框,选择"底纹"选项卡,设置文字的底纹图案样式,如图 3-151 所示。

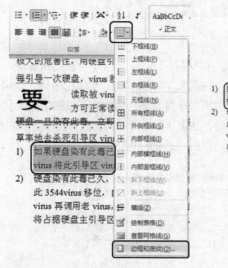

图 3-150 打开边框和底纹对话框

图 3-151 设置文字底纹

(7) 具体操作七。

① 选择第六段,在"开始"选项卡的"段落"组中,选择"下框线",在其下拉菜单中选择"边框和底纹"命令,即可打开"边框和底纹"对话框,选择"边框"选项卡,设置段落的边框,如图 3-152 所示。

② 在上述打开的"边框和底纹"对话框中,选择"底纹"选项卡,在"填充"下拉菜单中选择"浅绿色",在"应用于"下拉菜单中选择"段落",最后单击"确定"按钮。

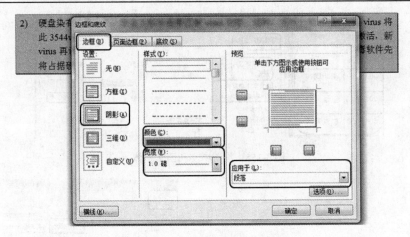

图 3-152　设置段落边框

（8）具体操作八。

① 将光标定位在文档的最后，在"插入"选项卡的"表格"组中，选择"表格下拉菜单"中的"插入表格"命令，即可打开"插入表格"对话框，在"列数"文本框中输入"5"，在"行数"文本框中输入"4"，单击"确定"按钮即可，如图 3-153 所示。

② 选择表格的第 1 列，打开"表格工具"的"布局"选项卡，在"单元格大小"组中，输入"宽度"值"1.5 厘米"，与此同时，可以输入"高度"值"0.8 厘米"，然后单击"回车"键，如图 3-154 所示。用同样的方法即可设置第 2、3 和 4 列的列宽值。

图 3-153　插入表格

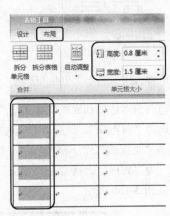

图 3-154　设置表格的列宽值

③ 参照样张表格，输入表格内容。

④ 选择表格第 1 行，在"开始"选项卡的"字体"组中，设置表头文字为"隶书"、"小五号"、"加粗"；选择表格其他行，单击"字体"组右下角的"字体对话框启动器"，即可打开"字体"对话框的"字体"选项卡，在"中文字体"的下拉列表中选择"黑体"，在"西文字体"的下拉列表中选择"Times New Roman"，在"字号"列表框中选择"小五"，如图 3-155 所示。

⑤ 选择表格第 1 行，打开"表格工具"的"布局"选项卡，在"对齐方式"组中，选择"水平居中"命令，即可实现表头文字在水平和垂直方向都居中，如图 3-156 所示。

⑥ 选择整张表格，在"表格工具"的"设计"选项卡中，单击"表格样式"组中的"边框"下拉列表，选择"边框和底纹"，如图 3-157 所示。

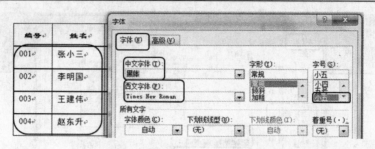

图 3-155　设置中文和西文字体

图 3-156　设置单元格水平和垂直居中

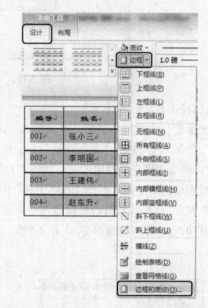

图 3-157　打开表格的边框和底纹对话框

此时，可打开"边框和底纹"对话框的"边框"选项卡，鉴于表格内外框线的宽度不一致，在"设置"一栏中选择"自定义"，分别自定义内外框线的宽度，先选择"宽度"为"3.0 磅"，接着在"预览"处，分别双击"上框线"、"下框线"、"左框线"、"右框线"，即可将表格外框线设置为"3 磅"，然后选择"宽度"为"1.0 磅"，接着在"预览"处，分别双击"横内框线"和"竖内框线"，即可将内框线设置完毕，如图 3-158 所示。

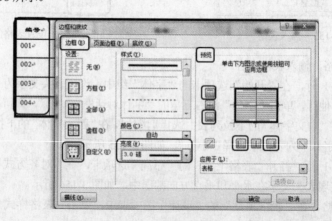

图 3-158　设置表格框线

按上述要求排版好的素材如图 3-159 所示。

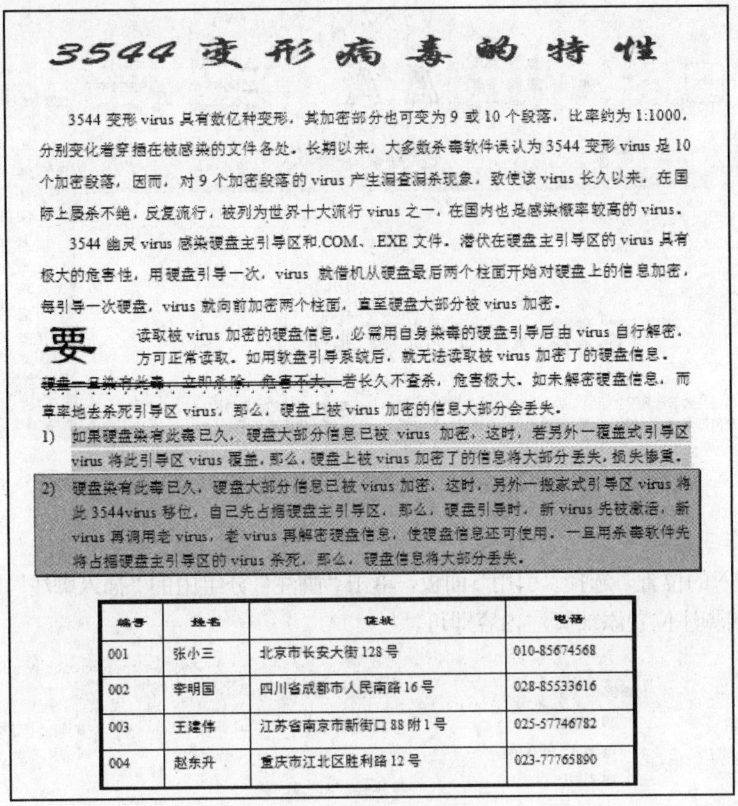

图 3-159　素材结果样张

2. 素材二

（1）具体操作一。

① 选中标题"污染大气的元凶"，选择"插入"面板的"文本"分组中的"艺术字"按钮，在打开的艺术字预设样式面板中选择合适的艺术字样式，如图 3-160 所示。

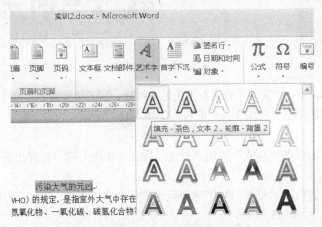

图 3-160　插入艺术字

② 选中艺术字，选择"绘图工具"→"格式"面板。艺术字文字方向默认为水平方向。

③ 选择"排列"分组中的"自动换行"按钮,在弹出的菜单中选择"嵌入型",如图 3-161 所示。

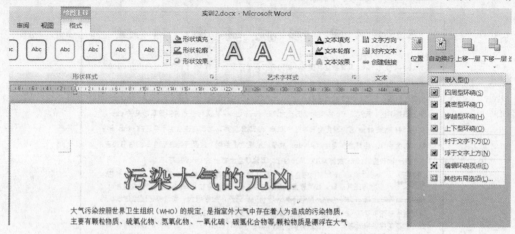

图 3-161　设置艺术字环绕方式

(2) 具体操作二。

① 单击要插入的位置,选择"引用"面板,单击"脚注"分组中的"插入脚注"按钮,如图 3-162 所示。在页面底端脚注位置添加脚注内容即可。

图 3-162　插入脚注

② 单击脚注文本,单击"脚注"分组右下角的小按钮,打开"脚注和尾注"对话框,"编号格式"选择"A,B,C,…",单击"应用"按钮即可,如图 3-163 所示。

(3) 具体操作三。

① 选择"开始"面板的"样式"分组"正文"样式,单击右键。在弹出的下拉菜单中选择"修改",如图 3-164 所示。

② 在弹出的"修改样式"对话框"格式"设置区设置中文字体宋体,西文字体为 Times New Roman,字体大小为小四号,如图 3-165 所示。

③ 单击"修改样式"对话框左下角的"格式"按钮。在弹出的快捷菜单中选择"段落",打开"段落"设置对话框。在"缩进"区域设置"特殊格式"为"首行缩进",如图 3-166 所示。

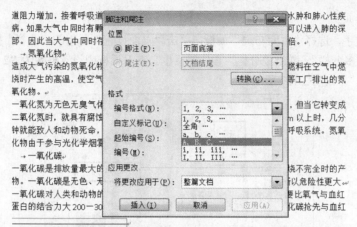

图 3-163 设置脚注编号格式

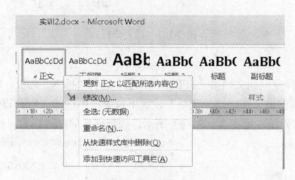

图 3-164 修改正文样式

图 3-165 设置正文字体格式

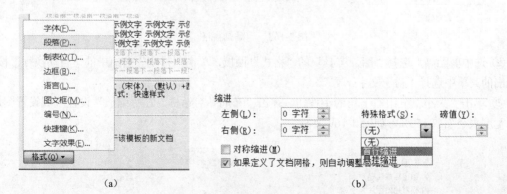

(a)　　　　　　　　　　(b)

图 3-166 设置正文样式"首行缩进"

(4) 具体操作四。

选中第三段文字,选择"页面布局"面板,单击"页面设置"分组的"分栏"按钮。在弹出的下拉菜单中选择"更多分栏",弹出"分栏"设置对话框。在对话框中设置栏数为"2 栏",栏宽相等,栏间添加"分隔线",如图3-167所示。

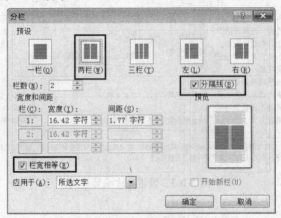

图3-167 设置分栏

(5) 具体操作五。

① 单击鼠标,将光标定位到文档第一页合适的位置。选择"插入"面板,单击"插图"分组的"剪贴画"按钮,打开剪贴画窗格。在"结果类型"设置下拉菜单中选中"所有媒体文件类型",单击"搜索"按钮,列出可用的剪贴画,如图3-168(a)所示。选择任意剪贴画插入,如图3-168(b)所示。

(a)　　　　　　　　　　　　　　(b)

图3-168 剪贴画窗格

② 选中剪贴画,选择"图片工具"的"格式"面板,单击"排列"分组中的"自动换行"按钮,在弹出的菜单中选择"衬于文字下方"。

③ 单击"大小"分组右下角的小按钮,弹出"布局"对话框。在"缩放"设置区域设置图片高度、宽度大小缩放150%,如图3-169所示。

图3-169 设置图片缩放

④ 单击"调整"分组中的"颜色"按钮,在弹出的菜单中选择预设效果中的"冲蚀",如图 3-170 所示。

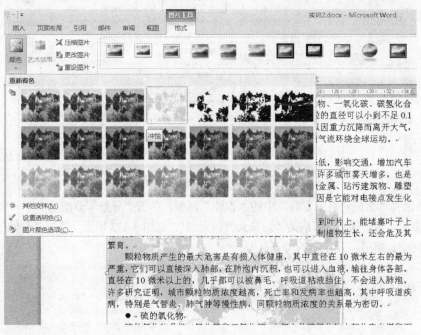

图 3-170　设置"冲蚀"效果

（6）具体操作六。

① 选择"插入"面板,单击"页眉和页脚"分组的"页眉"按钮。在弹出的菜单中选择"编辑页眉",切换到页眉编辑模式,如图 3-171 所示。

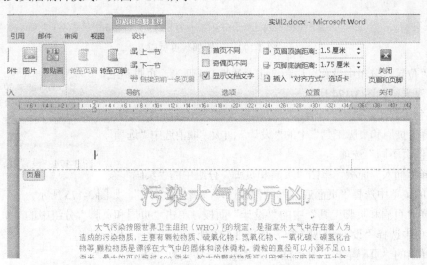

图 3-171　插入页眉

② 选择"页眉和页脚工具"中的"设计"面板,选中"选项"分组的"奇偶页不同"选项,首先设置奇数页页眉为"计算机应用技术实验实训",如图 3-172 所示。选择"开始"面板,设置字体格式为居中、隶书、五号。

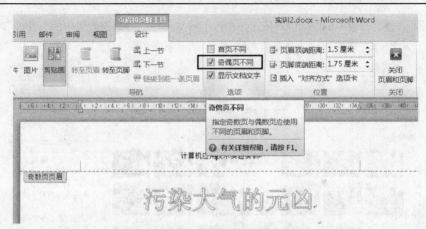

图 3-172 设置奇数页页眉

③ 重新选择"页眉和页脚工具"中的"设计"面板,单击"导航"分组的"下一节"按钮,切换到偶数页页眉,设置偶数页页眉为"污染大气的元凶",如图 3-173 所示。选择"开始"面板,设置字体格式为居中、隶书、五号。

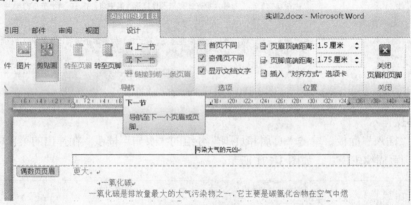

图 3-173 设置偶数页页眉

④ 在"位置"分组中设置页眉距纸张上边界 0.4 厘米,页脚距纸张下边界 1 厘米,如图 3-174 所示。

(7) 具体操作七。

① 选择"页眉和页脚工具"中的"设计"面板,取消选中"选项"分组的"奇偶页不同"选项。

图 3-174 设置页眉、页脚位置

② 选择"插入"面板,单击"页眉和页脚"分组中的"页码"按钮。在弹出的菜单中选择"页面底端"的预设选项"普通数字 2",如图 3-175 所示。

③ 选择"页眉和页脚工具"中的"设计"面板,单击"页眉和页脚"分组中的"页码"按钮。在弹出的菜单中选择"设置页码格式",如图 3-176 所示。

④ 在弹出的"页码格式"对话框中,设置编号格式为"a,b,c……"。

(8) 具体操作八。

① 选择"页面布局"面板,单击"页面设置"分组中的"纸张大小"按钮。在弹出的预设菜单中选择 A4(21×29.7cm),如图 3-177(a)所示。

② 单击"页面设置"分组中的"页边距"按钮。在弹出的菜单中选择"自定义边距",如图 3-177(b)所示。

第 3 章 Word 2010

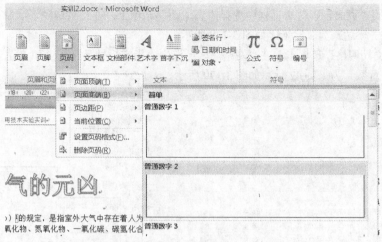

图 3-175 加入页码

图 3-176 设置页码格式

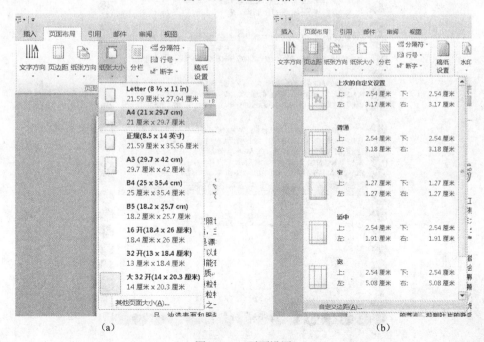

(a) (b)

图 3-177 页面设置

③ 在弹出的"页面设置"对话框中选择"页边距"选项卡，在"页边距"区域，设置左、右边距为 2 厘米，上、下边距为 3 厘米，如图 3-178 所示。

④ 选择"文档网格"选项卡，在"网格"区域选中"指定行号字符网格"，设置"字符数"为每行 38 个字符，"行数"为每页 42 行，如图 3-179 所示。

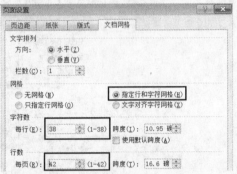

图 3-178　设置页边距　　　　　　　　　图 3-179　设置每行字符数和每页行数

习　题　3

1. 根据下列要求，设计一篇如图 3-180 所示的文档。

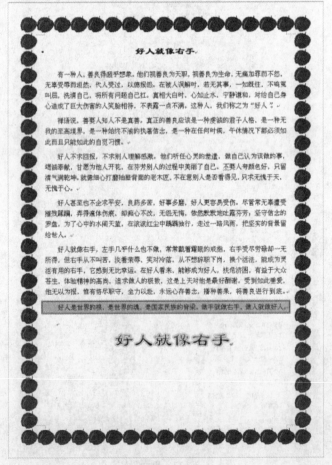

图 3-180　样张 1

（1）设置标题“好人就像右手”的样式为“标题 2”，字体为“隶书”，字号为“小二”，对齐方式为“居中”，段后间距“18 磅”，行距为“1.5 倍行距”。

（2）设置正文所有段字号为“小四”，首行缩进为“2 个字符”，段后间距为“0.5 行”，行距为“多倍行距 1.25”。

（3）设置页面边框为“苹果”。

（4）设置上、下页边距为“60 磅”，左、右页边距为“70 磅”。

（5）将正文第 2 段的文字（“好人是世界的根……做人就做好人。”）移动到文档最后作为最后一段。设置段落底纹填充色为“浅绿”，并添加双线型的边框线。

（6）在文档末尾插入艺术字，样式为 4 行 3 列，内容为“好人就像右手”，字体为“隶书”，环绕方式为“四周型”。

2．根据下列要求，设计一篇如图 3-181 所示的文档。

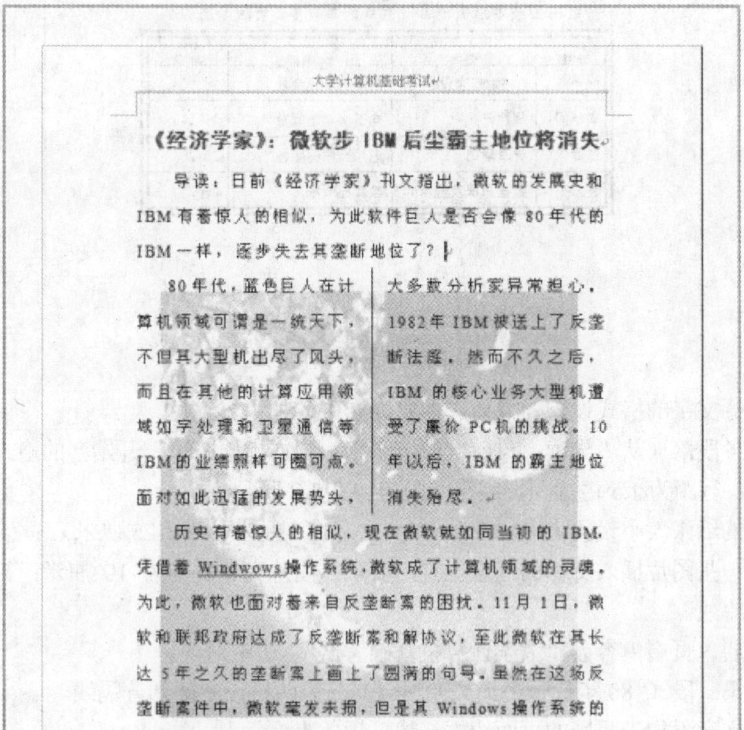
大学计算机基础考试

《经济学家》：微软步 IBM 后尘霸主地位将消失

导读：日前《经济学家》刊文指出，微软的发展史和 IBM 有着惊人的相似，为此软件巨人是否会像 80 年代的 IBM 一样，逐步失去其垄断地位了？

80 年代，蓝色巨人在计算机领域可谓是一统天下，不但其大型机出尽了风头，而且在其他的计算应用领域如字处理和卫星通信等 IBM 的业绩照样可圈可点。面对如此迅猛的发展势头，大多数分析家异常担心，1982 年 IBM 被送上了反垄断法庭，然而不久之后，IBM 的核心业务大型机遭受了廉价 PC 机的挑战。10 年以后，IBM 的霸主地位消失殆尽。

历史有着惊人的相似，现在微软就如同当初的 IBM，凭借着 Windwows 操作系统，微软成了计算机领域的灵魂，为此，微软也面对着来自反垄断案的困扰。11 月 1 日，微软和联邦政府达成了反垄断案和解协议，至此微软在其长达 5 年之久的垄断案上画上了圆满的句号。虽然在这场反垄断案件中，微软毫发未损，但是其 Windows 操作系统的垄断地位已经受到了挑战。

蓝色巨人的大型机遭受了来自廉价 PC 机的强有力挑战，同样微软的 Windows 也面临着免费操作系统 Linux 的叫板，互联网的兴起催生了开放式源代码操作系统 Linux 的诞生，到目前为止，虽然对 PC 机 Windows 操作系统没有造成多大的威胁，但是它在服务器市场已经取得了长足的进步，有力地遏制了 Windows 在服务器市场的

（a）

图 3-181　样张 2

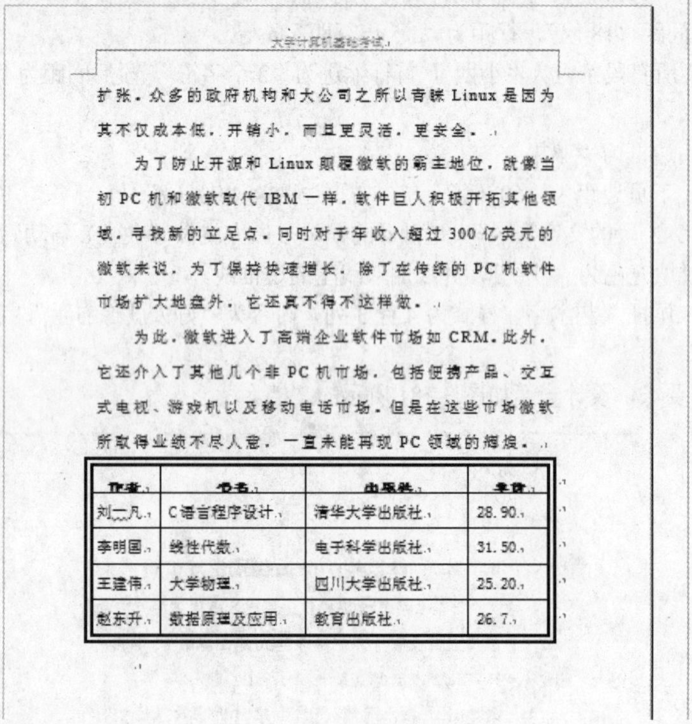

大学计算机基础考试

扩张。众多的政府机构和大公司之所以青睐 Linux 是因为其不仅成本低，开销小，而且更灵活，更安全。

为了防止开源和 Linux 颠覆微软的霸主地位，就像当初 PC 机和微软取代 IBM 一样，软件巨人积极开拓其他领域，寻找新的立足点。同时对于年收入超过 300 亿美元的微软来说，为了保持快速增长，除了在传统的 PC 机软件市场扩大地盘外，它还真不得不这样做。

为此，微软进入了高端企业软件市场如 CRM。此外，它还介入了其他几个非 PC 机市场，包括便携产品、交互式电视、游戏机以及移动电话市场。但是在这些市场微软所取得业绩不尽人意，一直未能再现 PC 领域的辉煌。

作者	书名	出版社	单价
刘一凡	C语言程序设计	清华大学出版社	28.90
李明国	线性代数	电子科学出版社	31.50
王建伟	大学物理	四川大学出版社	25.20
赵东升	数据原理及应用	教育出版社	26.7

(b)

图 3-181（续）　样张 2

（1）将第一行文字的格式设置为黑体、四号、居中、加粗、红色。

（2）将正文各段落（从“导读：日前《经济学家》刊文指出……”开始）的格式设置为：各段首行缩进 2 个字符，行距为 1.5 倍行距，字符间距为加宽 1.2 磅。

（3）将文档的纸张大小设置为 Envelope B5（宽：17.6 厘米，高：25 厘米）。

（4）将任意一张图片插入文档的任意位置，要求：图片高、宽均为 10 厘米；衬于文字下方，设置颜色模式为“冲蚀”。

（5）插入页眉，页眉内容为“大学计算机基础考试”，居中对齐。

（6）将正文第二段（“80 年代……消失殆尽。”）分为两栏，中间加分隔线。

（7）给整篇文章添加带阴影的页面边框，边框颜色为橙色。

（8）在正文后插入一个 5 行 4 列的表格，设置列宽：第一列 1.8 厘米，第二列 3.5 厘米，第三列 4 厘米，第四列 2 厘米，行高为固定值 0.8 厘米，表头文字为隶书加粗，表内容为黑体，字号均为小五号。表头文字要求水平及垂直居中，外框线为 2.25 磅双实线，内框线为 1 磅单实线。表格内容如图 3-182 所示。

作者	书　名	出 版 社	单价
刘一凡	C语言程序设计	清华大学出版社	28.90
李明国	线性代数	电子科学出版社	31.50
王建伟	大学物理	四川大学出版社	25.20
赵东升	数据原理及应用	教育出版社	26.7

图 3-182　样张 3

3. 根据下列要求，设计一篇如图 3-183 所示的文档。

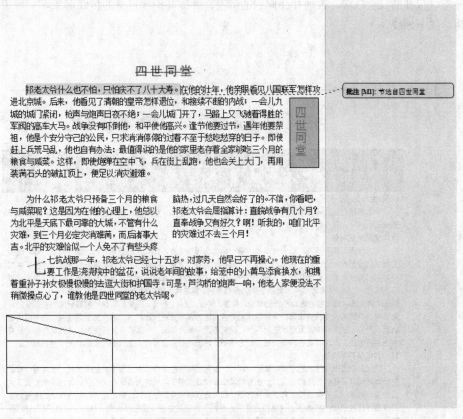

图 3-183　样张 4

（1）设置标题文字"四世同堂"字体为"黑体"，字号为"三号"，加"删除线"，颜色为"红色"，字符间距为"加宽、2 磅"，对齐方式为"居中"。

（2）设置正文所有段首行缩进为"2 字符"，段后间距均为"18 磅"。

（3）设置正文第 2 段"为什么祁老太爷……灾难过不去三个月！"分栏，栏数为"2 栏"，栏宽相等。

（4）设置正文第 3 段"七七抗战那一年……"首字下沉，行数为"2 行"。

（5）在适当位置插入一竖排文本框，设置正文内容为"四世同堂"，字号为"三号"，颜色为"蓝色"，对齐方式为"居中"，文本框填充色为"浅绿"，环绕方式为"紧密型"，水平对齐方式为"右对齐"。

（6）设置正文第 1 段第 1 句"祁老太爷……八十大寿。"加批注，批注文字为"节选自四世同堂"。

（7）在正文最后插入一个 3 行 3 列的表格，并在第 1 行第 1 列画斜线。

4. 根据下列要求，设计一篇如图 3-184 所示的文档。

（1）将页面设置为：A4 纸，上、下、左、右页边距均为 2 厘米。

（2）参考样张，在文章标题位置插入艺术字"我国报纸发展的现状"，采用第四行第三列式样，设置艺术字字体格式为隶书、40 号字，环绕方式为上下型，与正文间不要有多余段落符。

（3）参考图 3-184（a），为正文中的粗体字"党报地位巩固"、"都市报异军突起"和"专业性报纸崛起"段落设置项目编号，编号格式为"1），2），3），……"。

(4) 将正文中"新闻策划的作用不仅在于在重大事件报道上制造'规模效应',还在于通过这种效应增强报社的社会效应,推动社会问题的解决,并提高报社自身的传媒形象。"一句设置为红色、加粗、加下划线。

报纸

我国报纸发展的现状

我国报业已成为目前我国发展最快的行业之一,最明显的表现为报纸的总数依然不断增加,且覆盖我国大部分区域。即使竞争如此激烈,但报纸的出版速度仍然不减。报纸传媒过度膨胀致瓜分掉巨大蛋糕的危险。当前我国报业布局状况主要表现在以下五个方面。

1. 以党报为核心的报业结构形成

我国报纸的结构经过历次调整,逐步形成了以党报为核心、都市类、专业类及其他类别报纸共同发展的结构。

1) 党报地位巩固

党报根据等级不同,可以分为3类:第一类为全国性党报,如《人民日报》和《参考消息》等,这类党报以报道国内和世界各地的政治、经济、军事、科技、文化、体育等事件和时事新闻为主要目的;第二类为省级党报,如《湖南日报》、《浙江日报》等,这类党报以报道省内尤其是主要城市的政治、经济、军事、科技、文化、体育等事件和时事新闻为主要目的;第三类为地市级党报,如《北京日报》、《广州日报》等,这类党报以报道各地区或县市的政治、经济、科技、文化、教育、卫生等事件和时事新闻为主要目的。党报作为我国舆论宣传的工具、党和国家的喉舌,因此具有报道方针严谨,特点稳定等特点,在新闻内容上把关严格,在新闻编辑上形式较为单一,变化不大,虽然如此,一直以来党报作为机关报都在报业发展中占主导地位,其发行量也具有一定的政治保证,因此在报业竞争中,党报的力量仍然处于稳健地位。

2) 都市报异军突起

我国都市报产生于上世纪90年代中期,产生之后就飞速发展,在全国各地生根开花,发展至今已经历十年时间。正是都市报的出现,才使得我国报业市场发展了新的翻天覆地的重大变化,它彻底打破了党报的垄断地位,促进我国报业真正走向市场。都市报以都市中贴近实际、贴近生活、贴近群众的信息为主要传播特征的报纸,在内容上注重服务意识,着眼于对老百姓关心的社会热点、焦点、难点问题的报道;在形式上采用平易近人、通俗生动的编辑和报道风格,以客观真实和社会责任为报道规范;在运作上遵循市场化发展规律开拓创新,并在发行和广告上有所作为;在定位上以小见大地弘扬主旋律,活跃报业市场,并成为主流党报的有益补充的报纸。

3) 专业性报纸崛起

按报纸的报道内容划分,广义的专业报可以分为以下四类。第一类为行业报。第二类为狭义的专业性报纸,如我国最近发展势头强尽的经济类报纸就属这类。第三类为生活服务类报纸,如电视周报、《申江服务导报》、《精品购物指南》等。第四类为企业报,如山东的《山东樱花》报、浙江的《杭钢报》等。

2. 区域性报纸势头高于全国性报纸

我国的全国性报纸正在逐渐让位于区域性报纸,区域性报纸在本地区占主导性地位的格局已经形成。如《华西都市报》是中国第一份区域组合城市报纸,一创办就提出了办一张四川盆地"区域组合城市报"的发展战略:以中心城市成都为中心,以周边城市为辐射带,建立区域组合城市的市场网络,全方位、强密度、大规模覆盖成渝经济圈。构建"区域组合城市"的营销市场,《华西都市报》由此揭开了中国报纸区域化生存序幕。

3. 扩版改版热潮兴起

1987年《广州日报》率先扩版,将周末版从原先的8版调整到40版,《广州日报》的扩版预示着我国报业厚报时代的到来。我国报业扩版分为三个阶段,第一阶段为20世纪八十年代初,主要表现在对周末版的调整,增加周末版的版面。第二阶段从20世纪八十年代中期到90年代中期,这一阶段报纸扩版主要表现在由原来的对开四版扩版为八版。第三阶段从20世纪九十年代至今,主要表现为进行大规模的增加版面,如《羊城晚报》2001年8月1日全面扩版,常规版面达到36—40版。经过扩版和改版后,各大报纸的广告量均有明显上升。而扩版热潮迎来了我国报业的"厚报时代"。

4. 新闻策划打造影响力和竞争力

(a)

图 3-184 样张 5

传媒

　　为提高新闻报道质量,扩大影响力,很多报纸通过新闻策划打造影响力和竞争力。所谓的新闻策划是策划中的一种,是传媒对于新闻资源的一种良性开发,试图对客观的新闻资源进行重新整合与发掘,以期实现新闻报道的最优化。运用新闻策划,借助传媒力量和社会力量,把那些本来是零散分布的信息集中和整合起来,层层深入进行报道,形成了拳头效应,能产生相当大的社会效果,形成一定的社会效益和经济效益。<u>新闻策划的作用不仅在于在重大事件报道上制造"规模效应",还在于通过这种效应增强报社的社会效应,推动社会问题的解决,并提高报社自身的传媒形象。</u>

5. 报业集团形成

　　1996年广州日报报业集团正式宣告成立,将旗下的14家报纸作为子报,此外,将四大期刊《看世界》、《南风窗》、《新现代画报》、《大东方》,一个出版社广州出版社和一个网站大洋网纳入集团之中。广州日报报业集团是我国第一家报业集团,集团成立以来,就2003年总收入就达到18亿元,净资产达49亿元。国内各省发现了整合的强大威力,纷纷考虑将自己区域范围内的报纸,尽可能地集中起来,从而达到资源共享和资源优化配置的作用。发展至今,我国已建立39家报业集团,这些报业集团目前已成为中国报业的主导力量。

(b)

图 3-184(续)　样张 5

(5) 为正文第一段填充紫色底纹,加1.5磅方框边框。
(6) 设置奇数页页眉为"报纸",偶数页页眉为"传媒"。
(7) 将正文最后一段分为等宽两栏,栏间加分隔线。

第 4 章　Excel 2010

【内容概述】

Excel 2010 是微软公司出品的 Microsoft Office 2010 系列办公软件中的重要组件之一，是当前功能强大、技术先进、使用方便灵活的电子表格处理软件。它不仅可以制作整齐、美观的表格，还能够像数据库一样将表格中的数据进行各种复杂的计算，是表格与数据库的完美结合。Excel 2010 可以把计算后的表格通过各式各样的图形、图表的形式表现出来，也可以对表格进行数据分析和在网络上进行发布，还可以方便地与 Office 2010 的其他组件相互调用数据，实现资源共享。

本章首先介绍 Excel 2010 的基本概念和基本操作，然后对数据的编辑、公式与函数的使用、工作表的格式化、数据的处理、图表的建立与编辑等内容进行了全面介绍。通过本章的学习，力求使学生了解 Excel 2010 电子表格的基本知识，能熟练运用 Excel 2010 制作出漂亮实用的电子表格。

【学习要求】

通过本章的学习，使学生能够：
1. 熟悉 Excel 2010 的窗口组成以及启动和退出的方法；
2. 掌握工作簿的建立、保存、打开和关闭的方法；
3. 掌握工作表的编辑和格式化的基本方法；
4. 掌握公式与常用函数的使用方法；
5. 掌握数据的排序、筛选、分类汇总和数据透视表的操作方法；
6. 掌握图表的创建、编辑和格式化的操作方法；
7. 掌握工作表的页面设置、插入分页符、打印预览和打印的操作方法。

4.1　Excel 2010 概述

Excel 2010 是一种在微机事务管理中广泛采用的、用于模拟纸张上的数据表格的电子表格系统。Excel 2010 电子表格由用列标和行号所标识的单元格组成，在单元格中可以输入文字描述、数值和公式等。其中，公式是电子表格的灵魂。每当用户输入或者修改数据之后，公式便会自动地或者在用户操作之后重新将有关数据计算一遍，并将最新结果显示在屏幕上。这一功能可使用户在输入不同的假设条件后，立刻在屏幕上观察到其所带来的影响和变化。这种"如果……怎么样"的功能使电子表格成为预算、预测、计划和财务平衡等工作中一种不可缺少的工具。

4.1.1　Excel 2010 的主要功能

Excel 2010 作为一个被广泛应用的优秀的电子表格软件，主要具有以下功能。
（1）方便快捷的电子表格功能。

可制作大型表格，除一般的数据输入、编辑、复制、移动、设置格式、打印等功能外，还有强大的计算功能。

（2）丰富强大的函数统计功能。

函数的嵌套和叠加，可以实现复杂的功能。例如，利用简单 if 函数的嵌套，可以将学生的具体分数转换成相应的等级，具体的函数调用如下：

=if(E4>=90,"优",if(E4>=80,"良",if(E4>=70,"中",if(E4>=60,"及格","不及格"))))

(3) 直观形象的图表分析功能。

利用系统提供的各种图表，可以直观、形象地表示和反映数据，使得数据易于阅读和评价，便于分析和比较。

(4) 渠道众多的数据共享功能。

例如，将 Excel 2010 保存到 SharePoint、SkyDrive 上，可以实现文档和数据的远程共享。

(5) 简单实用的数据库管理功能。

Excel 2010 并不是数据库管理系统，但能把工作表中的数据作为数据清单，并且提供排序、筛选、分类汇总、统计和查询等类似数据库管理系统软件的功能。

(6) 开放交互的程序开发功能。

利用软件内嵌的 VBA 二次开发功能，可以自定义函数，开发各种各样的交互式程序。

4.1.2 Excel 2010 的新增功能

Excel 2010 与其早期版本相比更容易使用，这是由于其增加和改进了许多功能，主要体现在以下方面。

(1) 改进的功能区：在 Excel 2010 中，可以创建自己的选项卡和组，还可以重命名或更改内置选项卡和组的顺序。

(2) Microsoft Office Backstage 视图：Backstage 视图是 Microsoft Office 2010 程序中的新增功能，它是 Microsoft Office Fluent 用户界面的最新创新技术，并且是功能区的配套功能。单击"文件"菜单即可访问 Backstage 视图，可在此打开、保存、打印、共享和管理文件以及设置程序选项。

(3) 工作簿管理工具：Excel 2010 提供了恢复早期版本、受保护的视图、受信任的文档等帮助管理、保护和共享内容的工具。

(4) 迷你图：迷你图（适合单元格的微型图表）是以可视化方式汇总趋势和数据的。由于迷你图在一个很小的空间内显示趋势，因此，对于仪表板或需要以易于理解的可视化格式显示业务情况的其他位置，迷你图尤其有用。

(5) 改进的数据透视表：在 Excel 2010 中，可以更轻松、更快速地使用数据透视表，其主要增强包括性能增强、数据透视表标签、增强的筛选功能、回写支持、值显示方式功能和数据透视图增强等。

(6) 切片器：切片器是 Excel 2010 中的新增功能，它提供了一种可视性极强的筛选方法来筛选数据透视表中的数据。一旦插入切片器，就可使用按钮对数据进行快速分段和筛选，以仅显示所需数据。此外，对数据透视表应用多个筛选器之后，不再需要打开一个列表来查看对数据所应用的筛选器，这些筛选器会显示在屏幕上的切片器中。可以使切片器与工作簿的格式设置相符，并且能够在其他数据透视表、数据透视图和多维数据集函数中轻松地重复使用这些切片器。

(7) 改进的条件格式设置：Excel 2010 融入了更卓越的格式设置灵活性，主要包括新的图标集、更多的数据条选项以及在为条件或数据验证规则指定条件时可以引用工作簿中其他工作表内的值等。

(8) PowerPivot for Excel 加载项：使用 PowerPivot for Excel，可以快速收集和组合来自不同源的数据，包括公司数据库、工作表、报表和数据馈送。在将数据导入到 Excel 中之后，即可使用数据透视表、切片器以及你熟悉的其他 Excel 功能以交互方式分析、计算和汇总这些数据。

(9) 改进的规划求解加载项：Excel 2010 包含新版规划求解加载项，可以使用此新版加载项在模拟分析中找到最佳解决方案。

(10) 改进的函数准确性：为了响应来自学术界、工程界和科学界的反馈，Excel 2010 包含一系列更精确的统计函数和其他函数，还对某些已有函数进行了重命名以更好地说明其用途。

(11) 改进的筛选功能：主要包括新增的搜索筛选器以及不考虑位置的筛选和排序功能等。

(12) 性能改进：Excel 2010 中的各种性能改进可帮助用户更有效地与数据进行交互，具体改进包括常规改进、支持大型数据集、多核改进、更快的计算等。

(13) 改进的图表：可以在 Excel 2010 中更方便地使用图表，具体改进包括新图表限制、快速访问格式设置选项、图表元素的宏录制功能等。

(14) 文本框中的公式：Excel 2010 包含内置公式工具，该工具使得在工作表的文本框中撰写和编辑公式变得更轻松。

(15) 更多主题：可以使用比以前更多的主题和样式。利用这些元素，可以在工作簿和其他 Microsoft Office 文档中统一应用专业设计。选择主题之后，Excel 2010 便会立即开始设计工作。文本、图表、图形、表格和绘图对象均会发生相应更改以反映所选主题，从而使工作簿中的所有元素在外观上相互辉映。

(16) 带实时预览的粘贴功能：使用带实时预览的粘贴功能，可以在 Excel 2010 中或多个其他程序之间重复使用内容时节省时间。

(17) 改进的图片编辑工具：在 Excel 2010 中，利用屏幕快照、新增的 SmartArt 图形布局、图片修正、新增和改进的艺术效果、更好的压缩和裁剪功能可创建具有整洁、专业外观的图像。

(18) 64 位 Excel：Excel 2010 提供了 64 位版本，这意味着超级用户和分析员可以创建更大、更复杂的工作簿。使用 64 位版本，可以寻址的物理内存（RAM）超过了 32 位版本中存在 2GB 的限制。

事实上，Excel 2010 增加和改进的功能还有很多，用户可以通过查看 Excel 帮助学习和使用。

4.1.3 Excel 2010 的启动与退出

1. Excel 2010 的启动

Excel 2010 常用的启动方法如下：

(1) 单击"开始"按钮→"所有程序"→"Microsoft Office"→"Microsoft Excel 2010"，启动 Excel 2010。

(2) 若桌面上有 Excel 2010 的快捷图标，则双击该图标即可启动 Excel 2010。

(3) 打开任意一个 Excel 文档即可启动 Excel 2010。

(4) 如果最近经常使用 Excel 2010，则"开始"菜单中一般会有"Microsoft Excel 2010"菜单项。此时，可以通过单击"开始"按钮→"Microsoft Excel 2010"启动 Excel 2010。

Excel 2010 主窗口由快速访问工具栏、标题栏、"文件"选项卡、功能区、编辑栏、工作表编辑区、滚动条、显示按钮、缩放滑块、状态栏等组成，如图 4-1 所示。

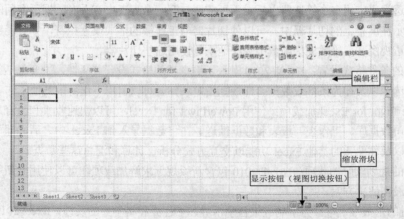

图 4-1 Excel 2010 主窗口

(1) 快速访问工具栏：常用命令位于此处，如"保存"和"撤销"等，也可以添加自己常用的命令。
(2) 标题栏：显示正在编辑的电子表格的文件名以及所使用的软件名。

注意：标题栏最右边的"最小化"、"最大化"/"向下还原"和"关闭"按钮是作用于整个 Excel 2010 应用程序的。

(3) "文件"选项卡：也称"文件"菜单，基本命令位于此处，如"新建"、"打开"、"关闭"、"另存为"和"打印"等。
(4) 功能区：工作时需要用到的命令位于此处。它与其他软件中的"菜单"或"工具栏"相同。

注意：功能区最右边的"最小化"、"最大化"/"还原窗口"和"关闭窗口"按钮是作用于当前工作簿的。这一点与 Word 2010 是不同的，Word 2010 的功能区没有"最小化"、"最大化"/"还原窗口"和"关闭窗口"按钮。

(5) 编辑栏：这是 Excel 特有的，也是与 Word 不同的地方之一。编辑栏左端的组合框称为名称框，显示当前单元格的地址（也称单元格的名字），或者在输入公式时用于从其下拉列表中选择常用函数。当在单元格中编辑数据或者公式时，名称框右侧就会出现"取消"按钮和"输入"按钮，分别用于撤销和确认刚才在当前单元格中的操作，即分别相当于 Esc 键和回车键。紧挨着"输入"按钮的是"插入函数"按钮，用于打开"插入函数"对话框。编辑栏的右端是编辑区，或称公式栏区，用于显示当前单元格中的内容，也可以直接在此对当前单元格进行输入和编辑。

(6) 工作表编辑区：显示正在编辑的电子表格。
(7) 滚动条：包括水平滚动条和垂直滚动条，可以更改正在编辑的电子表格的显示位置。
(8) 显示按钮（视图切换按钮）：可以根据自己的要求更改正在编辑的电子表格的显示模式。
(9) 缩放滑块：可以更改正在编辑的电子表格的缩放设置。
(10) 状态栏：显示正在编辑的电子表格的相关信息。

2．Excel 2010 的退出

退出 Excel 2010 时，可以使用以下几种方法：
(1) 单击 Excel 2010 标题栏右端的"关闭"按钮。
(2) 单击"文件"菜单中的"退出"命令。
(3) 双击 Excel 2010 标题栏左端的控制菜单图标。
(4) 按 Alt+F4 键。

不论采用哪一种方法退出，只要对当前工作簿编辑过并且未存盘，系统就会弹出一个询问用户是否保存的对话框，如图 4-2 所示。如果用户单击"保存"按钮，则保存文档并退出（如果是刚创建的工作簿而且还没有命名，则会弹出"另存为"对话框，用户只要输入工作簿名并单击"保存"按钮即可）；如果单击"不保存"按钮，则不保存文档而直接退出；如果单击"取消"按钮，则返回原来的编辑状态。

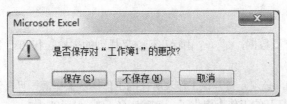

图 4-2 询问用户是否保存的对话框

4.1.4 Excel 2010 的帮助

Excel 2010 提供了完善的帮助系统，用于解决用户在应用中所遇到的问题。

在 Excel 2010 窗口中，单击窗口右上角的"Microsoft Excel 帮助（F1）"按钮，或者按 F1 键，都会打开"Excel 帮助"窗口，如图 4-3 所示。

单击窗口中的超链接，可以打开相应的内容，这些内容涵盖了 Excel 的方方面面，既可以用来学习 Excel 的使用，也可以在遇到问题时当作手册来查找。当然，如果要快速地查找某方面的内容，可以在窗口中的组合框中输入或者选择相应的关键词，然后单击"搜索"按钮。

注意，正确地使用"Excel 帮助"是熟练地使用 Excel 最好的保证。

图 4-3 "Excel 帮助"窗口

4.2 Excel 2010 的基本概念

Excel 2010 文档就是工作簿，是由若干工作表组成的，而工作表是由单元格组成的。

4.2.1 工作簿和工作表

1. 工作簿

Excel 2010 的工作簿是存储数据、数据运算公式以及数据格式化等信息的文件，即一个工作簿就是一个文件，存放在磁盘上，其默认的扩展名是.xlsx。

当 Excel 2010 成功启动后，系统会自动打开一个名为"工作簿 1"的空工作簿，这是系统默认的工作簿名，用户可以在存盘时重新命名一个"见名知义"的文件名。如果需要方便地找到自己的工作簿，可以使用具有说明性的长文件名。需要注意的是，文件名中不能含有下列字符：斜杠（/）、反斜杠（\）、大于号（>）、小于号（<）、星号（*）、问号（?）、双引号（"）、竖线（|）、冒号（:）。

一个工作簿由若干个工作表组成，其数目受可用内存的限制。每个工作表都是存入某类数据的表格或者数据图形。工作表是不能单独存盘的，只有工作簿才能以文件的形式存盘。

Excel 2010 启动后，系统默认打开的工作表数目是 3 个。用户可以修改这个数目，以适合自己的需要。其方法是：单击"文件"选项卡中的"选项"，打开"Excel 选项"对话框，再单击"常规"，改变"新建工作簿时"区域内的"包含的工作表数"后面的数值。这就是新设置的每次打开工作簿时同时打开的工作表数。

2. 工作表

工作表用于组织和分析数据，是一个由行和列交叉排列的表格。行和列交叉的部分称为单元格，是 Excel 2010 的基本单元。

要对工作表进行操作，必须先打开该工作表所在的工作簿。工作簿一旦打开，它所包含的工作表就一同打开了。系统给每个打开的工作表提供了一个默认名：Sheet1、Sheet2、…，用户可以重新为工作表命名。工作表名出现在工作表的左下角，如图 4-4 所示。由于工作表名栏的区域有限，只能显示部分工作表名,因此,必须利用工作表名栏区域左边的工作表控制按钮来显示其他的工作表。其中,单击最左边的按钮将显示第一个工作表,单击最右边的按钮将显示最后一个工作表,单击中间的两个按钮将分别显示当前工作表左边和右边的工作表。单击某个工作表名,它就呈高亮度显示,成为当前(活动)工作表(如图4-4中的Sheet1)。在Excel 2010中,允许同时在一个工作簿的多个工作表中输入并编辑数据。

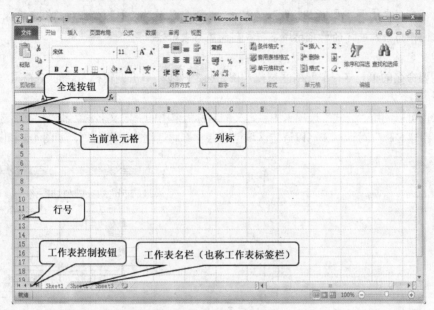

图4-4 工作表

每个工作表的行用1、2、3、4、…表示,称为行号;列则用A、B、C、D、…、Z、AA、AB、…、AZ、BA、BB、…、BZ、CA、CB、…、ZZ、AAA、AAB、…表示,称为列标。

4.2.2 Excel 2010 单元格和单元格区域

1. 单元格

单元格是工作表中最基本的数据单元,一切操作都在单元格中进行。单元格的名字(也称单元格地址)是由行号和列标来标识的,列标在前,行号在后。例如,第2行第3列的单元格的名字是C2。在一个工作表中,尽管单元格很多,但当前(活动)单元格只有一个。当前单元格带有一个粗黑框,如图4-4中的A1单元格。当鼠标指针指到某单元格时将变成空十字形,此时单击鼠标左键,该单元格将成为当前单元格,就可以直接输入数据了。

2. 单元格区域

单元格区域指的是由多个相邻单元格形成的矩形区域,其表示方法由该区域的左上角单元格地址、冒号和右下角单元格地址组成。例如,单元格区域A3:C8表示的是左上角从A3开始到右下角C8的一片矩形区域。

3. 为单元格或单元格区域命名

我们在上面已经讲了单元格的名字或者说单元格地址以及单元格区域的表示方法,但这些都是通过行号和列标来实现的,不容易记忆,也不容易知晓单元格或单元格区域的内容,因此,有必要为单元格或单元格区域定义一个"见名知义"的"名称"。

名称可以定义、改名和删除，也可以像单元格的名字（或者说单元格地址）以及单元格区域的表示方法一样使用。

名称的第一个字符必须是字母、下划线（_）或反斜杠(\)，而其他字符则可以是字母、数字、句点（.）和下划线，但不能有空格，不区分大小写，最多可以包含 255 个字符。

注意：不能用大小写字母 "C"、"c"、"R" 或 "r" 定义名称，因为当在名称框中输入这样的字母时，会将它们作为当前选定的单元格所在行或列的简略表示法。

（1）定义名称。

选定需要命名的单元格、单元格区域或非相邻选定区域，单击编辑栏左端的名称框，输入名称，按回车键即可。

另外，也可以利用"公式"选项卡中"定义的名称"组中的"定义名称"和"根据所选内容创建"分别打开"新建名称"对话框和"以选定区域创建名称"对话框来定义名称，如图 4-5 和图 4-6 所示。

 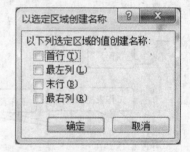

　　图 4-5　"新建名称"对话框　　　　　　图 4-6　"以选定区域创建名称"对话框

（2）使用名称。

名称一旦定义就可以使用（引用）了。可以利用名称来选择单元格或单元格区域，也可以在公式引用中使用名称。

（3）删除名称。

单击"公式"选项卡中"定义的名称"组中的"名称管理器"，打开"名称管理器"对话框（见图 4-7），选择要删除的名称，单击"删除"按钮，在弹出的确认是否删除的对话框中单击"确定"按钮，返回"名称管理器"对话框，最后单击"关闭"按钮。

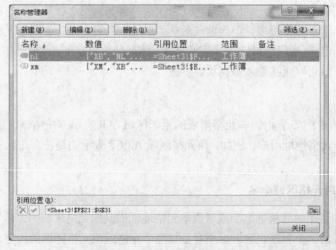

图 4-7　"名称管理器"对话框

(4)名称改名。

单击"公式"选项卡中"定义的名称"组中的"名称管理器",打开"名称管理器"对话框(见图4-7),选择要改名的名称,单击"编辑"按钮,打开"编辑名称"对话框(见图4-8),输入新名称,单击"确定"按钮,返回"名称管理器"对话框,最后单击"关闭"按钮。

图4-8 "编辑名称"对话框

4.3 Excel 2010 的基本操作

Excel 2010的绝大部分操作都是在工作表中进行的,而工作表是包含在工作簿中的,因此,本节将介绍有关工作簿和创建工作表的基本操作。

4.3.1 工作簿的新建和打开

1. 新建工作簿

Excel 2010启动之后,已经自动创建了一个名为"工作簿1"的空工作簿。如果在Excel 2010启动后再新建工作簿,可以基于默认工作簿模板、其他模板或现有工作簿创建新工作簿。不管是用哪一种方法创建的新工作簿,系统都提供了一个默认的名称,要么是"工作簿?"(其中,?是1、2、3、4、5、…),要么是与新工作簿所基于的模板或者现有文件有关的一个名称。

(1)从"空白工作簿"新建工作簿。

单击"文件"选项卡,然后单击"新建"→"空白工作簿"→"创建",如图4-9所示,将直接创建一个基于默认工作簿模板(即空白工作簿)的新工作簿。

图4-9 从"空白工作簿"新建工作簿

(2) 基于模板创建工作簿。

应用模板时,可以应用 Excel 2010 的内置模板、自己创建并保存到计算机中的模板、从 Microsoft Office.com 或第三方网站下载的模板。

用模板创建工作簿的方法如下:

在"文件"选项卡上单击"新建"命令,若要重复使用最近用过的模板,则单击"最近打开的模板",然后双击要使用的模板;若要使用安装到本地驱动器上的模板,则单击"我的模板",在打开的"新建"对话框中单击所需的模板,然后单击"确定"按钮;若要使用某个 Excel 2010 默认安装的样本模板,则单击"样本模板",然后双击要使用的模板;若要获得更多的工作簿模板,则在"Office.com 模板"下单击模板类别,选择一个模板,然后单击"下载"将该模板从 Office.com 下载到本地驱动器,之后就可以像本地模板一样使用了。

(3) "根据现有内容新建"工作簿。

单击"文件"选项卡中的"新建"命令,再单击"根据现有内容新建",可以创建现有工作簿的副本,然后在此基础上进行设计或修改。

2. 打开工作簿

打开一个已经保存过的工作簿,可以用下面的任意一种方法:

(1) 单击"文件"选项卡中的"打开"命令,弹出"打开"对话框,如图 4-10 所示。在"打开"对话框中,找到包含需要打开的工作簿所在的文件夹,再双击该工作簿;或者先选中需要打开的工作簿,再单击"打开"按钮。

图 4-10 "打开"对话框

(2) 单击"文件"选项卡中的"最近所用文件"命令,如图 4-11 所示。在"最近使用的工作簿"下面单击最近使用过的文件(在默认状态下显示 4 个最近刚打开过的文件,用户可以通过修改"最近使用的工作簿"最下面的"快速访问此数目的'最近使用的工作簿'"后面数值框中的数值来修改这个数目),即可打开相应的工作簿;如果单击"最近的位置"下面的文件夹,则在"打开"对话框中显示该文件夹中的所有 Excel 文件,用户可以双击需要打开的工作簿,也可以先选中需要打开的工作簿,再单击"打开"按钮。

图 4-11 利用"最近所用文件"命令打开工作簿

(3) 在"我的电脑"或者"资源管理器"中找到需要打开的工作簿，双击即可打开该文件。

(4) 如果最近经常使用 Excel 2010，可以通过下面的方法打开最近使用过的工作簿：单击"开始"按钮，在打开的"开始"菜单中将鼠标指针指向"Microsoft Excel 2010"，或者单击"Microsoft Excel 2010"右边的三角形按钮，弹出的级联菜单中列出了最近使用过的工作簿，如果有需要打开的工作簿，则只要单击它即可打开，如图 4-12 所示。

图 4-12 利用"开始"菜单打开最近使用过的工作簿

4.3.2 工作簿的保存和关闭

1. 保存工作簿

在工作簿的编辑过程中，应该及时存盘，以免因意外情况（例如掉电）而丢失信息。第一次保存工作簿时，应为工作簿命名，并在本机硬盘或其他地址为其指定保存位置。以后每次保存工作簿时，Excel 2010 将用最新的更改内容来更新工作簿文件。

(1) 保存未命名的新工作簿。

单击"自定义快速访问工具栏"中的"保存"按钮（或者"文件"选项卡中的"保存"及"另存

为"命令),弹出"另存为"对话框,如图 4-13 所示。在该对话框中,选择希望保存工作簿的驱动器和文件夹;如果需要在新文件夹中保存工作簿,则单击"新建文件夹"按钮;如果需要做备份文件、设置只读文件或者设置使用权限和口令等,则单击"工具"按钮的下拉菜单中的"常规选项"命令;最后,在"文件名"框中输入工作簿名称,单击"保存"按钮。

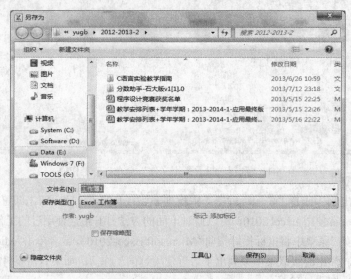

图 4-13 "另存为"对话框

(2) 保存已有的工作簿。

单击"自定义快速访问工具栏"中的"保存"按钮(或者"文件"选项卡中的"保存"命令)即可。当然,用户也可以利用"文件"选项卡中的"另存为"命令为当前工作簿另起一个名称。

(3) 在工作时自动保存工作簿。

单击"文件"选项卡中的"选项"命令,弹出"Excel 选项"对话框,单击"保存"选项,如图 4-14 所示。选中"保存自动恢复信息时间间隔"复选框,在"分钟"框中输入希望 Excel 2010 自动保存工作簿的时间间隔,再选择所需的其他选项。最后,单击"确定"按钮。

图 4-14 自动保存设置

2．关闭工作簿

当工作簿操作完成或暂停需要关闭时，可以使用以下的方法：
（1）单击"文件"选项卡中的"关闭"命令。
（2）在当前工作簿处于最大化时，单击功能区最右端的"关闭窗口"按钮。
（3）在当前工作簿处于非最大化时，单击当前工作簿标题栏最右端的"关闭"按钮。

4.3.3 单元格和单元格区域的选择

1．选定文本、单元格、单元格区域、行和列

Excel 2010 在执行大多数命令或任务之前，都需要先选择相应的单元格或单元格区域。表 4-1 列出了常用的选择操作。

表 4-1 常用的选择操作

选 择 内 容	具 体 操 作
单元格中的文本	如果允许对单元格进行编辑，那么先选定并双击该单元格，然后再选择其中的文本。如果不允许对单元格进行编辑，那么先选定单元格，然后再选择编辑栏中的文本
单个单元格	单击相应的单元格，或用箭头键移动到相应的单元格
某个单元格区域	单击选定该区域的第一个单元格，然后拖动鼠标直至选定最后一个单元格
工作表中的所有单元格	单击"全选"按钮（见图 4-4）
不相邻的单元格或单元格区域	先选定第一个单元格或单元格区域，然后按住 Ctrl 键再选定其他的单元格或单元格区域
较大的单元格区域	单击选定该区域的第一个单元格，然后按住 Shift 键再单击该区域的最后一个单元格（若此单元格不可见，则可以通过滚动使之可见）
整行	单击行标题
整列	单击列标题
相邻的行或列	沿行号或列标拖动鼠标；或者先选定第一行或第一列，然后按住 Shift 键再选定其他的行或列
不相邻的行或列	先选定第一行或第一列，然后按住 Ctrl 键再选定其他的行或列
增加或减少活动区域中的单元格	按住 Shift 键并单击新选定区域的最后一个单元格，在活动单元格和所单击的单元格之间的矩形区域将成为新的选定区域

2．选定命名的单元格或单元格区域

要选择已经命名的单元格或单元格区域，可以采用表 4-2 中的方法。

表 4-2 选择命名的单元格或单元格区域

选 择 内 容	具 体 操 作
已命名的单元格或单元格区域	在"名称框"中选定相应的区域名
两个或多个已命名的单元格或单元格区域	在"名称框"的下拉列表框中选定第一个区域，然后按住 Ctrl 键再选定其他区域

3．取消单元格选定区域

如果要取消某个单元格选定区域，则单击工作表中其他任意一个单元格即可。

4．在选择区域中移动

当选择了所需要的单元格区域之后，可以用 Tab 键在选择的单元格区域间移动，但不能使用箭头键和鼠标，否则就会取消所选择的单元格区域。

4.3.4 数据输入

创建一个工作表,首先要向单元格中输入数据。Excel 2010 能够接收的数据类型可以分为文字(或称字符)、数字(值)、日期和时间、公式与函数等。在数据的输入过程中,系统自行判断所输入的数据是哪一种类型,并进行适当的处理。因此,在输入数据时,必须按照 Excel 2010 的规则进行,否则,可能会出现意想不到的结果。

在输入文字、数字、日期和时间时,先单击需要输入数据的单元格,再输入数据并按回车键或 Tab 键。公式与函数将在 4.3.5 节讲述。

1. 文字(字符或文本)型数据及输入

在 Excel 2010 中,文字可以是数字、空格和非数字字符的组合。例如,Excel 2010 将下列数据均视作文字:10Aa109、127AXY、12-976 和 2108 4675 ("8"和"4"之间有 1 个空格)。

在默认状态下,所有文字在单元格中均左对齐。如果要改变其对齐方式,则在"开始"选项卡上的"对齐方式"组中单击相应的命令;或者单击"对齐方式"组的"对话框启动器",打开"设置单元格格式"对话框,再单击"对齐"选项卡,从中选择所需选项。如果要在同一单元格中显示多行文本,则单击"对齐方式"组中的"自动换行",或者选中"对齐"选项卡中的"自动换行"复选框。

在当前单元格中,一般文字直接输入即可。如果输入的字符串的首字符是"="号,则应先输入一个单引号"'",再输入等号和其他字符。例如,输入"'=3+8",按回车键后显示=3+8;但如果不输入单引号"'",则系统将认为是公式输入,回车后显示的是 3+8 的和 11。如果输入的文字是类似于邮政编码之类的数字,则应先输入单引号"'",再输入数字,或者用双引号括起来作为公式输入。例如,邮政编码 255000 是文字型数据,在输入时应输入"'255000"或者"="255000""。如果要在单元格中输入硬回车,则按 Alt+回车键。

输入文字时,文字出现在活动单元格和编辑栏中。此时,按 Backspace 键可以删除插入点左边的字符,按 Delete 键可以删除插入点右边的字符。如果要确认在当前单元格中输入的数据,则可以单击"编辑栏"中的"输入"按钮或者按回车键、Tab 键或光标移动键。如果想取消此次操作,则可以单击"编辑栏"中的"取消"按钮或者按 Esc 键。

2. 数字(值)型数据及输入

在 Excel 2010 中,数字只可以为下列字符:0~9,+(正号),−(负号),(,),,(千分位号),/,$,%,.(小数点),E,e。Excel 2010 将忽略数字前面的正号(+),并将单个句点视作小数点,所有其他数字与非数字的组合均作文本处理。

在默认状态下,所有数字在单元格中均右对齐。如果要改变其对齐方式,则与文字型数据的处理方式类似。

输入分数时,应在分数前输入 0(零)及一个空格,如分数 1/2 应输入 0 1/2。如果直接输入 1/2 或 01/2,则系统将把它视作日期,认为是 1 月 2 日。输入负数时,应在负数前输入减号 −,或将其置于括号()中。如−2 应输入−2 或(2)。

单元格中的数字格式决定 Excel 2010 在工作表中显示数字的方式。如果在"常规"格式的单元格中输入数字,Excel 2010 将根据具体情况套用不同的数字格式。例如,如果输入$14.73,Excel 2010 将套用货币格式。如果要改变数字格式,则先选定包含数字的单元格,然后在"开始"选项卡上的"数字"组中单击相应的命令;或者单击"数字"组的"对话框启动器",打开"设置单元格格式"对话框,在"数字"选项卡中根据需要选定相应的分类和格式。

如果单元格使用默认的"常规"数字格式，Excel 2010会将数字显示为整数、小数，或者当数字长度超出单元格宽度时以科学记数法表示。采用"常规"格式的数字长度为11位，其中包括小数点和类似"E"和"+"这样的字符。如果要输入并显示多于11位的数字，可以使用内置的科学记数格式（即指数格式）或自定义的数字格式。

无论显示的数字的位数如何，Excel 2010都只保留15位的数字精度。如果数字长度超出了15位，Excel 2010则会将多余的数字位转换为零（0）。

3. 日期和时间型数据及输入

Excel 2010将日期和时间视为数字处理。工作表中的时间或日期的显示方式取决于所在单元格中的数字格式。在输入了Excel 2010可以识别的日期或时间数据后，单元格格式会从"常规"数字格式改为某种内置的日期或时间格式。在默认状态下，日期和时间数据在单元格中右对齐。如果Excel 2010不能识别输入的日期或时间格式，则输入的内容将被视作文本，并在单元格中左对齐。

在"控制面板"中，单击"时钟、语言与区域"中的"更改日期、时间或数字格式"，打开"区域和语言"对话框，在"格式"选项卡中的设置将决定当前日期和时间的默认格式，以及默认的日期和时间符号。

一般情况下，日期分隔符使用"/"或"-"。例如，2014/9/5、2014-9-5、5/Sep/2014或5-Sep-2014都表示2014年9月5日。如果只输入月和日，则Excel 2010就取计算机内部时钟的年份作为默认值。例如，在当前单元格中输入7-28或7/28，按回车键后显示7月28日，当再把刚才的单元格变为当前单元格时，在编辑栏中显示2014-7-28（假设当前是2014年）。Excel 2010对日期的判断很灵活。例如，输入2014-7-32时，Excel 2010经过判断将认为是文字型数据；输入5-Sep、5/Sep、Sep-5或Sep/5时，都认为是9月5日。

时间分隔符一般使用冒号":"。例如，输入5:0:1或5:00:01都表示5点零1秒。可以只输入时和分，也可以只输入小时数和冒号，还可以输入小时数大于24的时间数据。如果要基于12小时制输入时间，则在时间（不包括只有小时数和冒号的时间数据）后输入一个空格，然后输入AM或PM（也可以是A或P），用来表示上午或下午；否则，Excel 2010将基于24小时制计算时间。例如，如果输入3:00而不是3:00 PM，将被视为3:00 AM保存。

如果要输入当天的日期，则按Ctrl+;（分号）。如果要输入当前的时间，则按Ctrl+Shift+:（冒号）。

时间和日期可以相加和相减，并可以包含到其他运算中。如果要在公式中使用日期或时间，则用带引号的文本形式输入日期或时间值。例如，下面的公式得出的差值为68：

="2014/5/12"-"2014/3/5"

无论显示的日期或时间的格式如何，Excel 2010都将所有日期存储为系列数，将所有时间存储为分数。如果要将日期显示为系列数，或将时间显示为分数，则先选定包含日期或时间数据的单元格，然后单击"开始"选项卡上"数字"组中的"对话框启动器"，打开"设置单元格格式"对话框，之后在"数字"选项卡中单击"分类"列表框中的"常规"选项。

4. 填充数据

使用"自动填充"功能，可以填充相同数据，也可以填充数据的等比数列、等差数列和日期时间数列等，当然还可以输入自定义序列。

在介绍填充方法之前先介绍两个概念，即具有增减可能的文字型数据和不具有增减可能的文字型数据。前者指的是含有数字的文字型数据，如第1章、2014年等；后者指的是不含有数字的文字型数据，如中国、山东、李明等。

(1) 同时在多个单元格中填充相同数据（即复制填充）。

① 填充相同的数字型或不具有增减可能的文字型数据。

单击填充内容所在的单元格，将鼠标移到填充柄上（如图 4-15（a）），当鼠标指针变成黑色十字形时，按住鼠标左键拖动到所需的位置，松开鼠标，这些单元格都被填充上了相同的数据（如图 4-15（b））。拖动时，上、下、左、右均可，视实际需要而定。

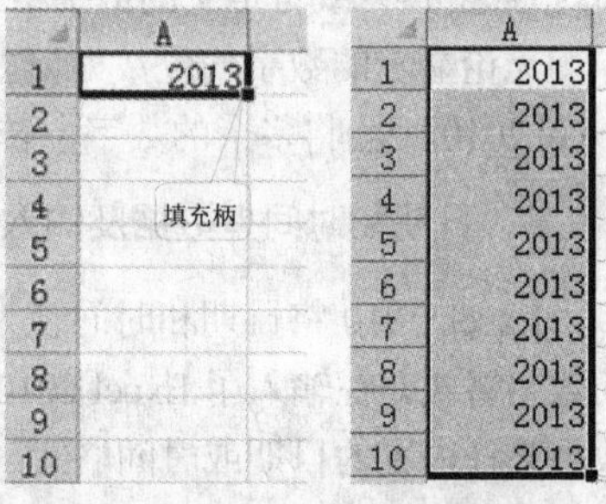

② 填充日期时间型及具有增减可能的文字型数据。

操作方法同①，只是在拖动填充柄的同时要按住 Ctrl 键。

(2) 填充自动增 1 序列。

① 填充数字型数据。

操作方法同（1）中的①，只是在拖动填充柄的同时要按住 Ctrl 键。

② 填充日期时间型及具有增减可能的文字型数据。

操作方法同（1）中的②，只是在拖动填充柄时不要按住 Ctrl 键。

图 4-15　填充相同数据

(3) 输入任意等差、等比的数列。

先选定待填充数据区的起始单元格，输入序列的初始值。再选定相邻的另一单元格，输入序列的第二个数值。这两个单元格中数值的差额将决定该序列的增长步长。选定包含初始值的单元格，用鼠标拖动填充柄经过待填充区域。如果要按升序排列，则从上向下或从左到右填充。如果要按降序排列，则从下向上或从右到左填充。如果要指定序列类型，则先按住鼠标右键，再拖动填充柄，在到达填充区域的最后单元格时松开鼠标右键，在弹出的快捷菜单中单击相应的命令。

以上这些操作，也可以在"开始"选项卡上的"编辑"组中，通过"填充"命令的下拉菜单中的相应命令来完成。

(4) 自定义序列。

通过工作表中现有的数据项或以临时输入的方式，可以创建自定义序列或排序次序。当然，创建的自定义序列可以编辑，也可以删除。

① 利用现有数据创建自定义序列。

如果已经输入了将要用作填充序列的数据，则可以先选定工作表中相应的数据区域，然后单击"文件"选项卡中的"选项"命令，打开"Excel 选项"对话框，再单击"高级"，将右侧的滚动条拖到最下边，单击"编辑自定义列表"按钮，如图 4-16 所示，打开"自定义序列"对话框，单击"导入"按钮，即可使用选定的数据添加到"自定义序列"列表框中，如图 4-17 所示。

② 利用临时输入方式创建自定义序列。

如果要输入新的序列列表，则需要先选择图 4-17 中"自定义序列"列表框中的"新序列"选项，然后在"输入序列"编辑框中从第一个序列元素开始输入新的序列。在输入每个元素后，按回车键。整个序列输入完毕后，单击"添加"按钮。

注意：自定义序列中可以包含文字或带数字的文字。如果要创建只包含数字的自定义序列，如学号等，应先选定足够的空单元格，然后在"开始"选项卡上的"数字"组中单击"对话框启动器"，打开"设置单元格格式"对话框，在"数字"选项卡中，对选定的空单元格应用文本格式，最后在设置了格式的单元格中输入序列项。

③ 编辑自定义序列。

在图 4-17 中的"自定义序列"列表框中，单击需要修改的序列，该序列的元素就会出现在"输入序列"编辑框中，修改相应的元素后，单击"添加"按钮。

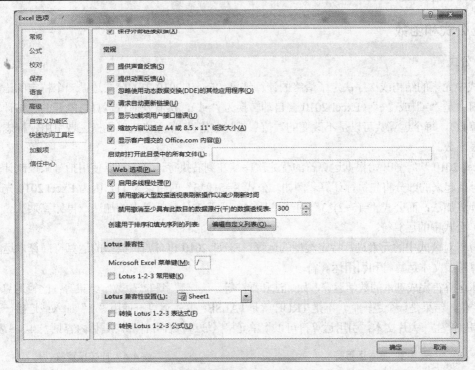

图 4-16 "编辑自定义列表"按钮

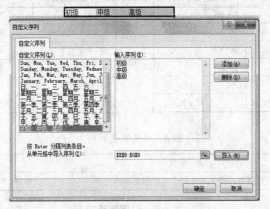

图 4-17 "自定义序列"对话框

④ 删除自定义序列。

在图 4-17 中的"自定义序列"列表框中，单击要删除的序列，然后单击"删除"按钮。

注意：只能删除用户创建的自定义序列，不能删除系统自带的序列。

（5）记忆式输入。

如果在单元格中输入的起始字符与该列已有的录入项相符，则可以自动填写其余的字符，但只能自动完成包含文字的录入项，或包含文字与数字的录入项，即录入项中只能包含数字和没有格式的日期或时间。如果接受建议的录入项，则按回车键；如果不想采用自动提供的字符，则继续输入。如果要删除自动提供的字符，则按 Backspace 键。

用户如果想取消这项功能，则可以采用下面的方法：单击"文件"选项卡中的"选项"命令，打开"Excel 选项"对话框，再单击"高级"，在"编辑选项"区域中清除"为单元格值启用记忆式输入"复选框。

4.3.5 公式和函数

1. 公式

公式中元素的结构或次序决定了最终的计算结果。Excel 2010 中的公式遵循一个特定的语法或次序：最前面是"="或"+"（Excel 2010 会自动转换为"="），接着是通过运算符隔开的参与计算的元素（运算数）。每个运算数可以是不改变的数值（常量数值）、单元格或单元格区域引用、标志、名称或工作表函数。

Excel 2010 从等号开始根据运算符的优先次序从左到右执行计算，可以使用括号来控制计算的顺序，括号括起来的部分将先执行计算。例如，公式"=5+2*3"的结果为 11，因为 Excel 2010 先计算乘法，再计算加法；而公式"=(5+2)*3"的结果是 21，因为先计算括号内的加法，再计算乘法。

（1）公式中的运算符。

运算符对公式中的元素进行特定类型的运算。Excel 2010 包含四种类型的运算符：算术运算符、比较运算符、文本运算符和引用运算符。

算术运算符完成基本的数学运算，如加法和乘法等，连接数字和产生数字结果等；比较运算符用以比较两个值，结果是一个逻辑值，不是 TRUE 就是 FALSE；文本运算符使用"&"加入或连接一个或更多字符串以产生一大片文本；引用运算符可以将单元格区域进行合并计算。具体内容见表 4-3～表 4-6。

表 4-3 算术运算符

算术运算符	含义	示例
+（加号）	加	30+30
－（减号或负号）	减或负	30-10 或 -10
*（星号）	乘	30*30
/（斜杠）	除	30/3
%（百分号）	百分比	2%
^（脱字符）	乘方	5^2（与 5*5 相同）

表 4-4 比较运算符

比较运算符	含义	示例
=（等号）	等于	a1=b1
>（大于号）	大于	a1>b1
<（小于号）	小于	a1<b1
>=（大于等于号）	大于等于	a1>=b1
<=（小于等于号）	小于等于	a1<=b1
<>（不等号）	不等于	a1<>b1

表 4-5 文本运算符

文本运算符	含义	示例
&(ampersand)	将两个文本值连接或串起来产生一个连续的文本值	"山东"&"青岛"将产生"山东青岛"

表 4-6 引用运算符

引用运算符	含义	示例
:(冒号)	区域运算符，对两个引用以及两个引用之间的所有单元格进行引用	A3:B11
,(逗号)	联合操作符或者称并集运算符，将多个引用合并为一个引用	SUM(A3:B8,C5:D10)
(空格)	交集运算符，只处理各单元格区域中共有的单元格中的数据	SUM(A3:B8 A5:C8)

（2）公式中的运算次序。

如果公式中同时用到了多个运算符，则按 :（冒号）、（空格）、,（逗号）、-（负号）、%、^、* 和 /、+ 和 -（加和减）、&、比较运算符（=、<、>、<=、>=、<>）的顺序进行运算。如果公式中包含了相同优先级的运算符，则从左到右进行计算。如果要改变计算的顺序，则应把公式中需要首先计算的部分括在圆括号内。

（3）输入和编辑公式。

单击要在其中输入公式的单元格，先输入等号，接着输入公式内容，最后按回车键确认。如果需要修改某公式,则先单击包含该公式的单元格,在编辑栏中修改即可;也可以双击该单元格,直接在单元格中修改,或者仍然在编辑栏中修改。

(4) 移动或复制公式。

当移动公式时,公式中的单元格引用并不改变。当复制公式时,单元格绝对引用也不改变,但单元格相对引用将会改变。关于绝对引用和相对引用的详细内容,请参考下面的第(5)部分。

移动或复制公式的具体步骤为:

① 选定包含待移动或复制公式的单元格。

② 将鼠标指向选定区域的边框,鼠标指针将变为向左倾斜的白色箭头。

③ 如果要移动单元格,则把选定区域拖动到粘贴区域左上角的单元格中即可,这将替换粘贴区域中所有的现有数据。如果要复制单元格,则在拖动时按住 Ctrl 键。

当然,公式的移动或复制也可以通过"开始"选项卡上"剪贴板"组中的"剪切"、"复制"、"粘贴"按钮或者"Ctrl+X"、"Ctrl+C"、"Ctrl+V"快捷键来完成。

提示:使用填充柄可以将公式复制到相邻的单元格中。如果要这样做,则先选定包含公式的单元格,再拖动填充柄,使之覆盖需要填充的区域。

(5) 相对引用和绝对引用。

依据要在 Excel 2010 中运行的任务,既可以使用相对引用(它们是与公式位置相关的单元格引用),也可以使用绝对引用(它们是指向特定位置单元格的单元格引用)。如果美元符号在字母和(或)数字之前,比如A1、A$1、$A1,列和(或)行引用就是绝对的。下面,我们先介绍一下单元格和区域引用,再介绍相对引用和绝对引用。

① 单元格和区域引用。

引用的作用在于标识工作表上的单元格或单元格区域,并指明公式中所使用的数据的位置。通过引用,可以在公式中使用工作表中不同部分的数据,或者在多个公式中使用同一单元格的数值,还可以引用同一工作簿不同工作表中的单元格、不同工作簿的单元格、甚至其他应用程序中的数据。引用不同工作簿中的单元格称为外部引用,引用其他程序中的数据称为远程引用。

② 相对引用。

相对引用是指像 A1 这样的用在公式中的单元格引用,在将公式复制到其他单元格或单元格区域中时,相对引用也会相应更改。在复制和粘贴公式后,新公式中的相对引用将更改为引用相对于新公式所在行或列的另一个单元格(此单元格与现在公式所在位置之间的距离等于公式最初所在位置与公式最初所引用单元格之间的距离:相隔相同的行和列)。例如,如果单元格 A3 中包含公式"=A1+A2",则将单元格 A3 复制到单元格 B3 以后,单元格 B3 中的公式就变成了"=B1+B2"。

③ 绝对引用。

不论包含公式的单元格处在什么位置,公式中所引用的单元格位置都是其在工作表中的确切位置。绝对单元格引用的形式为:A1、B1,以此类推。有些单元格引用是混合型的,如$A1、B$1,称为混合引用。绝对行引用的形式为 A$1、B$1,以此类推。绝对列引用的形式为$A1、$B1,以此类推。与相对引用不同,当跨越行和列复制公式时,绝对引用不会自动调整。

④ 相对引用与绝对引用之间的切换。

如果创建了一个公式并希望将相对引用更改为绝对引用(反之亦然),则先选定包含该公式的单元格,然后在编辑栏中选择要更改的引用并按 F4 键。每次按 F4 键时,Excel 2010 会在以下组合间切换:绝对列与绝对行(例如,C1);相对列与绝对行(C$1);绝对列与相对行($C1);相对列与相对行(C1)。例如,在公式中选择地址A1 并按 F4 键,引用将变为 A$1;再一次按 F4 键,引用将变为$A1;以此类推。

(6) 显示公式或值。

默认情况下,单元格中显示的是公式结果,而不是公式内容(公式内容显示在编辑栏中)。如果双击显示公式结果的单元格,则该单元格中将显示公式内容。如果要使工作表上所有公式在显示公式内容与显示公式结果之间切换,则按 Ctrl+`键(位于键盘左侧,与"~"为同一键)。

2. 函数

函数是一种预设的公式,它在得到输入值以后就会执行运算操作,然后返回结果值。使用函数可以简化和缩短工作表中的公式,特别适用于执行繁长或复杂计算的公式。函数的结构以函数名称开始,后面是左圆括号、以逗号分隔的参数和右圆括号。如果函数以公式的形式出现,则在函数名称前面输入等号"="。

在单元格中应用函数的主要方法有以下三种:

(1) 利用"编辑栏"中的"插入函数"按钮。

单击"编辑栏"中的"插入函数"按钮,在弹出的"插入函数"对话框中选择所需要的函数(如 SUM 函数),单击"确定"按钮,打开"函数参数"对话框,如图 4-18 所示。该对话框显示了有关函数(这里是 SUM 函数)及其参数的信息(主要包括函数的名称、各个参数、函数功能和参数的描述、函数的当前结果和整个公式的结果等)。

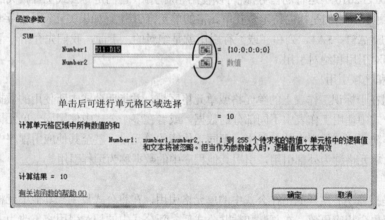

图 4-18 "函数参数"对话框

单击图 4-18 中椭圆内的按钮以后,可以拖动鼠标进行单元格或单元格区域选择。通过这种方法能够改变函数相应参数的值,从而增加函数的灵活性。

(2) 从键盘上直接输入函数或者使用编辑栏最左端的"函数"下拉列表框选择函数。

如果熟悉要应用的函数的语法,则可以直接在单元格中输入函数。当然,在单元格中输入等号"="后,可以在编辑栏最左端的"函数"下拉列表框的下拉列表中选择函数。

注意:函数名不区分大小写,但 Excel 2010 一律显示为大写。

(3) 使用功能区中的"自动求和"按钮。

当进行求和运算时,可以直接单击"开始"选项卡上"编辑"组中的"自动求和"按钮。如果要求平均值、计数、最大(小)值,可以单击"自动求和"按钮旁边的三角形按钮,在下拉菜单中选择相应的函数;如果要应用其他的函数,则单击下拉菜单中的"其他函数"打开"插入函数"对话框,后面的操作与(1)相同。

(4) 出错信息。

如果公式不能正确计算出结果,Excel 2010 将显示一个错误值,如表 4-7 所示。

表 4-7 出错信息表

错 误 值	可能的原因
#####	单元格所含的数字、日期或时间比单元格宽，或者单元格的日期时间公式产生了一个负值
#VALUE!	使用了错误的参数或运算对象类型，或者公式自动更正功能不能更正公式
#DIV/0!	公式被 0（零）除
#NAME?	公式中使用了 Excel 2010 不能识别的文本
#N/A	函数或公式中没有可用数值
#REF!	单元格引用无效
#NUM!	公式或函数中某个数字有问题
#NULL!	试图为两个并不相交的区域指定交叉点

4.3.6 插入对象

通过向工作表中插入对象，例如图形和艺术字，能增强工作表的视觉效果，或者可以起到强调作用。

1．插入剪贴画

剪贴画保存在 Microsoft Office 自身所带的剪辑库中，插入操作的具体过程如下：

（1）单击要插入剪贴画的位置。

（2）单击"插入"选项卡上"插图"组中的"剪贴画"，打开"剪贴画"任务窗格，单击"搜索"按钮，双击要插入的剪贴画，同时功能区中出现"格式"选项卡，如图 4-19 所示。

图 4-19 插入剪贴画

（3）根据要求利用"格式"选项卡对插入的艺术字进行设置。

在 Excel 2010 窗口中，单击插入的剪贴画后，可以进行移动、改变大小、删除等操作；用鼠标右键单击插入的剪贴画，利用弹出的快捷菜单也可以进行相应的操作。事实上，Excel 2010 中的所有对象都可以利用这两种方法进行相应的编辑。

2. 插入艺术字

艺术字是一个文字样式库，可以将艺术字添加到 Excel 文档中以制作出装饰性效果，如带阴影的文字或镜像（反射）文字等。

插入艺术字时，在"插入"选项卡上的"文字"组中单击"艺术字"，然后单击所需要的艺术字样式，当前工作表中出现"请在此放置您的文字"，同时功能区中出现"格式"选项卡。然后，可以输入自己的文字，并利用"格式"选项卡对插入的艺术字进行设置，图 4-20 所示是将插入的艺术字的形状设置成"圆形"。

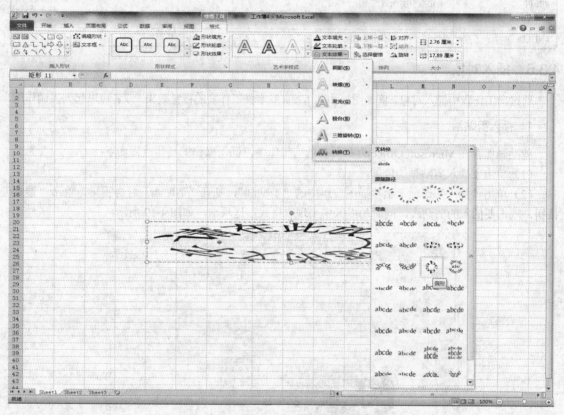

图 4-20　将插入的艺术字的形状设置成"圆形"

3. 插入数学公式

单击要插入数学公式的位置，在"插入"选项卡上的"文字"组中，单击"对象"，打开"对象"对话框，选中"Microsoft 公式 3.0"，单击"确定"按钮，启动"公式编辑器"窗口进行公式的编辑。编辑完成后，单击窗口中除了正在编辑的公式之外的任意地方，即可返回当前工作表。

4. 插入图片

单击要插入图片的位置，在"插入"选项卡上的"插图"组中，单击"图片"，打开"插入图片"对话框，选择所需的文件，单击"插入"按钮。

5. 插入其他对象

利用"插入"选项卡还可以插入其他的对象，如文本框、形状、SmartArt、表格等。

4.3.7 超链接

在默认状态下,超链接是彩色的下划线文本或图形,单击超链接可以跳转到本机系统中的文件、网络共享资源或 Internet 中的某个位置。

1. 创建超链接

(1) 输入或插入用作超链接标记的文本或图形。
(2) 选中超链接标记。
(3) 单击"插入"选项卡上"链接"组中的"超链接",打开"插入超链接"对话框,如图 4-21 所示。
(4) 根据实际需要输入或设置完毕后,单击"确定"按钮。

2. 编辑和取消超链接

如果要编辑超链接,则用鼠标右键单击超链接标记,在弹出的快捷菜单中选中"编辑超链接"选项,打开类似于图 4-21 所示的"编辑超链接"对话框,按实际要求修改即可。

如果要取消超链接,则单击快捷菜单中的"取消超链接"命令;或者在"开始"选项卡上的"编辑"组中,单击"清除"选项,然后在其下拉菜单中根据具体要求选择"清除超链接"或"删除超链接"。

图 4-21 "插入超链接"对话框

4.3.8 批注

有时,可以根据实际需要对一些复杂的公式或者某些特殊单元格中的数据添加相应的注释,这样,用户在以后通过查看这些注释就可以快速清楚地了解和掌握相应的公式和单元格数据了。这些注释在 Excel 2010 中称为"批注"。

1. 插入批注

(1) 单击需要添加批注的单元格。
(2) 在"审阅"选项卡上的"批注"组中,单击"新建批注"。
(3) 在弹出的批注框中输入批注文本。
(4) 完成文本输入后,单击批注框外部的工作表区域。这时,可以发现刚才添加了批注的单元格的右上角出现了一个小红三角,同时,不再显示批注框和批注内容。

2. 查看批注

如果要单独查看某个批注，则将鼠标指针指向含有这个批注的单元格，即可显示该批注内容。如果要查看工作簿中的所有批注，可以在"审阅"选项卡上的"批注"组中，单击"显示所有批注"，或者利用"批注"组中的"下一条"和"上一条"查看每个批注。

3. 编辑批注

单击需要编辑批注的单元格，在"审阅"选项卡上的"批注"组中，单击"编辑批注"；或者用鼠标右键单击该单元格，在弹出的快捷菜单中选择"编辑批注"命令。

4. 复制批注

首先，选择需要复制批注的单元格，单击"开始"选项卡上"剪贴板"组中的"复制"；然后，选择粘贴区域左上角的单元格，单击"开始"选项卡上的"剪贴板"组中的"粘贴"，在弹出的下拉菜单中选择"选择性粘贴"，再在弹出的"选择性粘贴"对话框中选择"批注"，单击"确定"按钮，完成批注的复制。当然，利用右键快捷菜单中的"复制"和"选择性粘贴"选项也可以完成批注的复制。

5. 删除批注

选择要删除批注的单元格，在"审阅"选项卡上的"批注"组中，单击"删除"；或者用鼠标右键单击该单元格，在弹出的快捷菜单中选择"删除批注"命令；或者在"开始"选项卡上的"编辑"组中，单击"清除"，在弹出的下拉菜单中选择"清除批注"。

4.4 Excel 2010 工作表编辑

工作表建立之后，一般都需要对其进行必要的编辑。Excel 2010 提供了强大的编辑功能。单元格内容的编辑既可以在单元格中进行，也可以在编辑栏中进行。

4.4.1 编辑单元格数据

1. 清除单元格数据

单元格可以是空白的，也可以包含数据。单元格中的数据可分为内容、格式和批注三部分。进行清除时，可以全部清除，也可以只清除某一项，比如在 4.3.8 节中讲述的删除批注。

清除单元格数据的操作过程是：选择要清除数据的单元格，在"开始"选项卡上的"编辑"组中，单击"清除"，然后根据具体要求在其下拉菜单中的"全部清除"、"清除格式"、"清除内容"三个选项中选择一项（其他选项在前面已讲述）。如果选择"全部清除"，则清除单元格中的所有信息，包括内容、格式和批注，留下一个空白的单元格。如果选择"清除内容"，则只清除内容。如果选择"清除格式"，则只清除单元格中自定义的格式化信息，而采用默认的格式化信息。

2. 清除整行或整列

选中要清除的行或列，具体清除方法同 1。

3. 在单元格中插入字符

双击要插入字符的单元格，将插入点（即光标）移到要插入字符的位置，输入要插入的字符，按回车键即可。

4. 修改单元格中的数据

双击待修改数据所在的单元格，对其中的内容进行修改。如果要确认所做的改动，则按回车键；如果要取消所做的改动，则按 Esc 键。

4.4.2 管理工作表

在一个工作簿中可以建立多个工作表，并且能很容易地建立不同工作表之间的单元格引用关系。在介绍工作表的管理之前，我们先介绍工作表标签的概念。工作表标签位于工作表名栏区域，是工作簿窗口底端的标签，用于显示工作表的名称。单击工作表标签将激活相应的工作表；如果要显示与工作表操作相关的快捷菜单，则在标签上右击鼠标；如果要滚动显示工作表标签，则使用工作表标签栏左端的工作表控制按钮（参见图4-4）。

1. 选择工作表

如果在当前工作簿中选定了多张工作表，则 Excel 2010 会在所有选定的工作表中重复活动工作表中的改动，这些改动将替换其他工作表中的数据。工作表的选择见表4-8。

表4-8 选择工作表

如果要选定	则 执 行
单张工作表	单击工作表标签
两张以上相邻的工作表	先选定第一张工作表的标签，再按住 Shift 键单击最后一张工作表的标签
两张以上不相邻的工作表	先选定第一张工作表的标签，再按住 Ctrl 键单击其他工作表的标签
工作簿中的所有工作表	用鼠标右键单击工作表标签，然后单击快捷菜单中的"选定全部工作表"命令

2. 插入新工作表

如果要添加一张工作表，则在"开始"选项卡上的"单元格"组中单击"插入"，在其下拉菜单中选择"插入工作表"命令，新插入的工作表将出现在当前工作表之前。如果要插入多张工作表，则需要按住 Shift 键，同时单击并选定与待插入工作表相同数目的工作表标签，然后再在"单元格"组中的"插入"的下拉菜单中选择"插入工作表"命令。

3. 删除工作表

选定待删除的工作表，在"开始"选项卡上的"单元格"组中单击"删除"，在其下拉菜单中选择"删除工作表"命令。

4. 重命名工作表

双击相应的工作表标签，输入新名称覆盖原有名称即可。

5. 移动或复制工作表

用户既可以在一个工作簿中移动或复制工作表，也可以在工作簿之间移动或复制工作表。

（1）在一个工作簿中移动或复制工作表。

如果要在当前工作簿中移动工作表，可以沿工作表标签栏拖动选定的工作表标签；如果要在当前工作簿中复制工作表，则需要在按住 Ctrl 键的同时拖动工作表，并在目的地释放鼠标按键后，再放开 Ctrl 键。

（2）在不同工作簿中移动或复制工作表。

① 如果要将工作表移动或复制到已有的工作簿中，则需要先打开用于接收工作表的工作簿。

② 切换到包含需要移动或复制工作表的工作簿中，再选定要移动或复制的工作表。

③ 在"开始"选项卡上的"单元格"组中，单击"格式"，在其下拉菜单中选择"移动或复制工作表"命令，打开"移动或复制工作表"对话框，如图4-22所示。

④ 在该对话框的"工作簿"下拉列表框中，选择用来接收工作表的工作簿。如果单击"（新工作簿）"，则可将选择的工作表移动或复制到新工作簿中。

⑤ 在该对话框的"下列选定工作表之前"列表框中，单击需要在其前面插入移动或复制工作表的工作表。

⑥ 如果要复制而非移动工作表，则需要选中"建立副本"复选框。

⑦ 最后，单击"确定"按钮。

当然，在工作表标签上单击鼠标右键，从弹出的快捷菜单中选择"移动或复制"，也可以打开"移动或复制工作表"对话框，从而完成工作表的移动或复制。

6. 隐藏工作表和显示隐藏的工作表

选定需要隐藏的工作表，在"开始"选项卡上的"单元格"组中，单击"格式"，在其下拉菜单中选择"隐藏和取消隐藏"命令，再在其级联菜单中选择"隐藏工作表"命令，即可隐藏该工作表。

如果要显示被隐藏的工作表，则可通过如下操作实现：在"隐藏和取消隐藏"的级联菜单中选择"取消隐藏工作表"命令，打开如图4-23所示的"取消隐藏"对话框；在该对话框的"取消隐藏工作表"列表框中，双击需要显示的被隐藏工作表的名称，即可重新显示该工作表。

图4-22 "移动或复制工作表"对话框

图4-23 "取消隐藏"对话框

7. 隐藏工作簿和显示隐藏的工作簿

打开需要隐藏的工作簿，在"视图"选项卡上的"窗口"组中，单击"隐藏"，即可隐藏该工作簿。

如果要显示被隐藏的工作簿，则可通过如下操作实现：在"视图"选项卡上的"窗口"组中，单击"取消隐藏"，出现与图4-23类似的"取消隐藏"对话框；在该对话框的"取消隐藏工作簿"列表框中，双击需要显示的被隐藏工作簿的名称即可重新显示该工作簿。

4.4.3 移动和复制单元格数据

在前面介绍的用鼠标拖动填充柄填充数据的方法实际上就是一种复制单元格中数据的方法，下面再介绍一种移动或复制单元格数据方法：

选定需要移动或复制数据的单元格，将鼠标指向选定区域的选定框，如果要移动选定的单元格，则需要用鼠标将选定区域拖动到粘贴区域的左上角单元格，然后释放鼠标，Excel 2010将以选定区域替换粘贴区域中的任何现有数据；如果要复制选定单元格，则需要先按住 Ctrl 键，再拖动鼠标；如果要在已有单元格间插入单元格，则需要先按住 Shift 键（移动）或 Shift+Ctrl 键（复制），再行拖动；如果要将选定区域拖动到其他工作表上，则需要先按住 Alt 键（移动）或 Alt+Ctrl 键（复制），然后再拖动到目标工作表标签上。

提示： 如果要将单元格移动或复制到不同工作簿中，或是要长距离移动或复制单元格，则应该先选择单元格，然后单击"剪切"（若要移动单元格）或单击"复制"（若要复制单元格），接着，切换到其他工作表或工作簿中，再选择粘贴区域的左上单元格，最后单击"粘贴"。

4.4.4 查找和替换

"查找"功能用来在一个非常大的工作表中搜索用户所需要的数据，"替换"功能则用来将查找到的数据自动用一个新的数据代替。

1. 查找

（1）选定需要搜索的单元格区域。如果要搜索整张工作表，则单击其中的任意单元格。

（2）在"开始"选项卡上的"编辑"组中，单击"查找和替换"，在其下拉菜单中选择"查找"命令，打开"查找和替换"对话框，如图 4-24 所示。

图 4-24 "查找和替换"对话框

（3）在"查找"选项卡的"查找内容"组合框中输入待查找的文字或数字。可以单击"选项"按钮，在出现的下拉列表框和复选框中进行设置，还可以单击出现的"格式"按钮进行所需要的格式设置。

（4）单击"查找下一个"按钮，开始查找。当找到相应的内容后，会把该单元格变为活动单元格。再单击"查找下一个"按钮，将继续查找满足条件的内容。当查找完毕或者要查找的数据不存在时，系统将出现相应的提示。

注意： 如果要查找包含部分公共字符或数字的内容，则可以使用通配符"?"和"*"。其中，"?"代表其位置上的一个任意字符，"*"代表其位置上的任意多个字符。如果查找的内容中包括"?"、"*"或"~"，则把它们放在"~"之后。例如，"QD13~?"将会查找"QD13?"。

2. 替换

（1）选定需要替换的单元格区域。如果要替换整张工作表，则单击其中的任意单元格。

（2）打开图 4-24 所示的"查找和替换"对话框，单击"替换"选项卡，在"查找内容"组合框中输入待查找的文字或数字，在"替换为"组合框中输入替换字符或数字；如果要删除"查找内容"组合框中输入的字符或数字，则使"替换为"组合框为空；可以单击"选项"按钮，在出现的下拉列表框和复选框中进行设置，还可以单击出现的"格式"按钮进行所需要的格式设置。

（3）单击"查找下一个"按钮，如果要逐个替换搜索到的字符，则单击"替换"按钮；如果要替换所有搜索到的字符，则单击"全部替换"按钮。

4.4.5 调整单元格行高和列宽

默认情况下，所有单元格的行高和列宽都是等距的。若不能满足要求，则可以进行调整。

1. 更改列宽

更改某列列宽最常用的方法是通过拖动该列标的右边界来设置所需的列宽。

如果要同时更改多列的列宽，则先选定所有要更改的列，然后拖动其中某一列标的右边界。如果要同时更改工作表中所有列的列宽，则单击"全选"按钮，然后拖动任意列标的右边界。

如果要使列宽适合单元格中的内容，则双击列标的右边界。如果要同时对工作表上的所有列进行此项操作，则单击"全选"按钮，然后双击某一列标的右边界。

如果要人工更改列宽，则选定相应的列，在"开始"选项卡上的"单元格"组中，单击"格式"，在其下拉菜单中选择"列宽"命令，在打开的"列宽"对话框中输入所需的宽度（用数字表示），最后单击"确定"按钮。

如果要将某一列的列宽复制到其他列中，则选定该列中的单元格，单击"开始"选项卡上"剪贴板"组中的"复制"；然后，选定目标列，单击"开始"选项卡上"剪贴板"组中的"粘贴"，在弹出的下拉菜单中选择"选择性粘贴"，再在弹出的"选择性粘贴"对话框中选择"列宽"，单击"确定"按钮，完成列宽的复制。当然，利用右键快捷菜单中的"复制"和"选择性粘贴"选项也可以完成列宽的复制。

2. 更改行高

更改某行行高最常用的方法是通过拖动行号的下边界来设置所需的行高。

如果要使行高适合单元格中的内容，则双击行号的下边界。

如果要同时更改多行的行高，则先选定要更改的所有行，然后拖动其中一个行号的下边界。如果要同时更改工作表中所有行的行高，则单击"全选"按钮，然后拖动任意行的下边界。

4.4.6 插入（删除）行、列和单元格

1. 插入操作

（1）插入行。

如果只需要插入一行，则单击需要插入的新行之下相邻行的行号。例如，如果要在第3行之上插入一行，则单击第3行的行号。如果需要插入多行，则单击需要插入的新行之下相邻的若干行的行号。

注意：请选定与待插入的空行相同数目的数据行。然后，在"开始"选项卡上的"单元格"组中直接单击"插入"，即可插入所需要的行；或者单击"插入"下面的三角形按钮，在弹出的下拉菜单中选择"插入工作表行"命令，同样可插入所需要的行。

（2）插入列。

如果只需要插入一列，则单击需要插入的新列右侧相邻列中的列标。例如，如果要在C列左侧插入一列，则单击C列的列标。如果需要插入多列，则单击需要插入的新列右侧相邻的若干列的列标。

注意：请选定与待插入的空列相同数目的数据列。然后，在"开始"选项卡上的"单元格"组中直接单击"插入"，即可插入所需要的列；或者单击"插入"下面的三角形按钮，在弹出的下拉菜单中选择"插入工作表列"命令，同样可插入所需要的列。

（3）插入单元格。

在需要插入空单元格处选定相应的单元格区域。注意，选定的单元格数目应与待插入的空单元格

的数目相同。然后，在"开始"选项卡上的"单元格"组中，直接单击"插入"，即可插入所需要的单元格，且原来选中的单元格下移；或者单击"插入"下面的三角形按钮，在弹出的下拉菜单中选择"插入单元格"命令，打开"插入"对话框，如图4-25所示，根据需要选择"活动单元格右移"或"活动单元格下移"单选按钮，单击"确定"按钮，即可插入所需要的单元格，且原来选中的单元格右移或下移。

注意：在"插入"对话框中，如果选择"整行"或"整列"单选按钮，则可以插入行或列。

2．删除操作

（1）删除行或列。

先选定要删除的行或列，然后在"开始"选项卡上的"单元格"组中直接单击"删除"，即可删除所选中的行或列；或者单击"删除"下面的三角形按钮，在弹出的下拉菜单中选择"删除工作表行"或"删除工作表列"命令，同样可删除所选中的行或列。同时，下边的行或右边的列将自动移动并填补删除后的空缺。

（2）删除单元格。

先选定要删除的单元格，然后在"开始"选项卡上的"单元格"组中直接单击"删除"，即可删除所选中的单元格，且下方的单元格将自动上移并填补删除后的空缺；或者单击"删除"下面的三角形按钮，在弹出的下拉菜单中选择"删除单元格"命令，打开"删除"对话框，如图4-26所示，根据需要选择"右侧单元格左移"或"下方单元格上移"单选按钮，单击"确定"按钮，即可删除所需要的单元格，且右侧的单元格左移或下方的单元格上移并填补删除后的空缺。

注意：在"删除"对话框中，如果选择"整行"或"整列"单选按钮，则可以删除行或列。

图4-25 "插入"对话框

图4-26 "删除"对话框

4.4.7 工作表拆分与还原

要单独查看或滚动工作表的不同部分，可以将工作表水平或垂直拆分成多个单独的窗格。将工作表拆分成多个窗格后，就可以同时查看工作表的不同部分。这种方法有时非常有用，例如，当需要在较大工作表中的不同区域间粘贴数据时。

拆分工作表的操作过程为：在垂直滚动条的顶端或水平滚动条的右端，将鼠标指针指向分割框，当鼠标指针变为分割指针 ╫ 或 ╪ 后，将分割框向下或向左拖至所需的位置即可。

如果要将拆分后的窗格还原成一个窗口，则可以双击分割条上的任意点。

4.4.8 隐藏、恢复和锁定行（列）

1．隐藏行或列

用户可以隐藏未被使用或不希望其他用户看到的行和列，其方法是：选定需要隐藏的行或列；在

"开始"选项卡上的"单元格"组中,单击"格式",在其下拉菜单中选择"隐藏和取消隐藏"命令,再在其级联菜单中选择"隐藏行"或"隐藏列"命令,即可隐藏选中的行或列。

2. 恢复隐藏的行或列

如果要显示被隐藏的行,则选定其上方和下方的行;如果要显示被隐藏的列,则选定其左侧和右侧的列。然后,在"开始"选项卡上的"单元格"组中,单击"格式",在其下拉菜单中选择"隐藏和取消隐藏"命令,再在其级联菜单中选择"取消隐藏行"或"取消隐藏列"命令,即可显示被隐藏的行或列。

注意: 如果隐藏了工作表的首行或首列,则在"编辑栏"的"名称框"中输入 A1,然后按回车键;或者单击"全选按钮"选择所有单元格。然后,在"开始"选项卡上的"单元格"组中,单击"格式",在其下拉菜单中选择"隐藏和取消隐藏"命令,再在其级联菜单中选择"取消隐藏行"或"取消隐藏列"命令,即可显示被隐藏的首行或首列。

3. 行或列的锁定(冻结)

为了在滚动工作表时保持行或列标志或者其他数据可见,可以"冻结"顶部的一些行和(或)左边的一些列。这样,在工作表中的其他部分滚动时,被"冻结"的行或列将始终保持可见而不会滚动。

其操作过程为:如果要在窗口顶部生成水平冻结窗格,则选定待拆分处下边一行;如果要在窗口左侧生成垂直冻结窗格,则选定待拆分处右边一列;如果要同时生成顶部和左侧冻结的窗格,则单击待拆分处右下方的单元格。然后,在"视图"选项卡上的"窗口"组中,单击"冻结窗格"命令,在其下拉菜单中单击"冻结拆分窗格"。如果要冻结首行或首列,则在"视图"选项卡上的"窗口"组中单击"冻结窗格"命令,在其下拉菜单中单击"冻结首行"或"冻结首列"。

如果要取消冻结,则在"视图"选项卡上的"窗口"组中单击"冻结窗格"命令,在其下拉菜单中单击"取消冻结窗格"。

4.5 Excel 2010 工作表格式化

Excel 2010 提供的格式化功能和工具,可使数据表格达到非常理想的效果。

4.5.1 单元格格式化

单元格的格式定义包括六部分:数字、对齐、字体、边框、填充和保护。我们既可以对工作表的所有单元格进行同样的格式定义,也可以对部分单元格进行各不相同的格式定义。单元格的格式化操作必须先选择要进行格式化的单元格,然后才能进行相应的格式化操作。

1. 使用"单元格格式"对话框

先选择要进行格式化的单元格或单元格区域,然后在"开始"选项卡上的"单元格"组中,单击"格式",在其下拉菜单中选择"设置单元格格式"命令(或者单击右键快捷菜单中的"设置单元格格式"命令),出现如图 4-27 所示的"设置单元格格式"对话框。

在"数字"选项卡中,可以对各种类型的数据进行相应的显示格式设置;在"对齐"选项卡中,可以对单元格中的数据进行水平对齐、垂直对齐以及方向的格式设置;在"字体"选项卡中,可以对字体、字形、大小、颜色等进行格式定义;在"边框"选项卡中,可以对单元格的外边框以及边框类型、颜色等进行格式定义;在"填充"选项卡中,可以对单元格背景色的颜色和图案等进行定义;在"保护"选项卡中,可以进行单元格的保护设置。

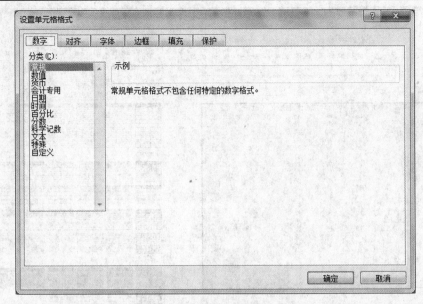

图 4-27 "设置单元格格式"对话框

2. 使用"开始"选项卡上的"字体"、"对齐方式"和"数字"等组

先选择要进行格式化的单元格或单元格区域，然后单击"开始"选项卡上的"字体"、"对齐方式"和"数字"等组中的相应按钮。例如，要把 A1 单元格中的内容"学生成绩表"作为标题且居于单元格 A1 至 I1 所占宽度的中间，其操作方法是：单击 A1 单元格，并拖动鼠标至 I1 单元格，然后单击"对齐方式"组中的"合并后居中"按钮。注意，被跨列居中的内容仍属于 A1 单元格，只是占用了其他的单元格来显示。

3. 快速复制格式

单元格的格式信息可以被复制，使得复制的单元格和被复制的单元格的字体、颜色、对齐、边框、填充和数据显示等格式都一样。这可以利用"开始"选项卡上"剪贴板"组中的"格式刷"来实现。具体操作过程为：先选择被复制格式的单元格，再单击"格式刷"，然后选择要复制格式的单元格。如果要连续复制多个单元格或单元格区域，则同样先选择被复制格式的单元格，再双击"格式刷"，然后逐一选择要复制格式的单元格，复制结束后再单击"格式刷"。

4.5.2 套用表格格式

Excel 2010 精心设计了一些表格格式供用户自动套用，这样不仅可以美化工作表，而且还节约了大量的时间。这些表格已经设置好了数字、字体、对齐方式、列宽、行高、边框和底纹等格式，用户可以全部或有选择地套用它们。

先选择要格式化的区域，然后在"开始"选项卡上的"样式"组中，单击"套用表格格式"，弹出下拉菜单，如图 4-28 所示。

在"套用表格格式"下拉菜单中选择所需要的样式，弹出"套用表格式"对话框，根据需要进行设置后，单击"确定"按钮，即可将该样式应用到所选中的单元格区域上，同时功能区中出现"设计"选项卡，如图 4-29 所示。

如果想更改套用的表格格式，则使用"设计"选项卡进行相应的操作。

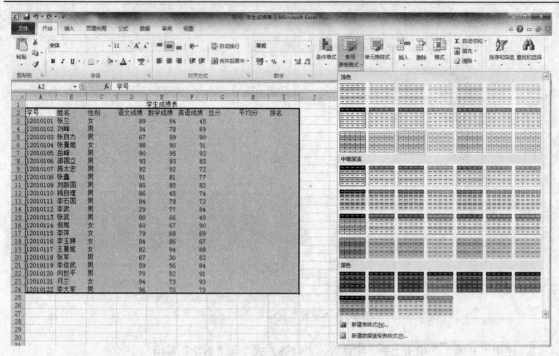

图 4-28 "套用表格格式"下拉菜单

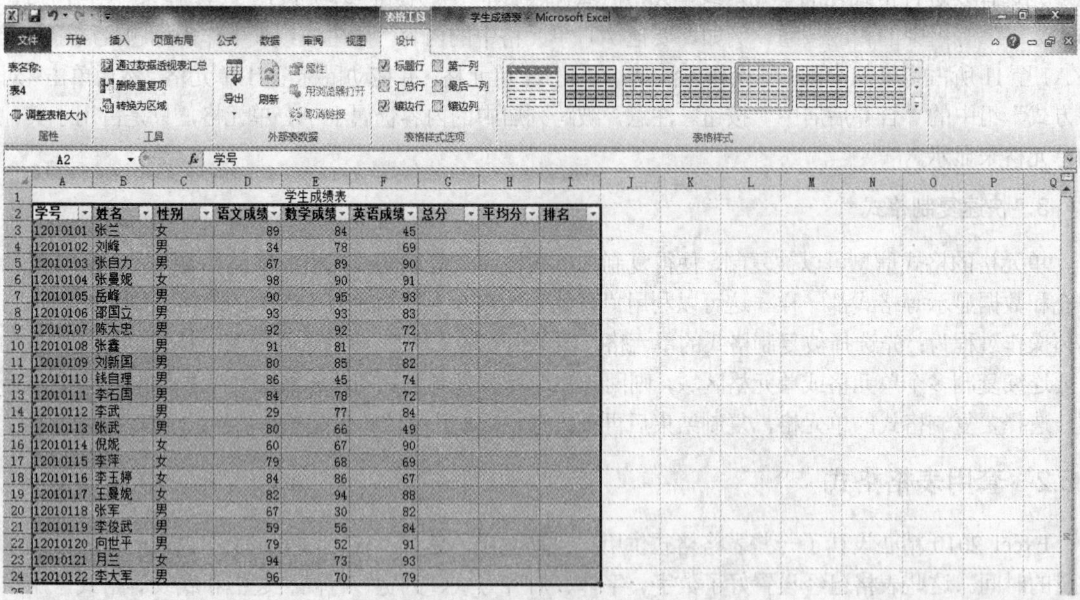

图 4-29 "设计"选项卡

4.5.3 条件格式

如果单元格中包含要监视的公式结果或其他单元格的值,则可通过应用条件格式来标识单元格。

先选择要突出显示的单元格,然后在"开始"选项卡上的"样式"组中,单击"条件格式",根据需要在弹出的下拉菜单进行选择,这里选择"新建规则",打开"新建格式规则"对话框,如图 4-30 所示。

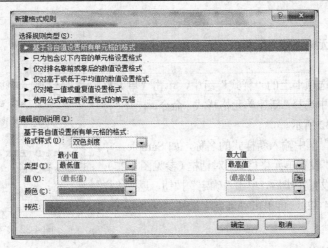

图 4-30 "新建格式规则"对话框

在该对话框中,根据具体要求先在"选择规则类型"列表框中选择一种规则,然后在"编辑规则说明"框中进行设置,最后单击"确定"按钮。

例如,图 4-29 中的表格应用图 4-30 中的规则后的情形如图 4-31 所示。

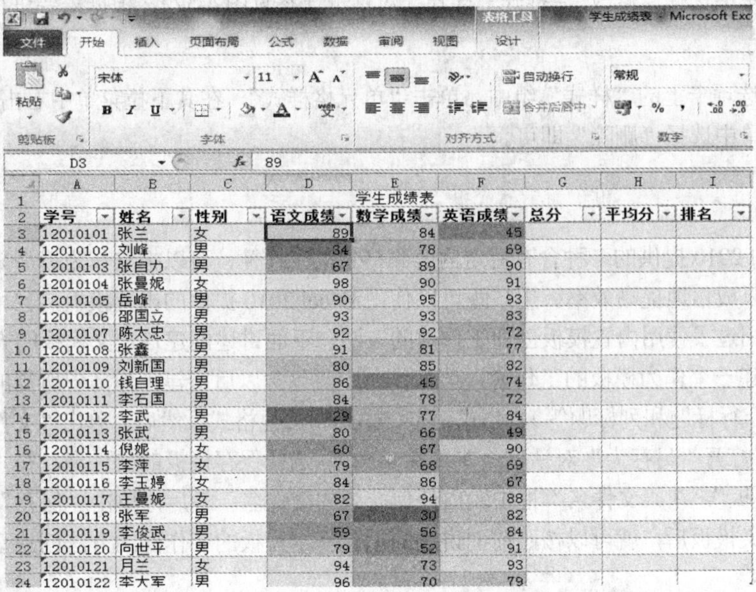

图 4-31 "条件格式"示例

如果要清除规则对单元格所起的作用,则在"开始"选项卡上的"样式"组中,单击"条件格式",在弹出的下拉菜单中选择"清除规则",再在其级联菜单中根据需要进行选择。

另外,在"条件格式"的下拉菜单中选择"管理规则",打开"条件格式规则管理器"对话框,可以新建规则、编辑规则和删除规则。

4.5.4 样式

样式是可以定义并成组保存的格式设置集合,如字体大小、图案、对齐方式等。新建的工作簿采用 Excel 2010 提供的内部样式,即"常规"样式。用户可以在"常规"样式的基础上建立自己的样式。

1. 创建样式

（1）选定一个单元格，该单元格中含有新样式中要包含的格式组合。

（2）在"开始"选项卡上的"样式"组中，单击"单元格样式"，在其下拉菜单中选择"新建单元格样式"命令，打开"样式"对话框，如图 4-32 所示。

（3）在"样式名"框中输入新样式的名称，如 Sample，单击"格式"按钮，打开"设置单元格格式"对话框（参见图 4-27），根据需要和实际情况设置完毕后，单击"确定"按钮，返回"样式"对话框（参见图 4-32），再单击"确定"按钮。

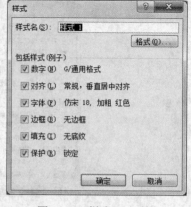

图 4-32 "样式"对话框

2. 应用样式

选择要设置格式的单元格，在"开始"选项卡上的"样式"组中，单击"单元格样式"，在其下拉菜单中选择所需要的样式。

3. 修改样式

在"开始"选项卡上的"样式"组中，单击"单元格样式"，在其下拉菜单中右击要修改的样式，在弹出的快捷菜单中选择"修改"，打开"样式"对话框（参见图 4-32），根据需要进行修改即可。

4. 删除样式

在"开始"选项卡上的"样式"组中，单击"单元格样式"，在其下拉菜单中右击要删除的样式，在弹出的快捷菜单中选择"删除"即可。

4.5.5 模板

模板是 Excel 2010 提供的一种含有特定内容和格式的工作簿，可以把它作为模型来建立与之类似的其他工作簿，以成倍地提高效率。用户既可以使用 Excel 2010 提供的内置模板，也可以自己创建模板。前面已经介绍过了使用内置模板创建工作簿的方法，下面讲述创建自定义模板的方法。

首先，要创建一个作为模板的工作簿，该工作簿中要包含以后新建工作簿中所需的工作表、默认文本（如页标题、行标题和列标题等）、公式、宏、样式和其他格式。然后，单击"文件"选项卡中的"另存为"命令，打开"另存为"对话框（参见图 4-13），选择保存模板的文件夹，在"保存类型"框中选择"Excel 模板"，在"文件名"框中输入任何有效的文件名。最后，单击"保存"按钮。

创建了自定义模板后，就可以按照前面讲述的创建基于模板的工作簿的方法创建基于该模板的工作簿了。

4.6 Excel 2010 数据库管理

Excel 2010 并不是数据库管理系统，只是把工作表中的数据清单当作数据库，利用 Excel 2010 提供的组织、管理和处理数据的功能对数据清单进行排序、筛选、分类汇总、统计和查询等类似数据库管理的操作。

4.6.1 数据清单

1. 数据清单的概念

数据清单（也称 Excel 数据库）是包含相关数据的一系列工作表数据行，如一组客户名称和联系电话。数据清单可以像数据库一样使用，其中行表示记录，列表示字段。数据清单的第一行中含有列标题，即字段名。在执行数据库操作（如查询、排序等）时，Excel 2010 会自动将数据清单视作数据库，并使用下列数据清单中的元素来组织数据：数据清单中的列是数据库中的字段；数据清单中的列标题是数据库中的字段名称；数据清单中的每一行对应数据库中的一条记录。

数据清单的结构和格式，即在工作表上创建数据清单的准则如下。

（1）每张工作表仅使用一个数据清单：避免在一张工作表上建立多个数据清单，这是因为某些清单管理功能（如筛选等）一次只能在一个数据清单中使用。

（2）将相似项置于同一列：在设计数据清单时，应使同一列中的各行具有相似的数据项。

（3）使数据清单独立：在工作表的数据清单与其他数据间至少应留出一个空列和一个空行。在执行排序、筛选或自动汇总等操作时，这将有利于 Excel 2010 检测和选定数据清单。

（4）将关键数据置于数据清单的顶部或底部：避免将关键数据放到数据清单的左右两侧，这是因为这些数据在筛选数据清单时可能会被隐藏。

（5）显示行和列：在修改数据清单之前，要确保隐藏的行或列已经被显示。如果数据清单中的行和列未被显示，那么数据有可能会被删除。

（6）使用带格式的列标题：要在清单的第一行中创建列标题。Excel 2010 将使用列标题创建报告，并查找和组织数据。对于列标题，请使用与数据清单中的数据不同的字体、对齐方式、格式、图案、边框或大小写类型等。在输入列标题之前，要将单元格设置为文本格式。

（7）使用单元格边框：如果要将标题和其他数据分开，则使用单元格边框（而不是空格或短画线）在标题行下插入直线。

（8）避免空行和空列：避免在数据清单中放置空行和空列，这将有利于 Excel 2010 检测和选定数据清单。

（9）不要在前面或后面输入空格：单元格开头和末尾的多余空格会影响排序与搜索，但可以使用缩进单元格内文本的方法来代替输入空格。

（10）扩展清单格式和公式：向清单末尾添加新的数据行时，Excel 2010 会使用一致的格式和公式，以使其与前面的行相匹配，并自动复制每行中重复的公式。

2．设计数据清单

设计数据清单的主要工作就是决定列标题的个数和名称，也就是决定 Excel 数据库的字段个数和字段名称。字段名称可以是汉字、英文或汉语拼音等。例如，要统计某班学生的语文成绩、数学成绩和英语成绩，则可以设计学号、姓名、性别、语文成绩、数学成绩、英语成绩、总分、平均分和排名等 9 个字段。然后，就可以按照前面讲述的内容中的方法输入数据了。最后，数据清单如图 4-33 所示。

3．编辑数据

（1）利用"记录单"查看、编辑记录。

在默认情况下，Excel 2010 不显示"记录单"功能。因此，可以将"记录单"功能添加到"自定义快速访问工具栏"中，方法如下：首先打开"Excel 选项"对话框，单击左侧的"快速访问工具栏"；然后在右侧的"从下列位置选择命令"下拉列表框中选择"不在功能区中的命令"，再在下面的列表框中选择"记录单"命令，单击"添加"按钮；最后单击"确定"按钮。这样，在 Excel 2010 窗口的"自定义快速访问工具栏"中就可以使用"记录单"功能了。

"记录单"是一种对话框，利用它可以很方便地在数据清单中一次输入或显示一行完整的信息或记录，也可以利用它查找和删除记录。

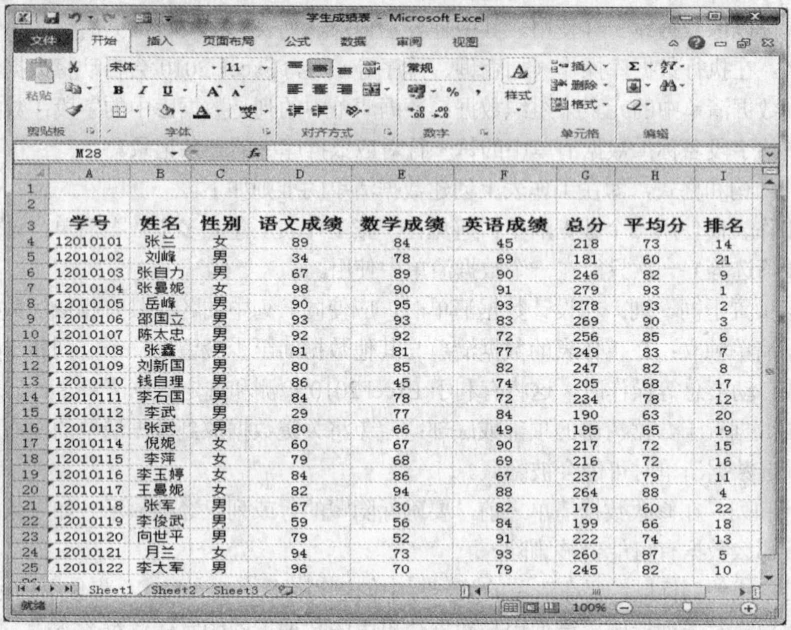

学号	姓名	性别	语文成绩	数学成绩	英语成绩	总分	平均分	排名
12010101	张兰	女	89	84	45	218	73	14
12010102	刘峰	男	34	78	69	181	60	21
12010103	张自力	男	67	89	90	246	82	9
12010104	张曼妮	女	98	90	91	279	93	1
12010105	岳峰	男	90	95	93	278	93	2
12010106	邵国立	男	93	93	83	269	90	3
12010107	陈太忠	男	92	92	72	256	85	6
12010108	张鑫	男	91	81	77	249	83	7
12010109	刘新国	男	80	85	82	247	82	8
12010110	钱自理	男	86	45	74	205	68	17
12010111	李石国	男	84	78	72	234	78	12
12010112	李武	男	29	77	84	190	63	20
12010113	张武	男	80	66	49	195	65	19
12010114	倪妮	女	60	67	90	217	72	15
12010115	李萍	女	79	68	69	216	72	16
12010116	李玉婷	女	84	86	67	237	79	11
12010117	王曼妮	女	82	94	88	264	88	4
12010118	张军	男	67	30	82	179	60	22
12010119	李俊武	男	59	56	84	199	66	18
12010120	向世平	男	79	52	91	222	74	13
12010121	月兰	女	94	73	93	260	87	5
12010122	李大军	男	96	70	79	245	82	10

图 4-33　数据清单示例

选择图 4-33 中数据清单中的任一单元格，单击“自定义快速访问工具栏”中的“记录单”命令，出现图 4-34 所示的对话框。对话框左侧显示第一条记录各字段的数据，右侧最上面显示当前数据清单中的总记录数和当前显示的是第几条记录。单击“上一条”和“下一条”按钮可以看到其他记录，也可以通过该对话框上的垂直滚动条来查看记录。当记录很多时，利用“条件”按钮可以快速查找某些特定的记录。例如，查找数学成绩大于 80 分的记录的方法是：在图 4-34 中，单击“条件”按钮，出现一条空白记录，在数学成绩栏中输入“>80”，单击“上一条”和“下一条”按钮，在对话框中就只显示符合条件的记录了。若要删除某记录，则先显示该记录，再单击“删除”按钮，系统会弹出一个对话框等待确认。若要添加记录，则单击“新建”按钮，出现一条空白记录，输入各字段的值即可。若要修改某记录，只需直接修改即可；如果想恢复，则单击“还原”按钮。最后，单击“关闭”按钮。

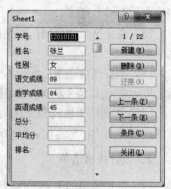

图 4-34　记录单对话框

（2）利用“工作表编辑”方法编辑数据清单的数据。

数据清单中的数据编辑与前面讲述的工作表中的数据编辑是一样的，只是换了个说法而已，将行和列分别看成了记录和字段。因此，前面讲述的工作表数据的编辑方法在这里同样适用。

4.6.2　排序

在 Excel 2010 中，排序是排列数据的一种方式，可以对一列或多列中的数据按文本、数字以及日期和时间进行排序（有升序（如 1 到 9）和降序（如 9 到 1）两种），也可以按自定义序列（如大、中和小）或格式（包括单元格颜色、字体颜色或图标集）进行排序。大多数排序操作都是列排序，但是也可以按行进行排序。

在默认情况下，按升序排序时采用如下次序（在按降序排序时，除了空格总是在最后外，其他的排序次序反转）：数字（从最小的负数到最大的正数）、文本以及包含数字的文本（按字母先后顺序排

序，即 0~9 空格 !"#$%&()*,./:;?@[\]^_`{|}~+<=>A~Z)、逻辑值（FALSE 在 TRUE 之前）、错误值（所有错误值的优先级相同）、空格（始终排在最后）。

1. 多关键字排序

下面以图 4-33 中的数据清单为例讲述排序，要求先按语文成绩从高到低排列，若语文成绩相同再按数学成绩从低到高排列。其操作过程是：

（1）单击要进行排序的数据清单中的任一单元格。

（2）在"开始"选项卡上的"编辑"组中，单击"排序和筛选"，选择下拉菜单中的"自定义排序"命令，打开如图 4-35 所示的"排序"对话框。

图 4-35 "排序"对话框

（3）在"列"下面的"主要关键字"下拉列表框中选择"语文成绩"，在同一行的"排序依据"和"次序"下面的下拉列表框中分别选择"数值"和"降序"。

（4）单击"添加条件"按钮，在"列"下面新出现的"次要关键字"下拉列表框中选择"数学成绩"，在"排序依据"和"次序"下面新出现的下拉列表框中分别选择"数值"和"升序"。

（5）单击"确定"按钮，排序结果如图 4-36 所示。

图 4-36 排序后的数据清单

2. 自定义序列排序

在有些情况下，不能按照默认的次序进行排序，那么就得采用自定义排序次序。它是一种不按照字母和数字顺序的排序方式。例如，按照星期日、星期一、星期二、…、星期六或者初级、中级、高级的次序进行排序。这时，应该使用 Excel 2010 提供的自定义序列顺序，其操作过程如下：

（1）在图 4-17 所示的"自定义序列"对话框中先创建作为排序次序的自定义序列。

（2）单击要进行排序的数据清单中的任一单元格。

（3）在图 4-35 所示的"排序"对话框中，选择排序的关键字和依据，再在同一行的"次序"下面的下拉列表框中选择"自定义序列"，自动弹出"自定义序列"对话框，从中选择事先创建好的作为排序次序的自定义序列。如果没有事先创建好作为排序次序的自定义序列，即省略了步骤（1），则可以在该步骤中自动弹出的"自定义序列"对话框中选择"新序列"来创建作为排序次序的自定义序列。

（4）单击"确定"按钮，返回"排序"对话框，全部设置完毕后，再单击"确定"按钮，即可看到排序结果。

3. 单关键字排序

如果只按一个关键字进行排序，可以不用打开"排序"对话框，直接单击"开始"选项卡上的"编辑"组中"排序和筛选"下拉菜单中的"升序"或"降序"命令。

4. 按行排序

在某些情况下，要求根据行的内容进行排序，从而使得列的次序改变，而行的顺序保持不变。具体操作方法是：在图 4-35 中，单击"选项"按钮，在"方向"单选按钮组中单击"按行排序"，然后单击"确定"按钮。

5. 按笔划排序

如果不按默认的字母排序，而是按笔划排序，则在图 4-35 中，单击"选项"按钮，在"方法"单选按钮组中单击"笔划排序"，然后单击"确定"按钮。

6. 利用"数据"选项卡排序

在"数据"选项卡的"排序和筛选"组中，也有实现单关键字排序的"升序"或"降序"命令，以及打开"排序"对话框的"排序"命令。

4.6.3 筛选

筛选是查找和处理数据清单中数据子集的快捷方法。筛选清单仅显示满足条件的行，该条件由用户针对某列指定。Excel 2010 提供了两种筛选清单命令：自动筛选（包括按选定内容筛选，适用于简单条件）和高级筛选（适用于复杂条件）。与排序不同，筛选并不重排清单，只是暂时隐藏不必显示的行。筛选行时，可以对清单子集进行编辑、设置格式、制作图表和打印，而不必重新排列或移动。注意，一次只能对工作表中的一个数据清单使用筛选命令。

（1）自动筛选。

单击需要筛选的数据清单中任一单元格，在"开始"选项卡上的"编辑"组中，单击"排序和筛选"，在其下拉菜单中选择"筛选"命令，则在每个字段名右侧均出现一个下拉箭头。如果要只显示含有特定值的数据行，则可以先单击含有待显示数据的数据列上端的下拉箭头，再单击需要显示的数值。如果要使用基于另一列中数值的附加条件，则需要在另一列中重复上述操作。如果要使用同一列中的两个数值筛选数据清单，或者使用比较运算符而不是简单的"等于"，则需要先单击数据列上端的下拉箭头，再单击"文本筛选"或"数字筛选"等级联菜单中的"自定义筛选"命令，打开图 4-37 所示的"自定义自动筛选方式"对话框进行设置。

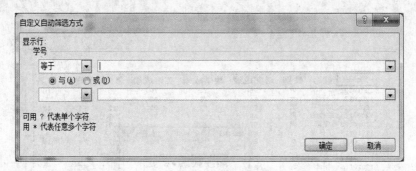

图 4-37 "自定义自动筛选方式"对话框

另外，在"数据"选项卡上的"排序和筛选"组中，单击"筛选"，也可以实现自动筛选。

（2）高级筛选。

如果要进行高级筛选，则在工作表的数据清单的上方或下方，至少应有三个能用作条件区域的空行，并且数据清单必须有列标题。其中，条件区域包括条件标志行和条件行，条件标志行存放的是数据清单中的列标题，条件行中存放的是条件标志行中列标题对应的条件。

下面以图 4-33 所示的数据清单为例讲述高级筛选，要求筛选出语文成绩大于等于 90 分或英语成绩大于等于 90 分的数据。其操作过程是：

① 选择数据清单中含有要筛选值的列的列标"语文成绩"和"英语成绩"，单击"复制"。

② 选择条件区域的第一个空白行，这里选择数据清单下方的第二个空白行，然后单击"粘贴"。请确认在条件区域与数据清单之间至少要留一个空白行。

③ 在条件区域的"语文成绩"下面的一行中，输入所要匹配的条件">=90"；在条件区域的"英语成绩"下面与"语文成绩"的条件的不同行中，输入所要匹配的条件">=90"。注意，同一行的条件是"与"的逻辑关系，不同行的条件是"或"的逻辑关系。

④ 单击数据清单中的任一单元格，在"数据"选项卡上的"排序和筛选"组中，单击"高级"，打开"高级筛选"对话框，如图 4-38 所示。

⑤ 如果要通过隐藏不符合条件的数据行来筛选数据清单，则单击"在原有区域显示筛选结果"单选按扭；如果要通过将符合条件的数据行复制到工作表的其他位置来筛选数据清单，则单击"将筛选结果复制到其他位置"单选按扭，再在"复制到"编辑框中单击鼠标，然后单击粘贴区域的左上角；在"条件区域"编辑框中，输入条件区域的引用，或者单击右端的 ![] 到工作表中选择。设置完成后的"高级筛选"对话框参见图 4-38。

⑥ 单击"确定"按钮，高级筛选的结果如图 4-39 所示。

注意： 使用高级筛选时，不会出现自动筛选下拉箭头。要更改筛选数据的方式，可更改条件区域中的值，并再次筛选数据。

（3）取消筛选。

如果要在数据清单中取消对某一列进行的筛选，则单击该列字段名右端的下拉箭头，再单击"全选"复选框；如果要在数据清单中取消对所有列进行的筛选，则在"数据"选项卡上的"排序和筛选"组中，或者在"开始"选项卡上的"编辑"组中的"排序和筛选"下拉菜单中，单击"清除"；如果要撤销数据清单中的筛选箭头，则在"数据"选项卡上的"排序和筛选"组中，或者在"开始"选项卡上的"编辑"组中的"排序和筛选"下拉菜单中，单击"筛选"。

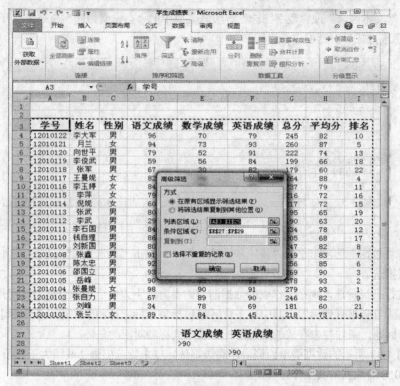

图 4-38 "高级筛选"对话框

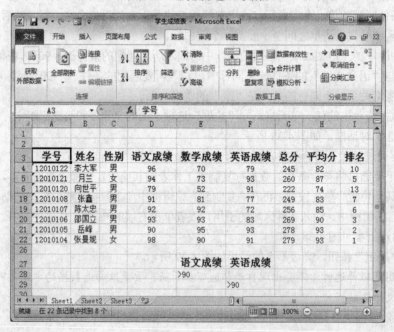

图 4-39 高级筛选结果

4.6.4 分类汇总

分类汇总可以对 Excel 数据库(数据清单)中的某个字段提供"求和"和"平均值"等汇总计算,并能将计算结果分类别显示出来。

注意：数据清单中必须包含带有标题的列，并且数据清单必须在要进行分类汇总的列上排序。

下面以图 4-33 所示的数据清单为例讲述分类汇总，统计男生和女生各自的总分（即按性别分类汇总），其操作过程为：

（1）按 4.6.2 节中讲述的方法对"性别"列进行排序。

（2）单击数据清单中的任一单元格，在"数据"选项卡上的"分级显示"组中，单击"分类汇总"，弹出如图 4-40 所示的"分类汇总"对话框。

图 4-40 "分类汇总"对话框

（3）在"分类字段"下拉列表框中选择"性别"，这是要分类汇总的字段名；在"汇总方式"下拉列表框中选择"求和"；在"选定汇总项"下面的列表框中只选中"总分"复选框；因为结果要显示在数据列表的下面，所以选中"汇总结果显示在数据下方"复选框。

（4）设置完毕，单击"确定"按钮，结果如图 4-41 所示。

图 4-41 左上方的 1、2、3 按钮可以控制显示或隐藏某一级别的明细数据，通过左侧的"＋"、"－"号也可以实现这一功能。

如果需要更详细的汇总数据，可以分别对两类及以上的数据进行分类汇总。先对要进行分类汇总的多列数据进行多关键字排序；再按照上面的方法对第一类数据进行分类汇总；然后再用同样的方法对第二类数据进行分类汇总，只是要取消"替换当前分类汇总"复选框；继续对其他数据进行分类汇总，都要取消"替换当前分类汇总"复选框；最后单击"确定"按钮。

如果想清除分类汇总回到数据清单的初始状态，则单击图 4-40 所示的"分类汇总"对话框中的"全部删除"按钮。

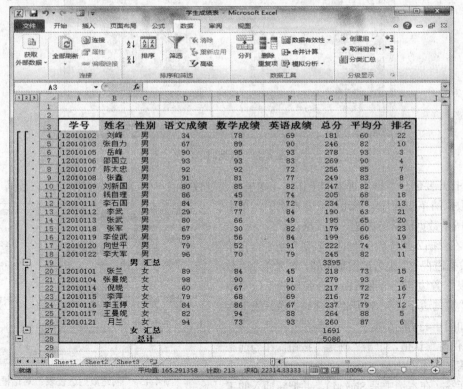

图 4-41 分类汇总结果

4.6.5 数据透视表和数据透视图

数据透视表对于汇总、分析、浏览和呈现汇总数据非常有用，数据透视图则有助于形象地呈现数据透视表中的汇总数据，以便用户轻松地查看并比较模式和趋势。这两种报表都能让用户就企业中的关键数据做出明智的决策。

1. 数据透视表

数据透视表是用于快速汇总大量数据的交互式表格，是一种交互的、交叉制表的 Excel 报表，用于对多种来源（包括 Excel 的外部数据）的数据（如数据库记录）进行汇总和分析。用户可以旋转其行或列以查看对源数据的不同汇总，还可以通过显示不同的页来筛选数据，也可以显示所关心区域的明细数据。

（1）创建数据透视表。

下面以图 4-42 所示的数据清单为例，建立一个按商品名称统计的各营业员每天的总销售额数据透视表，其操作过程为：

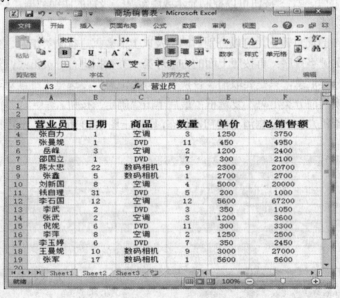

图 4-42 数据清单示例

① 打开要创建数据透视表的工作簿，如果要通过数据清单（Excel 数据库）建立数据透视表，则单击数据清单中的任一单元格。在本例中，单击图 4-42 所示数据清单中的任一单元格。

② 在"插入"选项卡上的"表格"组中，直接单击"数据透视表"上方的图形按钮，或者单击"数据透视表"旁边的三角形按钮，在弹出的下拉菜单中选择"数据透视表"，打开"创建数据透视表"对话框，如图 4-43 所示。

③ 保持默认值，单击"确定"按钮，在当前工作表标签（在本例中是 Sheet2）左侧自动插入一个工作表标签（在本例中是 Sheet4），并把新插入的工

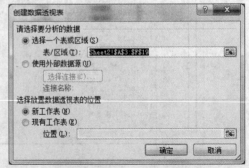

图 4-43 "创建数据透视表"对话框

作表（在本例中是 Sheet4）作为当前工作表，同时功能区中出现"选项"和"设计"选项卡，如图 4-44 所示。

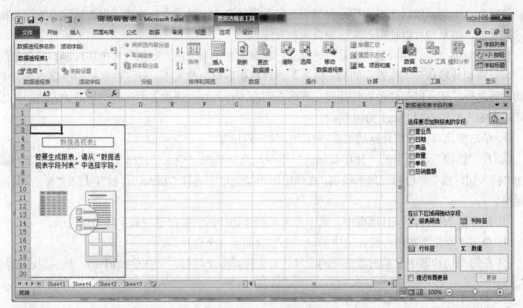

图 4-44 设计数据透视表版式

④ 在图 4-44 所示的"数据透视表字段列表"任务窗格中，将上面"选择要添加到报表的字段"列表框中的相应字段拖到下面"在以下区域间拖动字段"中的各个区域中：拖动"营业员"字段到"行标签"空白区域中，拖动"商品"字段到"列标签"空白区域中，拖动"总销售额"字段到"数值"空白区域中，拖动"日期"字段到"报表筛选"空白区域中。在拖动各个字段的同时，图 4-44 左侧的数据透视表区域会随着变化。

注意：拖放到"行标签"中的字段变成了行标题；拖放到"列标签"中的字段变成了列标题；拖放到"数值"中的字段相当于选择了"分类汇总"命令；拖放到"报表筛选"中的字段按钮相当于选择了"自动筛选"命令。另外，每个区域都可以包含多个字段，也可以在四个区域中任意拖动字段，还可以从各个区域中删除字段。

（2）修改数据透视表。

创建数据透视表后，可以通过改变字段所在的区域来改变数据透视表的布局；也可以利用功能区中出现的"选项"和"设计"选项卡对数据透视表进行修改；还可以通过在数据透视表中的不同位置右击鼠标，在弹出的快捷菜单中选择相应的命令进行修改和设置。

数据透视表的数据来源于数据源，不能在数据透视表中直接修改数据。如果只是数据源中的数据发生了变化，而数据区域的大小并没有改变，则数据透视表中的数据不会自动随之变化，需要右击鼠标，在弹出的快捷菜单中选择"刷新"命令，才能更新数据透视表中的数据；如果数据源中数据区域的大小发生了变化，则在"选项"选项卡的"数据"组中，直接单击"更改数据源"上方的图形按钮，或者单击"更改数据源"旁边的三角形按钮，在弹出的下拉菜单中选择"更改数据源"，打开"更改数据透视表数据源"对话框，修改完毕后，单击"确定"按钮。

（3）删除数据透视表。

如果要删除数据透视表，则单击数据透视表中的任意位置，在"选项"选项卡上的"操作"组中，单击"清除"，在其下拉菜单中选择"全部清除"命令。

(4) 使用切片器快速筛选数据。

切片器是 Excel 2010 新增的一项非常实用的功能。切片器实际上是为数据透视表中的每个字段单独创建一个选取器,然后在不同的选取器中对字段进行筛选,以完成与数据透视表字段中的筛选按钮相同的功能,但是切片器使用起来更加灵活和方便。

创建切片器之后,切片器将和数据透视表一起显示在工作表上,如果有多个切片器,则会分层显示。可以将切片器移至工作表上的另一位置,然后根据需要调整大小。除了在现有的数据透视表中创建切片器之外,还可以创建独立切片器。下面介绍在现有的数据透视表中创建切片器的方法,关于独立切片器的内容请参阅 Excel 2010 帮助。

① 单击要为其创建切片器的数据透视表中的任意位置。

② 在"选项"选项卡的"排序和筛选"组中,直接单击"插入切片器"上方的图形按钮,或者单击"插入切片器"旁边的三角形按钮,在弹出的下拉菜单中选择"插入切片器",打开"插入切片器"对话框。

③ 在"插入切片器"对话框中,选中要为其创建切片器的数据透视表字段的复选框。

④ 单击"确定"按钮,将为选中的每一个字段显示一个切片器。

⑤ 在每个切片器中,单击要筛选的项目。若要选择多个项目,请按住 Ctrl 键,然后单击要筛选的项目。

2. 数据透视图

数据透视图与数据透视表类似,是提供交互式数据分析的图表,可以更改数据的视图,查看不同级别的明细数据,或者通过拖动字段和显示或隐藏字段中的项来重新组织图表的布局,既具有数据透视表报表数据的交互式汇总特征,又具有图表的可视性优点。如果需要快速更改图表的视图以便按不同的方式查看比较结果和预测趋势,则使用数据透视图报表。数据透视图报表必须与同一个工作簿上的某个数据透视表报表相关联。如果工作簿不包含数据透视表报表,那么当创建数据透视图报表时,Excel 2010 将自动创建数据透视表报表。当更改数据透视图报表时,数据透视表报表也会随之更改,反之亦然。

下面仍以图 4-42 所示的数据清单为例,建立一个按商品名称统计的各营业员每天的总销售额数据透视图,其操作过程为:

(1) 打开要创建数据透视图的工作簿,如果要通过数据清单(Excel 数据库)建立数据透视图,则单击数据清单中的任一单元格。在本例中,单击图 4-42 所示数据清单中的任一单元格。

(2) 在"插入"选项卡上的"表格"组中,单击"数据透视表"旁边的三角形按钮,在弹出的下拉菜单中选择"数据透视图",打开与图 4-43 类似的"创建数据透视表和数据透视图"对话框。

(3) 保持默认值,单击"确定"按钮,在当前工作表标签(在本例中是 Sheet2)左侧自动插入一个工作表标签(在本例中是 Sheet5),并把新插入的工作表(在本例中是 Sheet5)作为当前工作表,同时功能区中出现"设计"、"布局"、"格式"和"分析"四个选项卡,如图 4-45 所示。

(4) 在图 4-45 中的"数据透视表字段列表"任务窗格中,将上面"选择要添加到报表的字段"列表框中的相应字段拖动到下面"在以下区域间拖动字段"中的各个区域中:拖动"营业员"字段到"轴字段(分类)"空白区域中,拖动"商品"字段到"图例字段"空白区域中,拖动"总销售额"字段到"数值"空白区域中,拖动"日期"字段到"报表筛选"空白区域中。在拖动各个字段的同时,图 4-45 左侧的数据透视表区域和中间的"数据透视图"区域都会随着变化。

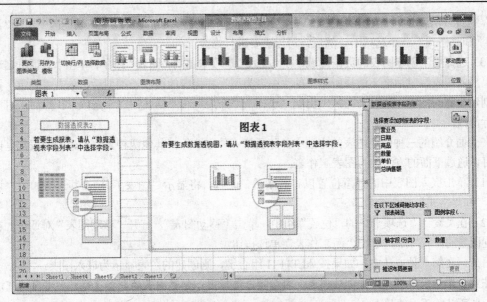

图 4-45 设计数据透视图

4.7 Excel 2010 图表

图表是数据的一种可视表示形式。通过使用类似柱形（在柱形图中）或折线（在折线图中）这样的元素，图表可按照图形格式显示系列数值数据。图表的图形格式可让用户更容易理解大量数据和不同数据系列之间的关系。图表还可以显示数据的全貌，以便可以分析数据并找出重要趋势。

4.7.1 图表简介

图表具有较好的视觉效果，可方便用户查看数据的差异、图案和预测趋势。例如，用户不必分析工作表中的多个数据列就可以立即看到各个季度销售额的升降，或很方便地对实际销售额与销售计划进行比较。用户可以在工作表上创建图表，或将图表作为工作表的嵌入对象使用，也可以在 Web 页上发布图表。如果要创建图表，就必须先在工作表中为图表输入数据，然后再选择数据，并选择图表类型和图表子类型以及其他各种图表选项。

无论采用何种方式使用图表，图表都会链接到工作表上的源数据，这就意味着当更新工作表数据时，同时也会更新图表。图表可分为两类。

（1）嵌入图表：可将嵌入图表看作是一个图形对象，并作为工作表的一部分进行保存。当要与工作表数据一起显示或打印一个或多个图表时，可以使用嵌入图表。

（2）图表工作表：图表工作表是工作簿中具有特定工作表名称的独立工作表。当要独立于工作表数据查看或编辑大而复杂的图表，或希望节省工作表上的屏幕空间时，可以使用图表工作表。

4.7.2 建立图表

创建图表主要采用以下三种方法：

（1）选择用于创建图表的数据区域，按 F11 功能键，则按默认图表类型创建图表工作表（默认名为 Chart1），同时功能区中出现"设计"、"布局"和"格式"三个选项卡。然后，可根据需要进行修改。

（2）选择用于创建图表的数据区域，在"插入"选项卡上的"图表"组中，单击所需要的"图表类型"，在打开的下拉列表中选择相应的图表子类型，即可创建相应的图表，同时功能区中出现"设计"、"布局"和"格式"三个选项卡。然后，可以需要进行修改。

（3）选择用于创建图表的数据区域，在"插入"选项卡上的"图表"组中，单击"对话框启动器"，打开"插入图表"对话框，选择所需要的"图表类型"和相应的图表子类型后，单击"确定"按钮，即可创建相应的图表，同时功能区中出现"设计"、"布局"和"格式"三个选项卡。然后，可根据需要进行修改。

在上面介绍的三种创建图表的方法中，除了第一种方法外，其他两种方法创建的图表都是嵌入图表，可以通过下面的方法改为图表工作表：

（1）单击嵌入图表中的任意位置以将其激活。此时，将显示"图表工具"，其上增加了"设计"、"布局"和"格式"三个选项卡。

（2）在"设计"选项卡上的"位置"组中，单击"移动图表"，打开"移动图表"对话框。在"选择放置图表的位置"下，单击"新工作表"单选按钮。

另外，在第一种方法中，如果按 ALT+F11 组合键，则创建的图表显示为嵌入图表。

注意： 无论采用哪种方法创建图表，都必须先选择用于创建图表的数据区域。数据区域可以是连续的，也可以是不连续的。

4.7.3 编辑图表

嵌入图表和图表工作表都与建立它们的工作表数据之间建立了动态链接关系。当改变工作表中的数据时，图表会随之更新；反之，当拖动图表上的节点而改变图表时，工作表中的数据也会动态地发生变化。

1．激活图表

如果要激活嵌入图表，则只需单击它；如果要激活图表工作表，则单击工作簿底部工作表标签栏上的图表标签。以下所有对图表的操作均以嵌入图表为例。

2．更改图表类型

先激活图表，接着在"设计"选项卡上的"类型"组中，单击"更改图表类型"，打开"更改图表类型"对话框。然后，选择所需的图表类型即可。当然，也可以使用鼠标右键单击图表的空白区域，再单击弹出的快捷菜单中的"更改图表类型"命令。

3．修改图表中的数据

修改图表中的数据，其实就是修改与其相关联的工作表中的数据。在工作表中修改数据并确认后，嵌入图表亦会随之发生相应变化。

4．移动嵌入图表和改变大小

移动嵌入图表时，先激活图表，再按住鼠标左键拖动到目标位置松开即可。

改变大小时，先激活图表，再先将鼠标移到图表的某个角上，当指针变成双箭头时按住左键拖动即可；也可以在"格式"选项卡上的"大小"组中，修改高度值和宽度值。

5．向图表中添加或删除图例

单击需要添加或删除图例的图表；然后在"设计"选项卡上的"数据"组中，单击"选择数据"，打开"选择数据源"对话框，在"图例项（系列）"列表框中，通过"添加"或"删除"按钮即可向图表中添加或删除图例。

6. 为图表或坐标轴添加标题

单击需添加标题的图表；然后在"布局"选项卡上的"标签"组中，单击"图表标题"或"坐标轴标题"，根据需要在其级联菜单中进行选择，选中添加到图表上的标题中的已有文本，再输入相应的文本。

7. 向图表中添加文本框

（1）单击需要为其添加文本框的图表。
（2）在"布局"选项卡上的"插入"组中，直接单击"文本框"上方的图形按钮，或者单击"文本框"旁边的三角形按钮，在弹出的下拉菜单中选择"横排文本框"。
（3）在图表上拖动鼠标确定文本框的大小。
（4）在文本框中输入所需的文字。
（5）当输入完毕之后，按 Esc 键或在文本框外单击。

8. 删除数据系列、标题或图例

先单击需要删除的图表项，再按 Delete 键。

4.7.4 格式化图表

图表格式的设置主要包括对标题、图例等重新进行字体、字形、字号、图案、对齐方式等的设置以及对坐标轴的格式重新设置等。

双击图表中的标题，将打开"设置图表标题格式"对话框，在该对话框中可以进行图表标题格式的设置；同样，双击图表中的图例，将打开"设置图例格式"对话框；双击图表中的分类轴或数值轴等，将打开"设置坐标轴格式"对话框；双击图表中的网格线，将打开"设置主要网格线格式"对话框或"设置次要网格线格式"对话框；双击图表中的数据系列，将打开"设置数据系列格式"对话框；还可以打开"设置绘图区格式"对话框、"设置图表区格式"对话框、"设置数据点格式"对话框等。在这些对话框中，可以根据需要进行相应的格式设置。

另外，用鼠标右键单击图表的不同区域，在弹出的快捷菜单中选择相应的命令，可以打开相应的格式设置对话框，根据需要进行格式设置。

再者，选中图表，功能区中将显示"图表工具"的三个选项卡，利用它们也可以进行相应的设置。

4.8 Excel 2010 打印输出

屏幕上效果很好的格式和布局并不一定能产生良好的打印效果，可能需要进一步调整。例如，如果屏幕上是彩色效果，却使用黑白打印机进行打印，那么请务必使用对比鲜明的颜色。Excel 2010 提供了许多可选设置，可用来根据需要调节打印页面的最终效果。为确保已选定所有可能影响打印输出结果的选项，Excel 2010 提供了五种视图来查看和调整工作表的外观：普通视图（默认方式，适用于屏幕查看和处理）、页面布局（显示打印页面，方便用户调整列和页边距，可看到页面的起始位置和结束位置，并可查看页面上的页眉和页脚）、分页预览（显示每一页中所包含的数据，以便快速调整打印区域和分页）、自定义视图（将一组显示和打印设置保存为自定义视图，然后可以在自定义视图列表中选择以用于其他文档）和全屏显示（以全屏模式查看文档）。在设置工作表的打印效果时，可以在不同视图间来回切换，以查看其打印效果，然后再将数据发送到打印机。

4.8.1 页面设置

"页面设置"主要包括：页边距、页眉和页脚、打印方向、纸张大小，以及控制是否打印网格线、行号列标或批注等。

在"页面布局"选项卡上的"页面设置"组中，单击相应的按钮，在其下拉菜单中选择相应的命令或在弹出的对话框中进行设置，或者单击"页面设置"组的"对话框启动器"，打开"页面设置"对话框（实际上显示的只是"页面"选项卡中的内容），如图4-46所示。在该对话框中，共有4个选项卡：页面、页边距、页眉/页脚和工作表（若当前被编辑的是一个图表，则"工作表"选项卡将变为"图表"选项卡）。"页面"选项卡和"页边距"选项卡内的设置比较简单，这里就不予介绍了，用户可以自己试一试。下面介绍一下"页眉/页脚"选项卡和"工作表"选项卡。

1. "页眉/页脚"选项卡

要将页码或其他文本放置在每页工作表数据的上部或下部，可以向要打印的工作表中添加页眉和页脚。页眉打印（显示）在每页的上部，页脚打印（显示）在每页的底部。页眉和页脚是独立于工作表数据的——只有预览或打印时才显示页眉和页脚。既可以使用内置的页眉和页脚（Excel 2010中的页眉和页脚），也可以创建自己的页眉和页脚。

单击图4-46中的"页眉/页脚"选项卡，"页面设置"对话框的显示如图4-47所示。

如果要使用内置的页眉和页脚，则单击图4-47中的"页眉"和"页脚"下拉列表框，从弹出的下拉列表中选择所需的页眉和页脚。

如果要创建自己的页眉和页脚，则单击"自定义页眉"和"自定义页脚"按钮，然后在弹出的"页眉"对话框和"页脚"对话框中输入相应的内容，并进行必要的设置。除了页眉和页脚除所处的位置不同之外，其自定义方法是一样的，因此，下面仅以"自定义页眉"为例来说明操作过程。

图 4-46 "页面设置"对话框

图 4-47 "页面设置"对话框中的"页眉/页脚"选项卡

单击图4-47中的"自定义页眉"按钮，打开"页眉"对话框，如图4-48所示。

在图4-48中，单击"左"、"中"或"右"编辑框，然后单击相应的按钮，在所需的位置插入相应的页眉内容，如页码等。如果要在页眉中添加其他文字，请在"左"、"中"或"右"编辑框中输入相应的文字。如果要在某一位置另起一行，则按回车键。如果要删除某一部分的页眉，则先选中需要删除的内容，然后按Backspace键。

图 4-48 "页眉"对话框

设置了页眉和页脚，切换到"页面布局"视图，激活页眉或页脚后，在功能区中将出现"设计"选项卡，可以用于对页眉和页脚进行设置。

2. "工作表"选项卡

如果工作表中的数据含有行标志或列标志(也称为打印标题)，那么在打印工作表时可以设置 Excel 2010 在每页上重复打印这些标志。注意，此标志可以不在工作表的首行或首列，但只有在打印其所在的行或列之后才可重复打印这些标志。当然，也可以打印工作簿的行号和列标。

单击图 4-46 中的"工作表"选项卡，对话框的显示如图 4-49 所示。

图 4-49 "页面设置"对话框中的"工作表"选项卡

（1）在每一页上都打印行、列标志。

如果要使每一页上都重复打印列标志，则单击图 4-49 中的"顶端标题行"编辑框，然后输入列标志所在行的行号；如果要使每一页上都重复打印行标志，则单击"左端标题列"编辑框，然后输入行标志所在列的列标。当然，也可以单击"顶端标题行"和"左端标题列"右端的 🔝 到工作表中进行选择。

（2）每页都打印行号和列标。

选中图 4-49 中的"行号列标"复选框即可。

4.8.2 使用分页符

如果要打印多页工作表,Excel 2010 将自动在其中插入分页符将其分成多页。分页符的位置取决于纸张的大小、页边距设置和设定的打印比例。当用户有特别需要而自动分页又满足不了要求时,可以插入用以改变页面上数据行数量的水平分页符,也可以插入用以改变页面上数据列数量的垂直分页符,并且在工作表中以虚线作为分页的标记。在分页预览中,还可以用鼠标拖动分页符来改变其在工作表上的位置。

1. 查看分页

在"视图"选项卡上的"工作簿视图"组中,单击"分页预览",手动插入的分页符显示为实线,虚线表明 Excel 2010 将在此处自动分页。

2. 插入水平分页符

单击要插入分页符的行下面的行的行号,在"页面布局"选项卡上的"页面设置"组中,单击"分隔符",在其级联菜单中选择"插入分页符"。

3. 插入垂直分页符

单击要插入分页符的列右边的列的列标,在"页面布局"选项卡上的"页面设置"组中,单击"分隔符",在其级联菜单中选择"插入分页符"。

4. 移动分页符

只有在分页预览中才能移动分页符。如果移动了 Excel 2010 自动设置的分页符,将使其变成人工设置的分页符。

移动分页符的步骤为:在"视图"选项卡上的"工作簿视图"组中,单击"分页预览",然后根据需要将分页符拖至新的位置。

5. 删除分页符

如果要删除人工设置的水平或垂直分页符,则单击水平分页符下方或垂直分页符右侧的单元格,然后在"页面布局"选项卡上的"页面设置"组中,单击"分隔符",在其级联菜单中选择"删除分页符"命令;如果要删除工作表中所有人工设置的分页符,则在"视图"选项卡上的"工作簿视图"组中,单击"分页预览",然后用鼠标右键单击工作表中任意位置的单元格,再单击快捷菜单中的"重设所有分页符"命令。另外,也可以在分页预览中将分页符拖出打印区域以外来删除分页符。

4.8.3 打印工作表

默认情况下,Excel 2010 将自动打印当前的整个工作表。如果在工作表中定义了打印区域,Excel 2010 将只打印该打印区域(打印区域的设置和取消,可以通过"页面布局"选项卡上的"页面设置"组中"打印区域"的下拉菜单中的相应命令来实现)。如果选定了要打印的单元格区域,并在"打印"对话框中选择了"选定区域"选项,Excel 2010 将只打印选定区域而忽略工作表中任何定义的打印区域。具体操作如下:

单击"文件"选项卡中的"打印"命令,展开"打印面板",如图 4-50 所示。在打印面板中进行所需的设置后,单击"打印"按钮即可开始打印。

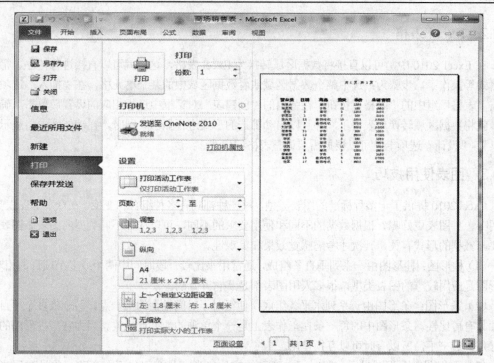

图 4-50　打印面板

4.9　技 能 拓 展

4.9.1　宏的使用

　　Excel 有一种重要的自动功能，那就是"宏"。合理地使用宏可以大幅提高工作效率，而且一般自己做的宏是不会对自己有害的。

　　在 Excel 2010 中要想使用宏功能，需要添加"开发工具"选项卡，方法为：单击"开始"选项卡，选择"选项"命令，打开"Excel 选项"对话框，单击左侧列表框中的"自定义功能区"选项，在右侧的列表框中选中"开发工具"复选框，单击"确定"按钮返回 Excel 2010 窗口后，就可以看到在功能区中多了一个"开发工具"选项卡。

　　最简单的宏可以通过录制来做。例如，制作一个用来删除 A1 单元格中内容的宏，步骤为：在"开发工具"选项卡中，单击"代码"组中的"录制宏"按钮，在弹出的"录制新宏"对话框中的"宏名"框中输入宏的名字，单击"确定"按钮。此时，可以看到"开发工具"选项卡中的"录制宏"按钮变成了"停止录制"按钮，表明可以进行宏的录制了，单击 A1 单元格，按一下 Delete 键，单击"停止录制"按钮，这个宏的操作就完成了。

　　如果想验证刚制作的宏的效果，可以在 A1 单元格中输入数据，然后单击其他的单元格，在"开发工具"选项卡中，单击代码组中的"宏"按钮，打开"宏"对话框，选择刚才录制的宏，单击"执行"按钮，A1 单元格中的内容就没有了。

　　注意： 打开一个带有宏的工作簿时，Excel 2010 会提示打开的文件中带有宏，如果不能确定宏是否带有恶意的成分，就选择"禁用宏"；否则，就选择"启用宏"。

4.9.2 Excel 表格

在 Excel 2010 中，可以直接将数据区域转换为 Excel 表格，这样就可以直接进行排序、筛选、调整格式等操作了，步骤为：选中整个数据区域或者数据区域中的某个单元格，在"插入"选项卡中，单击"表格"组中的"表格"按钮，在弹出的"创建表"对话框中进行相应的设置后单击"确定"按钮，就将数据区域转换为表格了，并且以自动筛选的形式进行显示。同时，在功能区中将显示"表格工具"-"设计"选项卡，可以根据需要调整表格的样式。

4.9.3 图表使用技巧

Excel 2010 提供了十多种标准的图表类型，每一种都具有多种组合和变换。在众多的图表类型中，选用哪一种图表更好呢？根据数据的不同和使用要求的不同，可以选择不同类型的图表。图表的选择主要与数据的形式有关，其次才考虑感觉效果和美观性。

(1) 柱形图：柱形图由一系列垂直条组成，通常用来比较一段时间中两个或多个项目的相对尺寸。条形图是应用较广的图表类型，很多人用图表都是从它开始的。

(2) 条形图：条形图由一系列水平条组成，使得对于时间轴上的某一点，两个或多个项目的相对尺寸具有可比性。条形图中的每一条在工作表上是一个单独的数据点或数。因为它与柱形图的行和列刚好是调过来了，所以有时可以互换使用。

(3) 面积图：面积图显示一段时间内变动的幅值。当有几个部分正在变动，并且对那些部分的总和感兴趣时，面积图特别有用。使用面积图，可以看见单独各部分的变动情况，同时也可以看到总体的变化。

(4) 折线图：折线图被用来显示一段时间内的趋势，一般在工程上应用较多。若是其中一个数据有几种情况，折线图里就有几条不同的线。比如，数据在一段时间内是呈增长趋势的，另一段时间内处于下降趋势，就可以通过折线图对将来做出预测。

(5) 股价图：股价图是具有三个数据序列的折线图，被用来显示一段给定时间内一种股票的最高价、最低价和收盘价。通过在最高、最低数据点之间画线形成垂直线条，而轴上的小刻度代表收盘价。股价图多用于金融、商贸等行业，用来描述商品价格、货币兑换率和温度、压力测量等，当然对股价进行描述是最拿手的了。

(6) 饼形图：饼形图在用于对比几个数据在其形成的总和中所占百分比值时最有用。整个饼代表总和，每一个数用一个楔形或薄片代表。饼形图虽然只能表达一个数据列的情况，但因为表达得清楚明了，又易学好用，所以在实际工作中用得比较多。如果想表达多个系列的数据时，可以用环形图。

(7) 雷达图：雷达图显示数据如何按中心点或其他数据变动，每个类别的坐标值从中心点向外辐射，来源于同一序列的数据由同一线条相连。可以采用雷达图来绘制几个内部关联的序列，很容易地做出可视的对比。

(8) X Y（散点图）：X Y（散点图）展示成对的数和它们所代表的趋势之间的关系。对于每一数对，一个数被绘制在 X 轴上，而另一个被绘制在 Y 轴上。过两点作轴垂线，相交处在图表上有一个标记。当大量的这种数对被绘制后，出现一个图形。散点图的重要作用是可以用来绘制函数曲线，从简单的三角函数、指数函数、对数函数到更复杂的混合型函数，都可以利用它快速准确地绘制出曲线，所以在教学、科学计算中会经常用到。

另外，还有一些类型的图表，比如圆柱图、圆锥图、棱锥图，都是条形图和柱形图变化而来的，没有突出的特点，而且用得相对较少，这里就不一一赘述了。

需要说明的是：以上只是图表的一般应用情况，有时一组数据可以用多种图表来表现，那时就要根据具体情况加以选择了。对有些图表，如果一个数据序列绘制成柱形，而另一个则绘制成折线图或面积图，则该图表看上去可能会更好些。

4.9.4 自定义格式

Excel 2010 中预设了很多有用的数据格式，基本能够满足使用的要求，但对一些特殊的要求，如强调显示某些重要数据或信息、设置显示条件等，就需要使用自定义格式功能来完成。Excel 2010 的自定义格式使用下面的通用模型：正数格式，负数格式，零格式，文本格式。在这个通用模型中，包含 3 个数字段和 1 个文本段：大于零的数据使用正数格式；小于零的数据使用负数格式；等于零的数据使用零格式；输入单元格的正文使用文本格式。另外，还可以通过使用条件测试、添加描述文本和使用颜色来扩展自定义格式通用模型的应用。

（1）使用颜色：要在自定义格式的某个段中设置颜色，只需在该段中增加用方括号括住的颜色名或颜色编号。Excel 2010 识别的颜色名为[黑色]、[红色]、[白色]、[蓝色]、[绿色]、[青色]和[洋红]，也识别按[颜色 X]指定的颜色，其中 X 是 1 至 56 之间的数字，代表 56 种颜色。

（2）添加描述文本：要在输入数字数据之后自动添加文本，则使用："文本内容"@；要在输入数字数据之前自动添加文本，则使用：@"文本内容"。@符号的位置决定了 Excel 输入的数字数据相对于添加文本的位置。

（3）创建条件格式：可以使用＞（大于）、＞=（大于等于）、＜（小于）、＜=（小于等于）、=（等于）、＜＞（不等于）这六种逻辑符号来设计一个条件格式。

由于自定义格式中最多只有 3 个数字段，Excel 2010 规定最多只能在前两个数字段中包括两个条件测试，满足某个测试条件的数字使用相应段中指定的格式，其余数字使用第 3 段格式。如果仅包含一个条件测试，则要根据不同的情况来具体分析。

例如，选中一列，单击右键，选择快捷菜单中的"设置单元格格式"选项，在弹出的对话框中选择"数字"选项卡，在"分类"列表框中选择"自定义"选项，然后在"类型"文本框中输入""正数:"($#,##0.00);"负数:"($ #,##0.00);"零";"文本:"@"，单击"确定"按钮，完成格式设置。这时，如果在选中的列的某单元格中输入"103"，就会在该单元格中显示"正数:($103.00)"；如果输入"-0.12"，就会在该单元格中显示"负数:($ 0.12)"；如果输入"0"，就会在该单元格中显示"零"；如果输入文本"This is the excel"，就会在单元格中显示"文本:This is the excel"。如果改变自定义格式的内容为"[蓝色]"正数:"($#,##0.00);[黄色]"负数:"($ #,##0.00);[红色]"零";"文本:"@"，那么正数、负数、零将显示为不同的颜色。

另外，还可以运用自定义格式来达到隐藏输入数据的目的，比如格式";;;"将隐藏所有的输入值。灵活运用好自定义格式功能，将会给实际工作带来很大的方便。

4.10 上机实训

4.10.1 实训题目

在打开的 Excel 工作簿中，工作表 Sheet1 如图 4-51 所示，工作表 Sheet2 如图 4-52 所示，请完成下列操作并保存和关闭该工作簿。

（1）在工作表 Sheet1 中完成如下操作：
① 为 E6 单元格添加批注，批注内容为"不含奖金"。
② 设置"姓名"列的宽度为"12"，表的 6~23 行高度为"18"。

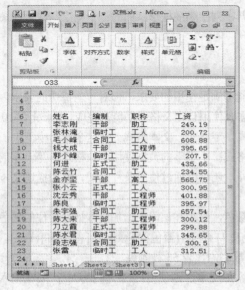
图 4-51　工作表 Sheet1

图 4-52　工作表 Sheet2

③ 将表中的数据以"工资"为关键字，按升序排序。
④ 利用"条件格式"将小于 400 的工资标示为红色文本。
⑤ 创建按"职称"统计的每种编制的平均工资的数据透视表。
⑥ 统计每种职称的平均工资。

（2）在工作表 Sheet2 中完成如下操作：
① 将"姓名"列中的所有单元格的水平对齐方式设置为"居中"，并添加"单下划线"。
② 在表的相应行，利用公式或函数计算"数学"、"英语"、"语文"和"物理"的平均分。
③ 为各科成绩的单元格区域设置"数据有效性"，只允许输入 0～100 之间的整数。
④ 利用 4 种学科成绩和"姓名"列中的数据建立图表，图表类型为"簇状条形图"，并作为对象插入一个新工作表中。

4.10.2　实训操作

① 在工作表 Sheet1 中，右键单击 E6 单元格，在弹出的快捷菜单选中"插入批注"命令，在弹出的输入框中输入"不含奖金"。

② 选中"姓名"列，在"开始"选项卡的"单元格"组中，单击"格式"按钮的下拉按钮，在弹出的下拉菜单中选择"列宽"命令，在打开的"列宽"对话框中输入"12"，单击"确定"按钮。

③ 选中"工资"列中任一单元格，在"开始"选项卡的"编辑"组中，单击"排序和筛选"按钮，在弹出的下拉菜单中选择"升序"命令。

④ 选中"工资"列中的所有工资数据所在的单元格区域，在"开始"选项卡的"样式"组中，单击"条件格式"按钮，在弹出的下拉菜单中选择"突出显示单元格规则"菜单项的级联菜单中的"小于"命令，在打开的对话框左侧的文本框中输入 400，并在右侧的组合框中选择"红色文本"，最后单击"确定"按钮。

⑤ 选中数据区域的任一单元格，在"插入"选项卡的"表格"组中，单击"数据透视表"按钮的上半部分，在弹出的对话框中根据需要进行设置，这里采用默认值，单击"确定"按钮，打开新工作表窗口，并在功能区中增加了"选项"和"设计"两个选项卡。在新工作表右侧的窗格中，将"职

称"拖到"列标签"中,"编制"拖到"行标签"中,"工资"拖到"Σ数值"中,默认为求和,单击该求和项,在弹出的菜单中选择"值字段设置"命令,在打开的对话框中选择"平均值"选项,单击"确定"按钮后,"Σ数值"中就变为了平均值项。

⑥ 回到工作表 Sheet1 中,先按"职称"排序,然后在"数据"选项卡的"分级显示"组中,单击"分类汇总"按钮,在弹出的对话框中分别选择"编制"和"平均值",最后单击"确定"按钮。

⑦ 在工作表 Sheet2 中,选中"姓名"列中的所有单元格,单击"开始"选项卡的"对齐方式"组中的"居中"按钮,以及"字体"组中的"下划线"按钮。

⑧ 选中"数学"和"平均分"交叉处的单元格,在"公式"选项卡的"函数库"组中,单击"自动求和"按钮的下拉按钮,在弹出的下拉菜单中选择"平均值"命令,单击"编辑栏"中"输入"按钮。然后,拖动该单元格的填充柄至"物理"列。

⑨ 选中各科成绩的单元格区域,在"数据"选项卡的"数据工具"组中,单击"数据有效性"按钮的上半部分,在弹出的对话框的"允许"下拉列表框中选择"整数",在"最小值"和"最大值"框中分别填入"0"和"100",最后单击"确定"按钮。

⑩ 选中4种学科成绩和"姓名"列的单元格区域,在"插入"选项卡的"图表"组中,单击"条形图"按钮,在弹出的下拉列表中选择"簇状条形图"项。

习 题 4

1. 在 Excel 2010 中如何获得帮助?
2. 简述工作表中数据的输入方法。
3. 如何输入公式和函数?常用的函数有哪些?
4. 如何设置工作表的行高和列宽?
5. 如何隐藏行和列?如何冻结行和列?
6. 如何对数据清单进行排序、筛选和分类汇总?
7. 如何建立数据透视表?
8. 如何建立、编辑和格式化图表?
9. 条件格式和数据有效性如何操作?
10. 建立"学生成绩表",输入本班所有学生的期末考试成绩,利用公式和函数,求出平均分和总分。

(1)将工作表命名为"学生成绩表"。
(2)将"学生成绩表"复制到同一工作簿的另一工作表中,命名为"成绩表2"。
(3)将"成绩表2"复制到另一工作簿的 Sheet1 工作表中,命名为"学生成绩表3"。
(4)将"学生成绩表3"复制到同一工作簿的 Sheet2 工作表中,命名为"成绩表4"。
(5)在"学生成绩表"中进行如下操作:
① 增加1列,列标题为"名次",并使用有关函数按总分由高到低的次序为该列赋值。
② 为各科成绩的单元格区域设置"数据有效性",只允许输入 0~100 之间的数。
③ 利用"条件格式"将小于 60 的平均分标示为红色,大于等于 90 的平均分标示为绿色加粗。
④ 按总分从高到低的顺序将学生数据排序。
⑤ 只显示平均分大于等于 60 且小于 70 的学生数据,再显示所有数据。
⑥ 统计男生和女生各自的平均成绩,再删除统计信息显示原始数据。
⑦ 将列宽和行高调整为最适合的;再选中一个单元格区域,使用自动套用格式。

⑧ 隐藏各科成绩列，再取消隐藏；冻结"姓名"列，再取消冻结。
⑨ 给某个学生的姓名添加批注，内容自定。
(6) 在"成绩表 2"中进行如下操作：
① 添加表格标题"学生期末成绩表"，黑体四号字，居中显示。
② 列标题设为楷体、22 号字，水平居中显示。在列标题行前插入 2 行空白行，在第 1 列之前插入 1 列空白列。
③ 表格中数据设为水平居中、垂直居中。
④ 将列标题所在的行高设为 24。
⑤ 将其他包含数据的单元格的行高设为 20，列宽设为 10。
⑥ 在最后添加一行，计算出各科成绩和全班同学总成绩的平均分。
(7) 在"学生成绩表 3"中进行如下操作：
① 设置合适的页边距、页眉和页脚。
② 选择打印顺序，并在每页上打印出工作表的列标题。
③ 设置打印网格线和行号。
④ 插入水平分页符和垂直分页符，并进行分页预览。
(8) 在"成绩表 4"中进行如下操作：
① 在表格中增加 1 列，列标题为"课程类别"，并在表格中输入该列的数据。
② 在表格中插入若干行，输入相应的数据，注意要包括各课程类别的数据。
③ 创建按课程类别统计每个学生的总分的数据透视表，并练习使用切片器。
④ 创建按课程类别统计每个学生的总分的数据透视图。
⑤ 利用"姓名"和"总分"列中的数据创建图表，图表标题为"学生总分表"，图表类型为"饼图"，并作为对象插入 Sheet3。
⑥ 利用各科成绩和"姓名"列中的数据建立图表，图表标题为"学生各科成绩表"，图表类型为"簇状条形图"，并作为对象插入 Sheet4。

第 5 章 PowerPoint 2010

【内容概述】

PowerPoint 是微软公司的 Microsoft Office 系列办公软件中的重要组件之一，用于创建、编辑、播放演示文稿。演示文稿一般由一张一张的幻灯片组成，每张幻灯片中可以包含文本、表格、图片、图形、声音、视频、超链接等许多对象，各种对象及幻灯片之间可以设置各种动画效果及切片效果来丰富演示文稿的演示效果。PowerPoint 2010 在以前版本的基础上又增加了很多新亮点，比如新增的视频和图片编辑功能可以对插入的音频和视频对象进行更细致的格式和播放设置；新增的 SmartArt 图形版式可以让呆板的文本组织结构更加生动形象；审阅的比较功能对文稿的更改细节提供了详细的修改对比功能，更有利于文件的合并；动画和幻灯片切换效果更加丰富且操作简便；此外还有更多的文件保存方式等。

本章主要介绍 PowerPoint 2010 的窗口组成、创建演示文稿、演示文稿的基本操作、幻灯片的版式、主题和母版等格式设计、幻灯片中各种对象的插入、格式设置及动画效果的设置、幻灯片的页面设置、演示文稿的播放、打印等。

【学习要求】

通过本章的学习，使学生能够：

1. 熟悉 PowerPoint 2010 的窗口组成；
2. 熟练掌握创建、编辑、保存演示文稿的操作；
3. 熟练掌握在幻灯片中插入文本、公式、图片、图表、自选图形、SmartArt 图形、声音、视频等各种对象及各种对象的格式设置操作；
4. 熟练掌握幻灯片版式、主题和母版的选择及使用；
5. 熟练掌握幻灯片中各种对象的动画设置操作；
6. 熟练掌握幻灯片的切换、超链接和动作按钮的使用；
7. 熟练掌握演示文稿的打印、放映操作；
8. 了解 PowerPoint 的审阅功能；
9. 了解创建相册功能。

5.1 PowerPoint 2010 基础知识

5.1.1 启动 PowerPoint 2010

如果有已经建好的演示文稿文件，双击文件名即可启动 PowerPoint 2010；如果是第一次启动 PowerPoint 2010，可采用以下几种方法。

1. 利用"开始"菜单启动

单击"开始"按钮，选择"Microsoft Office 2010"中的"Microsoft PowerPoint 2010"，启动 Microsoft PowerPoint 2010 应用程序。

如果最近经常使用 PowerPoint 2010，在开始菜单中会有该项菜单，则单击"开始"按钮，选择"Microsoft PowerPoint 2010"即可。

2．利用桌面快捷方式启动

如果桌面有 PowerPoint 2010 的快捷方式图标，用鼠标双击即可启动 Microsoft PowerPoint 2010 应用程序。

如果桌面没有 PowerPoint 2010 的快捷方式图标，可以通过单击"开始"按钮，单击"Microsoft Office 2010"，右键单击"Microsoft PowerPoint 2010"，再选择"发送到"右侧菜单中的"桌面快捷方式"，如图 5-1 所示，即可在桌面创建 Microsoft PowerPoint 2010 快捷方式图标。

3．利用任务栏中的快捷方式启动

如果任务栏中有 PowerPoint 2010 的快捷方式图标，单击即可启动 Microsoft PowerPoint 2010 应用程序。

如果任务栏没有 PowerPoint 2010 的快捷方式图标，可以通过单击"开始"按钮，单击"Microsoft Office 2010"，右键单击"Microsoft PowerPoint 2010"，再选择"锁定到任务栏"，如图 5-2 所示，即可在任务栏创建 Microsoft PowerPoint 2010 快捷方式图标。

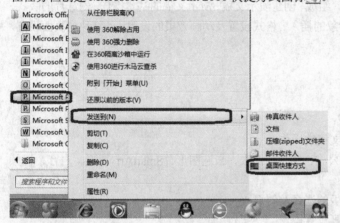
图 5-1 创建 PowerPoint 2010 桌面快捷方式

图 5-2 创建 PowerPoint 2010 任务栏快捷方式

5.1.2 PowerPoint 2010 窗口组成

第一次启动 Microsoft PowerPoint 2010 窗口如图 5-3 所示，下面简单介绍窗口的组成部分。

1．快速访问工具栏

PowerPoint 2010 窗口有几个最常用的命令按钮，最左侧的 是"窗口控制快捷菜单"按钮，用于控制窗口的移动、大小、最大化、最小化和关闭； 是"保存"按钮； 是"撤销"按钮； 是"恢复撤销"按钮； 是"自定义快速访问工具栏"按钮，可以由用户决定增加在快速访问栏中需要的命令按钮，或者删除快速访问栏中不常用的命令按钮，单击 按钮可打开如图 5-4 所示的菜单，其中菜单选项左侧的 √ 为选中在快速访问栏中显示的功能按钮，再单击一次则撤销对应按钮在快捷工具栏中的显示。

2．标题栏

显示正在编辑的演示文稿的文件名及所使用的软件名，第一次打开 PowerPoint 2010 时，默认的文件名为"演示文稿 1.pptx"。如果是在"我的电脑"或"资源管理器"中双击打开一个原有的演示文稿文件，则会直接显示该演示文稿文件的名字。

3. 功能区

功能区类似于在 PowerPoint 2003 及更早版本中的菜单栏和工具栏上的命令，可帮助用户快速找到完成某项任务所需的命令，功能区内的有关元素包括以下几部分。

（1）功能区选项卡。

功能区选项卡与其他软件中的"菜单"相同，包括常规选项卡和上下文选项卡。

① 常规选项卡。

PowerPoint 2010 常规选项卡包括"文件"、"开始"、"插入"、"设计"、"切换"、"动画"、"幻灯片放映"、"审阅"和"视图"选项卡，不同的选项卡各自包含各种不同活动类型操作的多项设置命令。

② 上下文选项卡。

功能区中还有些选项卡平时不显示，只在需要时才显示的称作上下文选项卡。例如，在幻灯片中插入了一个图表，当单击该图表时，会在功能区出现"图表工具"选项卡，如图 5-5 所示，不选择该图表时"图表工具"选项卡就自动消失。类似的还有"表格工具"、"绘图工具"、"音频工具"、"视频工具"、"公式工具"、"SmartArt 工具"选项卡等。

图 5-3　PowerPoint 2010 窗口　　　　　　　图 5-4　自定义快速访问工具栏

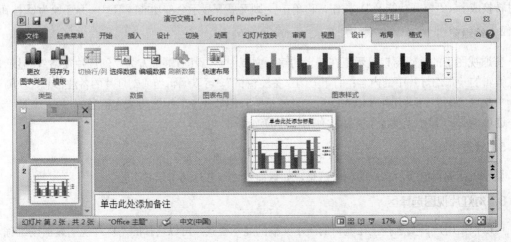

图 5-5　上下文选项卡的"图表工具"

(2) 组。

每一种选项卡下对应的操作有很多项,各功能项按组排列,相关的一类放置在一组中。例如,在"开始"选项卡中的"剪贴板"、"幻灯片"、"字体"、"段落"、"绘图"、"编辑"组等。

(3) 对话框启动器。

有些组的右下角有一个按钮，它是对话框的启动器,单击该按钮会出现该组所对应的一个对话框,在对话框中可进行下一步更详细的选项设置。例如,在"开始"选项卡中单击"字体组"右下角的，就会出现"字体"对话框,如图5-6所示,对话框中有"字体"和"字符间距"选项卡,"字体"选项卡为默认打开设置,对幻灯片中选中的文本块可以设置西文字体、中文字体、字体样式、大小、颜色、下划线、删除线、上下标、大小写等。

(4) 库。

库是显示一组相关可视选项的矩形窗口或菜单,在功能区有的功能图标下有一个向下的按钮，单击该图标可打开库。例如,在"开始"选项卡中单击"绘图"组中的 则出现绘图形状库,如图5-7所示。

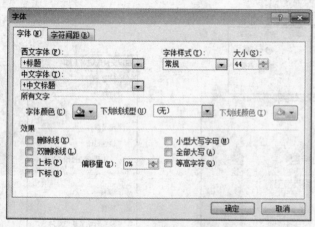

图 5-6 "字体"对话框　　　　图 5-7 绘图形状库

(5) 功能区的缩放。

在功能区的右上角有个 为"功能区最小化"按钮,单击 按钮则仅显示功能区中的选项卡部分,同时转换成 ("展开功能区")按钮,再单击 则又展开显示全部功能区信息,并还原为 按钮。

4. 编辑窗口

普通视图下的编辑窗口显示正在编辑的演示文稿内容,其右侧上方为"幻灯片窗格",显示目前正在编辑的一张幻灯片中的内容;右下方为"备注窗格",可以编辑当前幻灯片的备注信息,左侧窗格内一个是"大纲"选项卡 (以大纲形式只显示所有幻灯片中的标题与文本信息),另一个是"幻灯片"选项卡 (显示当前演示文稿所有幻灯片的缩小图)。

5. 状态栏

显示正在编辑的演示文稿的相关信息,如目前是"幻灯片第1张共1张"。

6. 幻灯片视图选择区

可以根据用户需要选择正在编辑的演示文稿的显示模式,可以选择的幻灯片视图显示按钮有"普通视图" 、"浏览视图" 、"阅读视图" 、"放映视图" 。

7. 缩放滑块

可以对正在编辑的幻灯片在编辑窗口中显示的缩放比例进行调整设置，如图 5-3 中显示比例为"37%"。

8. 其他快捷按钮

在窗口右上角的几个快捷按钮分别是：□"最小化"窗口、🗗"向下还原"窗口、□"最大化"窗口、☒"关闭"窗口和❷"帮助"。

在 PowerPoint 操作过程中任何时候遇到问题都可以通过单击❷打开 PowerPoint 帮助窗口，如图 5-8 所示，可以在搜索文本框中输入需要帮助的文字信息并单击"搜索"按钮进行查找，也可以在窗口内提供的各种帮助超链接文字上直接单击对应的功能解释。经常使用帮助可以更加快速地掌握对 PowerPoint 软件各项功能的理解和操作步骤。

5.1.3 退出 PowerPoint 2010

退出 PowerPoint 2010 时，可以使用以下几种方法：
（1）单击 PowerPoint 2010 窗口右上角的☒关闭窗口。
（2）单击"文件"选项卡下的☒退出选项。
（3）单击 PowerPoint 2010 窗口左上角最左侧🅿"窗口控制快捷菜单"按钮，在打开的菜单中选择 ✕ **关闭(C)**，如图 5-9 所示，或者直接按快捷键 Alt + F4。

图 5-8 PowerPoint 帮助窗口

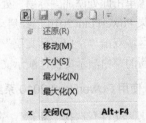

图 5-9 退出 PowerPoint 2010

5.2 演示文稿的基本操作

5.2.1 创建演示文稿

创建演示文稿的种类有很多种，用户可以直接创建空白的演示文稿，其所有的幻灯片内容以及格式的设置全由用户进行添加和设置；也可以采用 PowerPoint 2010 提供的某种主题创建；还可以利用 PowerPoint 软件提供的内置模板或者 Office.com 网站中搜索的某种主题的模板创建演示文稿。

1. 基本概念

（1）主题。
主题包括主题颜色、主题字体和主题效果的组合搭配方案，PowerPoint 2010 系统内置的每个主题有一个名称,用户可以选择某个主题应用于一张幻灯片或整个演示文稿,也可以修改某个主题中的主题颜色、主题字体或主题效果后自定义一个主题。

① 主体颜色是应用于幻灯片中主题使用的颜色搭配方案的集合。
② 主题字体是应用于幻灯片中主题的主要字体和次要字体的集合。
③ 主题效果是应用于幻灯片中主题的各种对象的视觉属性的集合。

(2) 模板。

模板文件中一般包含文件的主题、幻灯片版式、背景样式、占位符及提示文本,甚至还可以包含具体内容等。模板可以是用户对已经设置好格式效果的幻灯片保存为文件后缀为.potx(早期版本的模板文件后缀是 .pot)的文件,PowerPoint 2010 有系统内置的多种模板文件,Office.com 网站中提供了各种丰富多彩的模板文件,用户可以免费下载使用。

(3) 版式。

版式是幻灯片上的标题和副标题文本、列表、图片、表格、图表、剪贴画、SmartArt 图形和媒体剪辑等元素的版面布局方式。根据幻灯片内各种对象的整体布局所采取的方案不同,PowerPoint 2010 包含 11 种内置幻灯片版式,如"幻灯片标题"、"标题和内容"、"节标题"、"两栏内容"、"比较"、"仅标题"、"空白"、"内容与标题"、"图片与标题"、"标题和竖排文字"和"垂直排列标题和文本"等。

(4) 占位符。

占位符是版式中的容器,可以表现为一种带有虚线或阴影线边缘的框,根据框内提醒的文字信息可以放置标题、副标题、项目符号列表、正文、剪贴画、图表、表格、图片、SmartArt 图形、视频文件等对象。单击占位符后原来的提醒信息有的会自动消失,用户根据提醒的信息输入文字或插入相应的对象。

2. 创建空白的演示文稿

第一次启动 PowerPoint 2010 时,系统自动产生一个文件名为"演示文稿 1"的空白演示文稿,该文稿只有一张幻灯片,默认为"标题幻灯片"版式,在"单击此处添加标题"处单击后可输入标题文字,在"单击此处添加副标题"处可输入副标题文字。

如果 PowerPoint 2010 已经启动,单击"文件"选择"新建",如图 5-10 所示,在"可用的模板和主题"区域双击"空白演示文稿"或者直接单击右侧预览区的"创建"即可创建一个目前只有一张幻灯片的新的空白演示文稿,演示文稿文件名后面的序号自动增 1。

3. 使用 PowerPoint 2010 系统内置的模板或主题创建演示文稿

单击"文件"选择"新建",在"可用的模板和主题"区域移动滑动条可以选择某种主题或模板。例如,使用"样本模板"创建演示文稿:单击"样本模板",在"样本模板"窗口中有多种样本,如"PowerPoint 2010"、"都市相册"、"古典型相册"、"宽屏演示文稿"、"培训"等,移动滑动条挑选需要的模板名称,在右侧预览窗口可以看到该模板的预览效果,例如选择"培训"模板,如图 5-11 所示,如果满意,单击下方的"创建"按钮即可。该演示文稿共 19 张幻灯片,用户可以根据需要对幻灯片的内容进行修改替换,也可以再添加新的幻灯片或删除已有的幻灯片。

4. 使用 Office.com 模板创建演示文稿

由于 PowerPoint 2010 内置的模板种类比较少,因此可以从 Office.com 网站中搜索某种主题的模板并下载应用。单击"文件"选择"新建",在"Office.com 模板"区域移动滑动条,可以选择某种模板,如图 5-12(a)所示选择的是"报表"主题的学术报告论文模板,在右侧显示网络中的搜索结果,单击"下载"就可以打开该模板文件,如图 5-12(b)所示,对模板文件中的幻灯片用户可以自行修改内容或增删幻灯片。

第 5 章　PowerPoint 2010

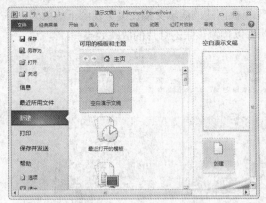

图 5-10　新建演示文稿　　　　　图 5-11　"培训"样本模板新建的演示文稿

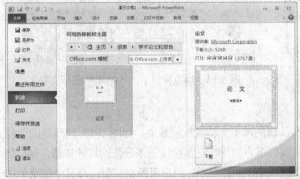

(a) 搜索 Office.com 模板　　　　　(b) 下载后自动打开的论文模板

图 5-12　使用 Office.com 模板创建演示文稿

5.2.2　不同视图下的演示文稿

PowerPoint 2010 主要有演示文稿视图和母版视图两大类，其中演示文稿视图提供了四种视图方式，分别是幻灯片普通视图 、浏览视图 、阅读视图 、放映视图 。不同的视图展现演示文稿不同的显示模式，用户可以根据需要选择某一种视图显示当前打开的演示文稿。母版视图将在后面介绍，这里先介绍演示文稿四种视图的特点与效果。

1．普通视图

普通视图是最适宜于创建演示文稿、编辑、美工设计、动画制作等最原始处理幻灯片的一种显示模式，启动 PowerPoint 2010 创建演示文稿时的默认方式就是普通视图，该视图下编辑窗口内显示目前正在编辑的演示文稿最原始的状态。以前面根据"培训"模板创建的演示文稿为例，其普通视图如图 5-13 所示。其右侧上方"幻灯片窗格"内显示当前正在编辑的幻灯片，对当前的幻灯片可以添加文本、格式修饰、插入各种对象、设置各个对象的动画等。右下方"备注窗格"内可以输入对当前幻灯片的备注信息，在幻灯片放映时，备注的信息不会显示，打印演示文稿时还可以按讲义方式同时打印幻灯片与备注信息。左侧窗格内一个是"大纲"选项卡 ，另一个是"幻灯片"选项卡 ，常利用"幻灯片"选项卡对正在编辑的演示文稿进行添加、删除、复制、隐藏幻灯片等操作。

2．浏览视图

浏览视图适合于总体预览演示文稿的全貌，在此视图下也可以复制、移动、删除幻灯片，对演示文稿的顺序进行排列和组织操作非常方便，对比较大的演示文稿可以按节来组织，如增加节、删除节、折叠节、展开节的操作都非常方便。图 5-14 是"培训"模板创建的演示文稿在浏览视图下的效果，每张幻灯片下方有一个 ✦ 和幻灯片的数字编号，单击 ✦ 可以预览该张幻灯片的放映效果。

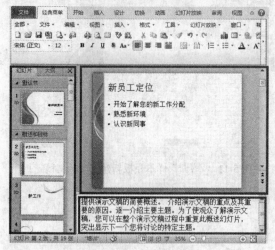
图 5-13　普通视图下的"培训"演示文稿

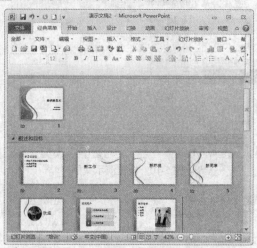
图 5-14　浏览视图下的"培训"演示文稿

3. 阅读视图

阅读视图适用于编辑者以窗口的形式播放正在编辑的演示文稿的放映效果，如图 5-15 所示是阅读视图下的"培训"演示文稿的第 2 张幻灯片的效果，窗口下方的 ➡ 是继续播放下一张幻灯片按钮，⬅ 是播放前一张幻灯片按钮，▤ 是菜单按钮，单击 ▤ 按钮出现快捷菜单，用户可根据需要选择其中的菜单选项进行下一步操作。如果想切换到其他视图，可以单击窗口右下角的 ▣ ▦ ▤ ▭ 几种视图中的任意一种。

4. 放映视图

制作演示文稿的最终目的就是为了播放，演示文稿中插入的各种对象、动画的设计及幻灯片之间的切换、声音以及视频等各种动态的效果在放映视图下全屏播放，这也是学校的老师在讲课时常用的演示文稿播放形式。如图 5-16 所示是放映视图下的"培训"演示文稿播放到第 6 张的效果，显示的菜单为单击鼠标右键时出现的快捷菜单，其中各种选项是可以对正在播放的演示文稿所进行的操作，如果想结束，则选择最后一项"结束放映"。

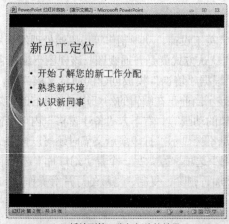
(a) 播放到第 2 张幻灯片的效果

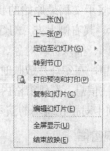
(b) 单击 ▤ 出现的菜单

图 5-15　阅读视图下的"培训"演示文稿

图 5-16 放映视图下"培训"演示文稿播放到第 6 张单击鼠标右键时的状态

5.2.3 管理幻灯片

1. 添加幻灯片

新建的空白演示文稿仅有一张幻灯片，若需要再增加新的幻灯片，常用的两种方法如下。

（1）用功能区的"新建幻灯片"按钮。

单击"开始"选项卡，在"幻灯片"组，单击 ("新建幻灯片") 按钮，打开名为"Office 主题"的库，如图 5-17 所示，上半部分为内置版式库，用户根据将要在幻灯片中需要添加的内容选择一种版式即可。例如，选择"标题和内容"后新添加的幻灯片如图 5-18 所示。

图 5-17 新建幻灯片对应的"Office 主题"库

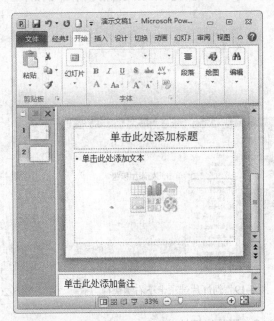

图 5-18 使用"标题和内容"版式添加的幻灯片

（2）鼠标右键快捷方式。

在普通视图幻灯片编辑窗口左侧的窗格上方有 "幻灯片"选项卡（默认方式）和 "大纲"选

项卡，在 "幻灯片" 选项卡下方可以看到正在编辑的演示文稿文件中所有幻灯片编号及幻灯片的缩小图，需要在哪张幻灯片后面添加新的幻灯片，右键单击对应的幻灯片打开快捷菜单，如图 5-19 所示，选择 "新建幻灯片" 即可。

2．复制幻灯片

用户根据需要可以在当前演示文稿中复制一张或多张幻灯片，也可以复制其他演示文稿中的幻灯片添加到正在编辑的文件中，复制有以下几种方法。

（1）用功能区的 "新建幻灯片" 按钮。

对当前正在编辑的幻灯片复制，单击 "开始" 选项卡，在 "幻灯片" 组单击 （"新建幻灯片"），打开名为 "Office 主题" 的库，在下方选择 "复制所选幻灯片" 选项。

（2）右键快捷方式。

在普通视图幻灯片编辑窗口左侧的窗格 "幻灯片" 选项卡下方，需要复制哪张幻灯片就在该张幻灯片上右键单击鼠标，在右键的快捷菜单中选择 "复制幻灯片" 即可。

如果需要一起复制多张幻灯片，先选中每张幻灯片，再在选中的任意一张幻灯片上单击右键。连续选择幻灯片时，按 Shift 键+鼠标单击，不连续的多张幻灯片按 Ctrl 键+鼠标单击。例如，第 1 张到第 3 张一起复制，先单击第 1 张幻灯片，然后按住 Shift 键同时单击第 3 张幻灯片，最后单击鼠标右键，再在右键的快捷菜单中选择 "复制幻灯片" 选项。

（3）复制不同文件中的幻灯片。

单击 "开始" 选项卡，在 "幻灯片" 组中单击 （"新建幻灯片"），打开名为 "Office 主题" 的库，在下方选择 "重用幻灯片…"，在编辑窗口右侧打开 "重用幻灯片" 窗格，单击 "浏览" 按钮查找需要打开的演示文稿文件，选择并打开需要复制的源演示文稿后，在下方的预览区展示演示文稿中所有的幻灯片，需要复制哪张幻灯片就单击哪张即可，如图 5-20 所示。

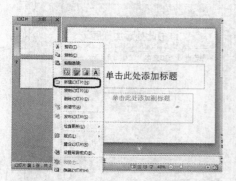 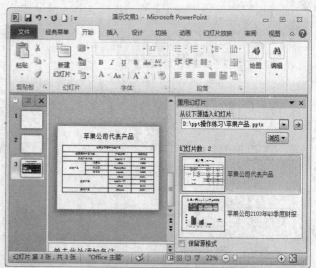

图 5-19　幻灯片选项卡下右键快捷方式　　　图 5-20　在 "重用幻灯片" 窗格下选择需要复制的幻灯片

3．删除幻灯片

在自己编辑的演示文稿或利用模板创建的演示文稿中有多余不需要的幻灯片时随时可以删掉，常用的方法如下。

(1) 在普通视图下。

在幻灯片编辑窗口左侧窗格"幻灯片"选项卡下,左键单击选中欲删除的幻灯片,直接按 Delete 键;或者右键单击欲删除的幻灯片,在右键快捷菜单中选择"删除幻灯片"选项。

如果有多张连续的幻灯片欲删除,先选中最前面的一张幻灯片,移动滑动条找到欲删除的最后一张,同时按 Shift 键+单击最后一张,选中所有需删除的幻灯片后,按 Delete 键或者右键单击其中任意一张,在右键快捷菜单中选择"删除幻灯片"选项。

如果有多张不连续的幻灯片欲删除,先选中最前面的一张幻灯片,移动滑动条找到欲删除的每一张单击的同时按 Ctrl 键,选中所有需删除的幻灯片后,按 Delete 键或者右键单击其中任意一张,在右键快捷菜单中选择"删除幻灯片"选项。

(2) 在幻灯片浏览视图下。

单击 ("幻灯片浏览视图")按钮,在幻灯片浏览视图下单击欲删除的幻灯片,按 Delete 键;或者右键单击欲删除的幻灯片,在右键快捷菜单中选择"删除幻灯片"选项。

如果有多张幻灯片欲删除,选择方法与普通视图下类似,连续利用 Shift 键同时选择,不连续的按 Ctrl 键同时选择,选中所要删除的所有幻灯片后,直接按 Delete 键。

4. 移动幻灯片

在编辑演示文稿时,幻灯片的顺序可以随时调整,方法如下。

(1) 鼠标拖动方式。

在普通视图编辑窗口左侧窗格"幻灯片"选项卡下或浏览视图下均可,单击选中需移动的幻灯片同时拖动鼠标至目标位置,松开鼠标即可。也可以同时移动多张幻灯片,选择方式同上,连续选择时需用 Shift 键,不连续时需用 Ctrl 键,选中最后一张时拖动鼠标移动至目标位置即可。

(2) 剪切加粘贴方式。

在普通视图编辑窗口左侧窗格"幻灯片"选项卡下或浏览视图下均可,先单击选中需移动的幻灯片,在 PowerPoint 2010 窗口中单击"开始"选项卡,在"剪贴板"组单击 ("剪切")按钮,然后鼠标移至目标位置单击左键定位,再单击"剪贴板"组的 ("粘贴")按钮即可。

5.2.4 保存演示文稿

1. 第一次保存演示文稿

创建的演示文稿要及时保存到磁盘中,有利于长期存放。如果是第一次保存,在 PowerPoint 2010 窗口左上角快速访问栏单击 ,或者单击"文件"选择"保存"都可打开"另存为"对话框,如图 5-21(a)所示。先选择磁盘和文件夹找好存放位置,在文件名处输入一个合适的演示文稿文件名称(默认后缀为.pptx),PowerPoint 2010 默认保存类型为"PowerPoint 演示文稿(*.pptx)",最后单击"保存"按钮即可。保存过的文件如果修改以后再次单击 保存时,不再弹出"另存为"对话框,将使用原名保存。

2. 保存为其他类型文件

PowerPoint 2010 在"另存为"对话框中保存文件的种类很多,单击"保存类型:"右侧的具体类型名称(默认为"PowerPoint 演示文稿(*.pptx)"),则打开可保存的所有类型菜单,如图 5-21(b)所示。针对不同的需求可以选择不同的文件类型,常用的几种类型与应用简单介绍如下。

(1) PowerPoint 演示文稿(*.pptx)。

PowerPoint 2010 和 2007 默认保存文件类型,文件后缀为".pptx"。该类型的文件被双击打开时自动由 PowerPoint 2010 打开,演示文稿内容保持不变。

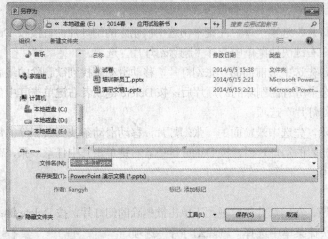

(a) "另存为"对话框　　　　　　　　　　　　　　(b) 选择保存文件类型

图 5-21　保存文件

(2) PowerPoint 启用宏的演示文稿（*.pptm）。

演示文稿中包含有宏代码，文件后缀为".pptm"。宏通常由软件开发人员使用 VBA（Visual Basic for Applications）编写，代码，宏能自动执行经常使用的操作任务，从而节省键击和鼠标操作的时间，但由于有一些黑客会在有的宏中添加病毒代码而对使用该软件的用户造成危害，所以当 PowerPoint 在打开带有宏的文件时，会有警告的提醒信息，如果不能确认是安全的宏，可以选择禁用宏。

(3) PowerPoint 97~2003 演示文稿（.ppt），文件后缀为".ppt"。在 PowerPoint 2010 创建的演示文稿保存为此种方式时，这种文件能够在早期版本 PowerPoint 97 至 PowerPoint 2003 软件中打开，但是有一些 PowerPoint 2010 软件新增的功能及一些效果是不能使用的。

(4) PDF（.pdf），文件后缀为".pdf"。PDF 是一种电子文件格式（由 Adobe Systems 开发的基于 PostScript 的电子文件格式），它保留文档格式并允许文件共享，联机查看或打印 PDF 格式的文件时，保留预期的格式，可以将文件中的数据显式设置为禁止编辑方式，防止被别人篡改或复制。演示文稿保存为 PDF 文件后，再次打开时将不能再用 PowerPoint 进行编辑，而是自动用 Adobe Reader 软件打开。

(5) PowerPoint 设计模板（*.potx），文件后缀为".potx"。在 PowerPoint 2010 或 2007 中可以使用的模板文件。打开该类文件可应用于对所需要的演示文稿自动进行模板中对应的格式设置。

(6) PowerPoint 97~2003（*.pot），文件后缀为".pot"。它是早期版本的 PowerPoint（从 97 到 2003）中可以使用的模板文件。

(7) Windows Media 视频（.wmv），文件后缀为".wmv"。可以把幻灯片放映效果制作成一个视频文件。

(8) 其他还有保存为图片图元格式类的有".jpg"、".gif"、".png"、".tif"、".bmp" 等。

5.3　丰富演示文稿的内容

如果演示文稿的每张幻灯片中只有纯文字的信息则显得过于呆板，在幻灯片中插入各种对象可以丰富幻灯片内容，从而对文本内容做进一步可视化的说明。在创建和组织一个演示文稿时，应该做好规划，需要用多少张幻灯片，每张幻灯片要放哪些内容，根据内容的不同要采用不同的版式，需要插入哪些丰富多彩的对象，都需要提前准备好所需的材料（如图片、视频等文件）。

本节以下对演示文稿所做的所有操作大多数都是在普通视图下进行的。

5.3.1 在幻灯片中插入文本信息

1. 在包含有文本占位符版式的幻灯片中添加文字

对正在编辑的演示文稿，如果当前的幻灯片需要有大段的文字部分，在新建该幻灯片时应选择有内容样式的版式。

（1）通常演示文稿的第 1 张幻灯片版式都是"标题"版式，有两个标题的占位符，显示"单击此处添加标题"和"单击此处添加副标题"，单击鼠标后显示的文字消失，从键盘输入相应的文字即可。

（2）从第 2 张开始再添加幻灯片时用得比较多的是"标题和内容"版式。在此版式中上方为标题的文本占位符，单击后可输入标题对应的文字；下方有"单击此处添加文本"的占位符，对应的是可以输入多段带项目符号的文字信息。

2. 设置文本格式

无论标题还是大段文字信息的内容都可以进行字体和段落的设置，方法如下。

（1）字体格式设置。

先拖动鼠标选中需要设置的文本，单击"开始"选项卡，在"字体"组可以设置字体、字号、放大字号、缩小字号、加粗、倾斜、加下划线、加阴影、加删除线、字符间距的调整、文字颜色的选择等操作，单击"字体"组右下角的 对话框启示器，打开"字体"对话框，可以进行更详细的字体设置。

（2）段落设置。

先拖动鼠标选中需要设置的段落，单击"开始"选项卡，在"段落"组可以设置的功能有选择项目符号和编号的种类，降低或提高列表级别，选择分栏数目、段落对齐方式、调整行距、选择文字在文本框内的对齐方式、文字方向，还可以将段落转换为 SmartArt 格式等。单击"段落"组右下角的 对话框启示器，打开"段落"对话框，在"段落"对话框中包括"缩进和间距"和"中文版式"选项卡，可以根据需要进行更详细的段落设置。

3. 在"插入"选项卡下的"文本"组插入各类文本对象

在"插入"选项卡下的"文本"组可以插入很多文本对象，包括文本框、页眉页脚、艺术字、日期和时间、幻灯片编号和各种对象。下面分别介绍几种对象的添加方法。

（1）添加文本框。

如果当前幻灯片选择的版式是"空白"版式（没有文本占位符），或者在有文本占位符虚框以外的位置也可以添加文本，方法如下：

单击 PowerPoint 2010 的"插入"选项卡，在"文本"组单击 A（"文本框"）按钮下方的 ，选择"横排文本框"或"竖排文本框"后，在需要增加文本框的位置拖动鼠标，当松开鼠标时，在当前的幻灯片上增加了一个文本框，然后在文本框内输入所需要的文字即可。

（2）添加艺术字。

单击 PowerPoint 2010 的"插入"选项卡，在"文本"组单击 A（"艺术字"）按钮下方的 ，出现如图 5-22 所示的艺术字库，选择一种样式后，在幻灯片中出现"请在此放置您的文字"的文本框，单击该文本框删除提示信息后，输入需添加的文字即可。

（3）添加页眉页脚。

在当前的幻灯片或所有的幻灯片中还可以添加页眉和页脚的文本信息，方法如下：

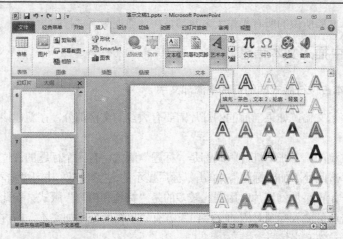

图 5-22 插入艺术字

单击 PowerPoint 2010 的"插入"选项卡,在"文本"组单击 ("页眉页脚")按钮,出现如图 5-23(a)所示的"页眉页脚"对话框该对话框有 "幻灯片"和"备注和讲义"两个选项卡,如果只在幻灯片中设置页脚则用默认的"幻灯片"选项卡,如果需要打印一些包含有备注内容的演示文稿,则选择"备注和讲义"选项卡,如图 5-23(b)所示。

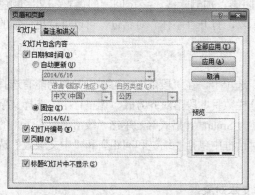
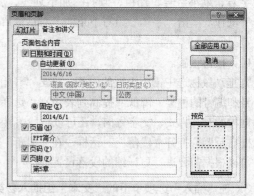

(a) "幻灯片"选项卡　　　　　　　　　　(b) "备注和讲义"选项卡

图 5-23 "页眉和页脚"对话框

① "幻灯片"选项卡下的设置。

在"幻灯片"选项卡下,可以选择在幻灯片中页脚位置处显示的选项有以下几部分:

- "日期和时间"复选框。如果选中该复选框,还可以再选择"自动更新日期"单选按钮(时间会自动更新,每次都按放映演示文稿时的机器当前的日期时间显示)。如果选择"固定"单选按钮,则用户在下方的文本框中可以输入一个具体的时间,作为在页脚永久显示的时间。
- "幻灯片编号"复选框。如果选中该复选框,则自动把幻灯片在整个演示文稿中的顺序编号显示在页脚位置。
- "页脚"复选框。如果选中该复选框,则用户在下方的文本框中可以输入希望在幻灯片页脚位置处显示的具体文字信息。
- "标题幻灯片中不显示"。如果选中该复选框,则对上面几项设置的页脚信息都不会出现在采用"标题版式"的幻灯片中。

如果只需要在幻灯片中设置页眉页脚就选择"幻灯片",设置好以上各个选项后,如果希望设置页脚信息仅应用于当前的一张幻灯片则单击"应用"按钮，如果希望对当前演示文稿的所有幻灯片都使用此设置则单击"全部应用"按钮。

② "备注和讲义"选项卡下的设置。

在"备注和讲义"选项卡下，可以通过右下方的预览区看到，可以设置的信息包括页眉和页脚，具体选项有以下几部分：

- "日期和时间"复选框。如果选中该复选框，可以选择"自动更新日期"单选按钮或者选择"固定"单选按钮，方法同上。
- "页眉"复选框。如果选中该复选框，则在其下方的文本框中输入用户想要在页眉处显示的文字信息。
- "页码"复选框。如果选中该复选框，则在页脚右下脚的位置自动显示页码的信息。
- "页脚"复选框。如果选中该复选框，则用户在下方的文本框中可以输入希望在幻灯片所在页面左下角位置处显示的具体文字信息。

设置以上各个选项时可以在右下角的预览区观察每个选项出现的位置，满意后单击"全部应用"按钮即可。

（4）插入日期和时间、插入幻灯片编号。

① 在"插入"选项卡的"文本组"，单击 ![] （"日期或时间"）铵钮，也会打开"页眉和页脚"对话框，设置方法同上。

② 在"插入"选项卡的"文本组"，单击 ![] （"插入幻灯片编号"）铵钮，也会打开"页眉和页脚"对话框，设置方法同上。

5.3.2 在幻灯片中插入图像

在幻灯片中插入的图像可以是剪贴画、屏幕截图、图片文件、相册中的图片。

1．插入剪贴画

单击 PowerPoint 2010 的"插入"选项卡，在"图像"组单击 ![] （"剪贴画"）铵钮，在编辑窗口右侧打开"剪贴画"窗格，需要插入哪类的剪贴画可以输入对应的文字信息进行搜索，如图 5-24 所示。在文本框中输入"汽车"单击"搜索"后下方出现与"汽车"内容一致的很多剪贴画，移动滑动条，选择满意的一个并双击即可插入到当前的幻灯片中，对于插入的剪贴画按住尺寸柄可调整图片大小，也可以拖动鼠标移至合适位置。

图 5-24　插入剪贴画

2. 插入图片文件

单击 PowerPoint 2010 的"插入"选项卡，在"图像"组单击 ("图片") 铵钮，打开"插入图片"对话框，如图 5-25（a）所示，移动滑动条查找到图片文件所在的磁盘及文件夹，选中所需要的文件后，单击"插入"按钮，则被选入的图片文件就出现在当前幻灯片中，按住尺寸柄可以调整插入的图片大小，也可以拖动鼠标移至合适位置，如图 5-25（b）所示。

(a) "插入图片"对话框选择图片文件　　　　　(b) 插入图片后的幻灯片

图 5-25　插入图片文件

3. 插入屏幕截图

（1）插入整个应用程序窗口画面。

当前计算机如果运行多个程序时，会打开很多窗口，插入屏幕截图可以选择任何一个打开的窗口作为屏幕截图插入到当前幻灯片中，方法是单击 PowerPoint 2010 的"插入"选项卡，在"图像"组单击 ("屏幕截图") 铵钮，打开"可用视窗"库，里面包括当前机器上所有打开的应用程序窗口屏幕图像，如图 5-26 所示（图像多少及画面内容与机器正在运行的程序有关），如果想用哪个应用程序窗口的整个图像则可以移动滑动条查找到所需要的窗口图片后双击即可。

（2）插入屏幕截图。

如果只想用截取当前桌面上图像的某一部分，单击 PowerPoint 2010 的"插入"选项卡，在"图像"组单击 ("屏幕截图") 铵钮，打开"可用视窗"库，在"可用视窗"库左下角再单击 ("屏幕剪辑") 铵钮，然后在当前可见的桌面及窗口画面中拖动鼠标选个合适的图片块，松开鼠标时，被选中的屏幕截图即显示在当前幻灯片中，可适当调整图片大小和位置。

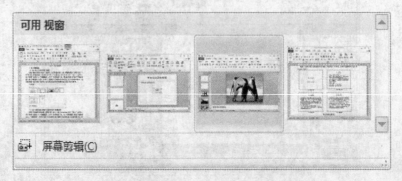

图 5-26　插入屏幕截图（当前打开的程序窗口截屏）

第 5 章 PowerPoint 2010

4. 图片的格式设置

在幻灯片中双击插入的图片对象后自动出现"图片工具"上下文选项卡,如图 5-27(a)所示。

(1) 在"调整"组可以压缩图片、更改图片、重设图片,对选中的图片对象可以删除背景、调整颜色的饱和度和色调、设置不同的艺术效果,更正图像亮度和对比度、锐化和柔化的百分比。

(2) 在"大小"组可以设置图片的高度和宽度,还可以剪裁图片。

(3) 在"排列"组可以对多个图片进行组合、上移、下移、对齐、旋转、可见或不可见的设置。

(4) 在"图片样式"组可以设置内置的 28 种标准图片样式(每种样式都有一个名称),也可以单独设置 "图片边框"、 "图片效果"、 "图片版式",单击"图片样式"组右下角的 对话框启示器,打开"设置图片格式"对话框,如图 5-27(b)所示,可以设置的格式包括"填充"、"线条颜色"、"线型"、"阴影"、"映像"、"发光和融化边缘"、"三维格式"、"三维旋转"、"图片更正"、"图片颜色"、"艺术效果"、"裁剪"、"大小"、"位置"、"文本框"和"可选文字",根据需要或个人爱好可以进行更加细致的图片格式设置。例如,对前面图 5-25 插入的企鹅图片设置为"图片样式"组"棱台形椭圆 黑色"后的效果如图 5-27(c)所示。

(a) 图片工具选项卡和功能区

(b) "设置图片格式"对话框

(c) 设置格式之后的图片效果

图 5-27 设置图片格式

5.3.3 在幻灯片中插入表格

在幻灯片中可以插入指定行数和列数的表格,可以选择"绘制表格",还可以插入"Excel 电子表格"。

1. 利用快捷方式插入带格式的表格

单击 PowerPoint 2010 的"插入"选项卡,在"表格"组单击 ("表格")按钮,打开"插入表格"库,如图 5-28(a)所示,在上方的 8 行 10 列表格区域移动鼠标自动出现所选取的行和列,单击鼠标后则按选取的行和列区域直接在幻灯片中插入相应的带格式的表格,如图 5-28(b)所示。

(a) 插入表格库

(b) 插入带格式的表格

图 5-28 利用快捷方式插入带格式的表格

2. 插入指定行数的简单表格

例如，插入如表 5-1 所示表格，可采用以下方法。

（1）方法一：如果当前幻灯片版式是"标题和内容"版式，在标题处输入"苹果公司代表产品"，单击幻灯片中间的（"插入表格"）占位符，打开"插入表格"对话框，如图 5-29（a）所示，选择或输入所需要的行数 4 和列数 3 后，单击"确定"按钮，创建了一个固定行高和均分列宽的表格。如果行高不合适，鼠标拖动右下角的尺寸柄至合适大小的位置，松开鼠标时表格自动均分行高，然后在表格中输入对应的文字信息即可，如图 5-29（b）所示。

表 5-1 苹果公司 2103 年 Q3 季度财报

苹果 2103 年产品	2013 年 6 月	2012 年 6 月
iPhone（万台）	3120	2600
iPad（万台）	1460	1700
Mac（万台）	380	400

（2）方法二：在"插入"选项卡"表格"组单击（"表格"）按钮，打开"插入表格"库后，在其下方单击（"插入表格…"）按钮，打开"插入表格"对话框，输入所需要的行数 4 和列数 3 后，单击"确定"按钮，在表格内输入文字信息。

3. 插入绘制表格

在"插入"选项卡"表格"组单击（"表格"）按钮，打开"插入表格"库后，在其下方单击（"绘制表格"）按钮后，鼠标形状变成一支笔，在幻灯片适当位置拖动鼠标，松开鼠标时插入一个矩形表格外边框，如图 5-30（a）所示，同时在 PowerPoint 2010 窗口出现"表格工具"上下文选项卡，在"绘图边框"组继续单击（"绘制表格"）按钮，鼠标形状又变成一支笔，在表格框内拖动鼠标可以插入横向、纵向和斜对角的直线，根据需要可以插入若干条直线使之变成所需要样式的表格即可，如图 5-30（b）所示。

在绘制表格过程中不合适的线可以及时按快速访问栏中的 撤销刚才的操作，如果不能撤销，则可以在"表格工具"上下文选项卡的"绘图边框"组单击（"擦除"）工具擦除多余的线条。

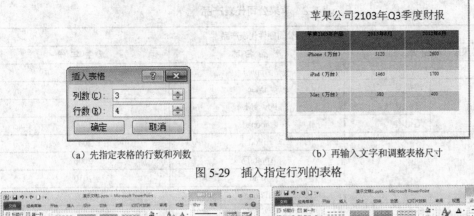

(a)先指定表格的行数和列数　　　　(b)再输入文字和调整表格尺寸

图 5-29　插入指定行列的表格

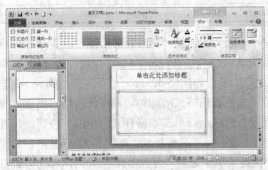 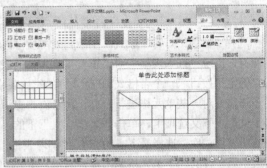

(a)先绘制外边框　　　　　　　　　(b)再绘制内边框

图 5-30　插入绘制表格

4．插入 Excel 表格

单击 PowerPoint 2010 的"插入"选项卡,在"表格"组单击 "表格",打开"插入表格"库,单击最下方的 ("Excel 电子表格")按钮,插入的 Excel 电子表格如图 5-31(a)所示。如果尺寸太小,拖动表格对象右下角的尺寸柄至合适大小位置处松开鼠标后就变成如图 5-31(b)所示,再在表格内输入需要的数据信息即可。

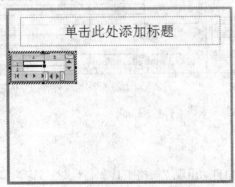 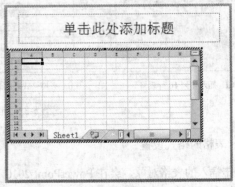

(a)刚插入的 Excel 表格很小　　　　(b)调整大小后的 Excel 表格

图 5-31　插入 Excel 表格

5．插入复杂格式的表格

如果需要比较复杂的表格,例如表 5-2 所示,可以使用"绘制表格"方式,也可以先插入一个根据表中最多行数和最多列数指定行列的表格,然后再对表格进行合并单元格、调整行高列宽等操作,方法如下:

表 5-2　苹果公司代表产品

苹果公司硬件代表产品			
苹果硬件产品代表		产品名称	诞生年份
早期产品代表		Apple I	1976
电脑产品	消费型	iMac	1998
	专业型	PowerMac	1999
	笔记本	ibook	1999
数字产品		iPod	2001
		Apple TV	2006
		iPad	2010
通信产品		iPhone	2007

选择"标题幻灯片"版式，在标题处占位符内输入标题文本信息，在内容对象框内，单击▦表格占位符，出现"插入表格"对话框，根据所需的表格信息调整"列数"为"4"，"行数"为"10"，单击"确定"按钮，一个带格式10行4列的空白表格就产生了，如图5-32（a）所示。要达到表5-2的样子还需要对一些单元格进行合并，为了看得更清楚，先把表格格式清除掉，单击该表格，出现"表格工具"上下文选项卡，单击"表格工具"下的"设计"选项卡，单击表格样式组中的▼按钮，打开表格所有样式库，选择最下方的▦（"清除表格"）后，就去掉了表格样式，如图5-32（b）所示。然后选中第一行的四个单元格单击鼠标右键，在出现的快捷菜单中选则"合并单元格"，用同样的方式分别合并第二行、第三行、第十行的前两列的单元格；再选第一列的第四、五、六这行共三个单元格合并为一个；然后再选第一、二列的第七、八、九行共六个单元格合并为一个，最后在各个单元格中填入表格内容即可，如图5-32（c）所示。

(a) 插入4列10行表格　　(b) 去掉格式后的表格　　(c) 合并部分单元格后填入所需文字信息

图 5-32　插入复杂表格

6. 表格的格式设置

双击插入的表格对象，会在PowerPoint 2010窗口自动出现"表格工具"上下文选项卡，"表格工具"又包含"设计"和"布局"两个选项卡，默认是"设计"选项卡，如图5-33（a）所示。可以对表格的格式做进一步的设置，包括选择不同种类的表格样式，设置表格样式选项、设置边框、底纹、效果，对表格中的文字设置艺术字效果，绘制表格时选择边框线型、颜色、磅值等。单击"表格工具"中的"布局"选项卡，功能区如图5-33（b）所示，可以查看网格线、删除行、列、表格，合并或拆分单元格，设置单元格的大小、表格中文本的对齐方式、表格的尺寸和对齐方式等等。用户可以根据需要或个人喜好对选中的表格做进一步详细的美工设置。

第 5 章 PowerPoint 2010

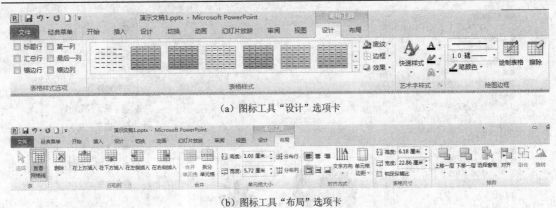

(a) 图标工具"设计"选项卡

(b) 图标工具"布局"选项卡

图 5-33 设置表格格式

5.3.4 在幻灯片中插入插图

幻灯片中可以插入的插图可以是形状库中的任意自选图形，也可以插入图表和 SmartArt。

1. 任意形状图形的插入与格式设置

(1) 插入任意图形的方法。

形状库内的图形主要就是在 PowerPoint 早期版本中的自选图形，可以通过"开始"选项卡下的"绘图组"（如图 5-34（a）所示）直接从现成的基本图形库中选择某个命令绘制图形，也可以在"插入"选项卡"插图"组中（如图 5-34（b）所示）单击"形状"，打开"形状库"，如图 5-35（a）所示（单击"绘图组"图形框右侧的 ▼（"其他"）按钮，也可以打开"形状库"），图形按类分为"最近使用的形状"、"线条"、"基本形状"、"箭头汇总"、"公式形状"、"流程图"、"星与旗帜"、"标注"、"动作按钮"，移动滑动条，选择需要的形状并单击后在幻灯片适当位置拖动鼠标绘制需要的图形即可。

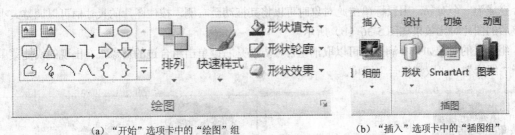

(a) "开始"选项卡中的"绘图"组　　　　(b) "插入"选项卡中的"插图组"

图 5-34 插入图形的方法

(2) 根据需要绘制图形。

重复多次插入不同形状的按钮可以组成一幅画或者绘制一个流程图等。例如，制作一个如图 5-35（b）所示的图形，需要从"形状库"中选取并插入的形状用到了 ▭（"矩形"）、✺（"太阳形"）、☺（"笑脸"）、⬆（"直角上箭头"）、☁（"云形标注"）、⧗（"流程图"）和 ▱（"前凸带形"），添加完每个对象后，根据比例适当调整每个对象的位置和大小。

(3) 多个图形对象的排列调整。

如果绘制了多个图形，多个对象在同一个位置叠加时，先添加的对象在下层，后添加的对象在上层，上层的图形会覆盖其下层的图形，如果需要更改叠放次序，可以单击"绘图组"中"排列"下方的箭头，如图 5-35（c）所示，重新调整设置每个对象的排列顺序。

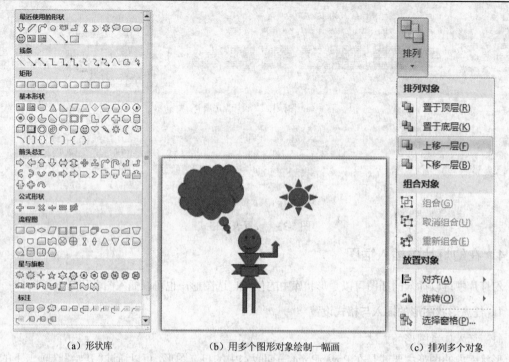

(a) 形状库　　　　　　　(b) 用多个图形对象绘制一幅画　　　　　　(c) 排列多个对象

图 5-35　插入多种自选形状绘制图形

(4) 多个图形对象组合成一个对象。

对图 5-35（b）所示的幻灯片中间组成人的各个图形对象组合成一个整体，有利于整个对象在幻灯片中的位置移动和尺寸的调整，方法是按住 Shift 键的同时单击组成人的每个图形对象，全部选中后在其中任意一个上面右键单击鼠标，在出现的右键快捷菜单中选择"组合"→"组合"，如图 5-36（a）所示，组合完成为一个对象，用鼠标单击此对象时可以将其拖动至右侧，按住图片的尺寸柄可以调整大小，调整后的图片对比效果如图 5-36（b）所示。

组合过的对象如果不满意也可以取消组合，方法是右键单击组合过的对象，在出现的快捷菜单中选择"组合"→"取消组合"即可。

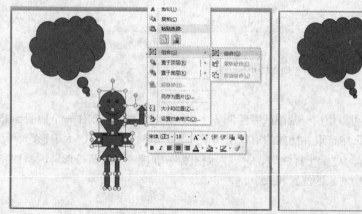

(a) 按 Shift 键同时选中多个图形组合　　　　　(b) 对组合后的对象移动位置并调整尺寸后的结果

图 5-36　多个形状组合成一个图形对象

（5）在自选图形中添加文字。

插入的自选图形可以在图形内再添加文字信息，方法是右键单击需插入文字的自选图形对象，在快捷菜单中选择"编辑文字"，然后输入对应的文字即可。例如，在图 5-36（b）所示幻灯片中可右键单击插入的"云形标注"对象，选择"编辑文字"输入"今天天气真好！"。

（6）设置图形对象的形状格式。

① 方法一。

单击插入的图形对象，在出现的"绘图工具"选项卡下的"形状样式"组，可以直接选择内置的形状样式库中的样式，也可以单项设置"形状填充"、"形状轮廓"、"形状效果"。

例如，在图 5-36（b）所示幻灯片中单击"太阳"对象，在出现的"绘图工具"选项卡下的"形状样式"组单击 ❖ （"形状填充"），选择"黄色"，如图 5-37（a）所示；单击 ☑ （"形状轮廓"），选择"虚线行 1"，如图 5-37（b）；单击 ◐ （"形状效果"），选择"发光"→"红色，18pt 发光，强调文字颜色 2" 如图 5-37（c）所示。单击插入的"云形标注"对象，在"形状样式"组中移动滑动条选择 Abc "彩色轮廓-蓝色，强调颜色 1"；设置完成后的效果如图 5-37（d）所示。

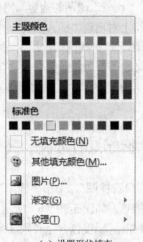

（a）设置形状填充

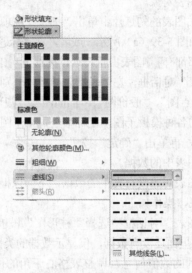

（b）设置形状轮廓

（c）设置形状效果

（d）图形格式设置后的效果

图 5-37　设置自选图形格式

② 方法二。

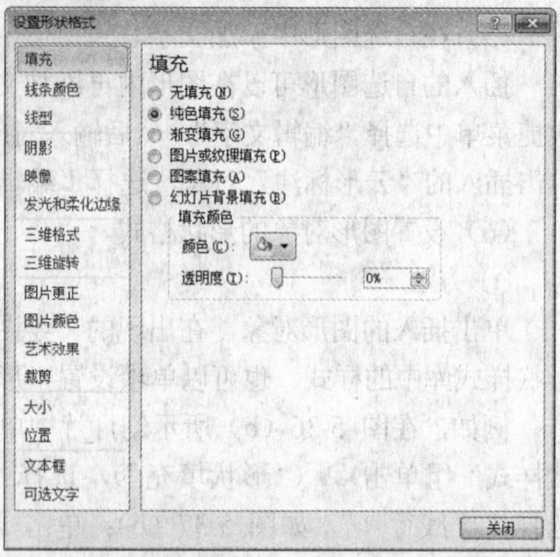

选中需设置的图形对象后，单击"绘图工具"选项卡下"形状样式"组右下角的 （对话框的启动器），打开"设置形状格式"对话框，如图 5-38 所示，可以设置的格式包括"填充"、"线条颜色"、"线型"、"阴影"、"映像"、"发光和融化边缘"、"三维格式"、"三维旋转"、"图片更正"、"图片颜色"、"艺术效果"、"裁剪"、"大小"、"位置"、"文本框"和"可选文字"。根据需要或个人爱好进行详细的形状格式设置。

2. 插入图表

图表能以更加直观的方式展示表格中的数据和数据之间的对比关系，PowerPoint 2010 插入图表的方法如下。

图 5-38 "设置形状格式"对话框

（1）插入图表对象。

在需要添加图表的幻灯片中单击"插入"选项卡，选择"插图"组的 （"图表"）打开"插入图表"对话框，如图 5-39（a）所示。或者，在"标题和内容"、"比较"、"两栏内容"、"内容与标题"版式的幻灯片中部都有 图表占位符，鼠标移至 图表占位符上时出现"插入图表"，单击该图标也会打开"插入图表"对话框，左侧是图表模板，分别是"柱形图"、"折线图"、"饼图"、"条形图"、"面积图"、"XY 散点图"、"股价图"、"曲面图"、"圆环图"、"气泡图"、"雷达图"一共有 11 类模板，右侧区域是具体的各种模板子图，鼠标移至每个子图上时会显示子图的名称，选择需要插入的子图双击（或单击子图后，再单击"确定"按钮）。

（2）添加图表中的数据。

刚添加的图表对象没有真正的数据，下面以根据表 5-1 建立的幻灯片中的数据为例插入一个"簇状圆柱图"图表，操作如下：

在"插入图表"对话框中选择"柱形图"模板中的"簇状圆柱图"，单击"确定"按钮后打开一个 Excel 窗口，里面还没有数据，仅显示数据的类别和系列信息，如图 5-39（b）所示，表 5-1 的内容中仅有 4 行 3 列的数值信息，调整表格右下角的位置，使数据区域仅包含至类别 3 系列 2 即可，如图 5-39（c）所示，在含有表格 5-1 的幻灯片内拖动鼠标选中需要添加进图表的所有行和列后复制表格内容（可单击右键快捷菜单中的"复制"或按 Ctrl+C 键），在 Excel 窗口的 A1 单元格中单击后粘贴复制的表格内容（可按 Ctrl+V 键或功能区中的 （"粘贴"）按钮）后，在当前幻灯片中就出现了与表 5-1 的数据相对应的图表，适当调整图表对象的大小和位置，最终结果如图 5-39（d）所示。

3. 插入 SmartArt 图形

PowerPoint 2010 新增的 SmartArt 图形布局可以对幻灯片中的文本或图片等信息进行整体布局，令幻灯片的画面更加生动形象，内容的对比阐述更加清晰明了。

（1）直接由文本段落转换成 SmartArt 图形。

① 方法一：如果幻灯片中已经有建好的多段项目列表的文本，鼠标拖动选中需要转换成 SmartArt 图形的文本段落（一般是有多段的项目列表行），单击右键，如图 5-40（a）所示，在右键快捷菜单中选择 （"转换为 SmartArt"），在右侧出现的 SmartArt 图形库中选择合适的模板，例如选择"垂直项目符号列表"并双击，效果如图 5-40（b）所示。

② 方法二：选中需要转换成 SmartArt 图形的文本段落，单击 PowerPoint 2010 的"开始"选项卡，在"段落"组单击 （"转换为 SmartArt"），打开 SmartArt 图形库，从中选择合适的模板即可。

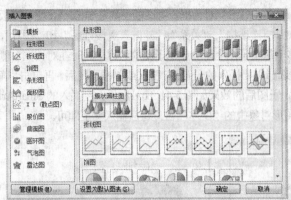
(a)"插入图表"对话框

(b)打开 Excel 程序

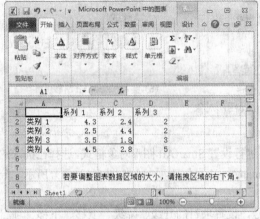
(c)调整数据所需要的单元格区域

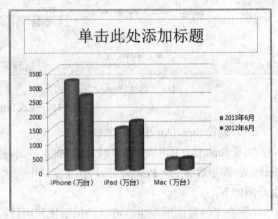
(d)添加完数据后的图表

图 5-39 插入图表

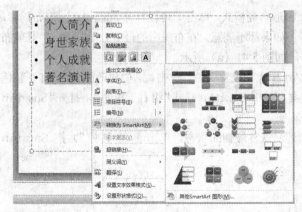
(a)选中文本块单击右键快捷菜单

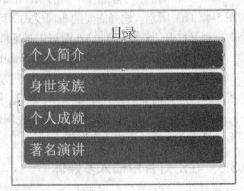
(b)选择"垂直项目符号列表"模式的 SmartArt 图形

图 5-40 文本转换为 SmartArt 图形

(2)插入 SmartArt 图形对象。

在需要添加 SmartArt 图形对象的幻灯片中单击"插入"选项卡,选择"插图"组中的 ("SmartArt")打开"选择 SmartArt 图形"对话框,如图 5-41(a)所示。或者,在"标题和内容"、"比较"、"两栏内容"、"内容与标题"版式的幻灯片中部都有 SmartArt 占位符图标,鼠标移至 图标上时,出现"插入 SmartArt 图形"，单击该图标也会打开"选择 SmartArt 图形"对话框，对话框左侧是 SmartArt 图形模板种类，分别是"全部"、"列表"、"流程"、"循环"、"层次结构"、"关系"、"矩阵"、"棱锥图"和"图片"，对话框中间是选择的模板对应的详细子图，鼠标移至每个子图上时会显示子图的名称，同时在对话框右侧是选中子图的预览效果和子图名称及功能的描述，选择需要插入的子图并双击（或单击子图后，再单击"确定"按钮）。例如，选择"流程"、"步骤下移流程"子图后的效果如图 5-41（b）所示，刚插入的 SmartArt 图形对象在幻灯片中还没有文字，单击 SmartArt 图形对象中的"文本"占位符后输入文字即可。

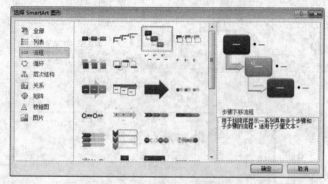
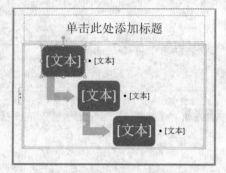

(a) "选择 SmartArt 图形"对话框　　　　　　(b) 插入的 SmartArt 图形

图 5-41　插入 SmartArt 图形对象

（3）设置 SmartArt 图形对象格式。

如果 SmartArt 图形对应的项目过少或太多则需要进行设置 SmartArt 图形对象格式。选择已插入的 SmartArt 图形对象后，PowerPoint 2010 窗口出现"SmartArt 工具"选项卡，如图 5-42（a）所示，分别介绍如下。

① 在"创建图形"组，可以添加形状和项目符号，设置项目的升级、降级、上移、下移、项目的从右向左或从左向右，还可以单击"文本窗格"，在出现的对话框内输入文字、编辑项目列表内容、增减项目段落等。

② 在"布局"组可以选择不同的 SmartArt 图形布局模式，单击 可以打开 SmartArt 图形布局库，如图 5-42（b）所示，选择需要的布局模式即可。如果都不满意，在布局库的最下方单击 （"其他布局"），则又打开"选择 SmartArt 图形"对话框，如图 5-41（a）所示。

③ 在"SmartArt 样式"组可以选择 SmartArt 样式和设置颜色，单击 （"更改颜色"）打开颜色库，如图 5-42（c）所示，选择需要的颜色搭配方案，单击"SmartArt 样式"组右下角的 ，打开"SmartArt 样式"库，选择需要的样式即可。

④ 在"重置"组可以单击 （"重设图形"）恢复最初的状态，单击 （"转换"）把 SmartArt 图形转换为文本或转换成一个图形文件。

5.3.5　在幻灯片中插入多媒体

在"插入"选项卡的"媒体"组可以插入视频和音频，视频可以是"来自文件中的视频"、"来自网站的视频"和"剪贴画视频"；音频可以是来自"文件中的音频"、"剪贴画音频"和"录音音频"。

1. 插入音频文件

（1）插入来自文件中的音频。

先准备好需要插入的音频文件，比如在 D 盘"PPT 操作练习"文件夹下有一个音频文件"Memory.mp3"，希望将其添加到打开的演示文稿第 1 张幻灯片中。操作如下：

在幻灯片"普通视图"编辑区左侧窗口单击"幻灯片"选项卡下的选择需要插入音频对象的幻灯片,单击"插入"选项卡,在"媒体"组中单击"音频"下方的箭头,在出现的菜单中选择"文件中的音频...",打开"插入音频"对话框,如图5-43(a)所示,选择音频文件所在文件夹,单击"插入"按钮,在幻灯片中出现音频图标,当鼠标移动至该图标上时就会在下方出现音频播放进度条,如图5-43(b)所示,单击进度条中的▶就可以听到音频文件播放的效果,幻灯片放映时也是如此。

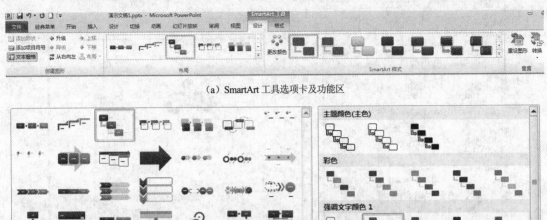

(a) SmartArt 工具选项卡及功能区

(b) SmartArt 图形布局库　　　　　　　(c) 更改颜色

图 5-42　设置 SmartArt 图形格式

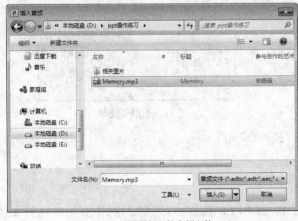

(a) 选择需插入的音频文件　　　　　　　(b) 插入后的效果

图 5-43　插入音频文件

(2) 插入剪贴画音频。

选择需添加剪贴画音频的幻灯片,单击"插入"选项卡,在"媒体"组中单击"音频"下方的箭头,在出现的菜单中选择"剪贴画音频...",在编辑窗口右侧打开"剪贴画"窗格,如图5-44(a)所示,在"剪贴画"窗格下方是搜到的所有剪贴画音频文件,移动滑动条选择需要的音频文件(例如"运输"),双击就可以插入到当前幻灯片中,在幻灯片中出现音频图标,当鼠标移动至该图标上时就会在下方出现音频播放进度条,单击进度条中的▶就可以听到音频文件播放的效果,如图5-44(b)所示,幻灯片放映时也是如此。

 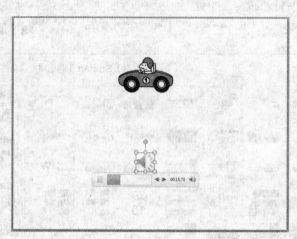

(a)在"剪贴画"窗格选择需插入的音频　　　　(b)插入后的播放音频状态

图 5-44　插入剪贴画音频文件

(3)插入录音音频。

选择需添加录音音频的幻灯片,单击"插入"选项卡,在"媒体"组中单击"音频"下方的箭头,在出现的菜单中选择"录音音频…",打开"录音"对话框,如图5-45(a)所示,在名称处可以给录音文件起一个名称,单击下方的●,开始录制,通过麦克声卡音频设备录制一段声音,录制过程可以看到声音总长度的数字在不断变化,需要录制结束时单击■,再单击▶可以听到录制的声音,单击"确定"按钮,在幻灯片中出现插入的音频图标。

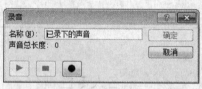 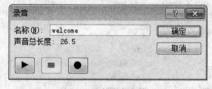

(a)录音对话框　　　　　　　　　　(b)录制声音文件

图 5-45　插入录音音频

2. 插入视频

(1)插入视频文件。

先准备好需要插入的视频文件,比如在D盘"PPT操作练习"文件夹下有一个视频文件"Wildlife.wmv",希望将其添加到打开的演示文稿第3张幻灯片中。操作如下:

在幻灯片"普通视图"编辑区左侧窗口双击"幻灯片"选项卡下的第3张幻灯片,单击"插入"选项卡,在"媒体"组单击"视频"下方的箭头,在出现的列表菜单中选择"文件中的视频…",打开"插入视频"对话框,如图5-46(a)所示,移动滑动条选择D盘"PPT操作练习"文件夹,选中"Wildlife.wmv"视频文件,单击"插入"按钮,在幻灯片中出现Wildlife.wmv视频文件窗口,拖动尺寸柄调整视频对象窗口到合适大小和合适位置处,当鼠标移动至该窗口时就会在下方出现视频播放进度条,单击进度条中的▶就可以看到视频文件播放的效果,如图5-46(b)所示,幻灯片放映时也是如此。

(a)"插入视频文件"对话框

(b)查看视频播放效果

图5-46　插入视频文件

(2)插入剪贴画视频。

选择欲添加剪贴画视频的幻灯片,单击"插入"选项卡,在"媒体"组中单击"视频"下方的箭头,在出现的菜单中选择"剪贴画视频...",在编辑窗口右侧打开"剪贴画"窗格,在"剪贴画"窗格下方是搜到的所有剪贴画视频文件,移动滑动条选取需要的视频文件(例如"从天而降的动物")双击就可以将其插入到当前幻灯片中,如图5-47(a)所示,单击插入的剪贴画视频对象,可以调整对象尺寸至合适大小,剪贴画视频效果需要单击 以幻灯片放映方式观看,如图5-47(b)所示。

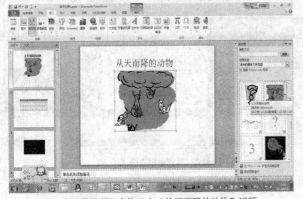
(a)在"剪贴画"窗格双击"从天而降的动物"视频

(b)播放剪贴画视频效果

图5-47　剪贴画视频

5.3.6　在幻灯片中插入特殊符号

1. 插入符号

当文本中需要插入一些特殊的符号时,选中需插入符号的幻灯片,在文本框或文本占位符处单击鼠标,确定符号插入位置,单击"插入"选项卡,在"符号"组中单击Ω("符号"),打开"符号"对话框,如图5-48所示,需要哪一类的符号时先在"子集"处选择类别,再移动滑动条查找到所需的符号后双击即可插入。

图5-48　"符号"对话框

2. 插入公式

在幻灯片中可以插入一些比较复杂的数学公式，单击"插入"选项卡，在"符号"组中单击 π（"公式"），打开常用的标准数学公式列表，如图 5-49（a）所示，有圆的面积、二项式定理、和的展开式、傅里叶级数、勾股定理、二次公式、泰勒展开式、三角恒等式 1、三角恒等式 2，共 9 种公式，移动滑动条选择需要的公式，例如双击"二项式定理"即可将其加入到幻灯片中，同时打开"公式工具"选项卡，如图 5-49（b）所示，在"公式工具"中包含"工具"组、"符号"组和"结构"组，可根据具体情况选择相应的工具栏命令按钮插入所需的公式和符号。

（1）需要更换已插入的标准数学公式时，可以单击"工具"组中的 π，打开标准数学公式列表，重新选择标准数学公式即可。

（2）如果插入的公式不是上面 9 种标准公式，则需要在"结构"组中先选取对应的公式结构的模板，"结构"组包含各种数学运算的分类结构模板，单击每个模板名称都会打开对应的各种详细的子模版库。例如，单击"根式"模板展开四种子模式，如图 5-49（c）所示，选择一个子模板后，幻灯片中出现对应子模式结构的占位符，在虚框占位符内输入数据或特殊符号即可。

（3）如果需要插入数学基本运算符，则单击"符号"组 打开基础数学符号库，如图 5-49（d）所示，双击需要插入的符号即可。

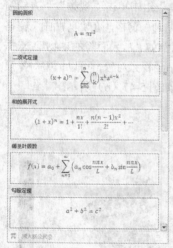

(a) 常用的标准数学公式

(b) 插入"二项式定理"公式

(c) "根式"结构模板下的子模板

(d) 基础数学符号

图 5-49 插入数学公式

5.4 演示文稿的美化修饰

5.4.1 幻灯片背景设计

没有采用模板和主题的演示文稿幻灯片背景默认都是白色，可以在 PowerPoint 2010 "设计"选项卡的"背景"组设置"背景样式"和"背景格式"。

1. 设置背景样式

选中需要设置背景的幻灯片，在"设计"选项卡的"背景"组单击 ("背景样式")，打开当前主题的背景样式库，一共 12 种，如图 5-50 所示，鼠标移至其中一种样式时，该样式背景会显示在当前幻灯片上，如果满意并想把背景样式应用于当前幻灯片上，单击右键选择"应用于所选幻灯片"，如果想将背景样式应用到所有幻灯片上，可以选择"应用于所有幻灯片"，或者直接双击样式即可。

图 5-50 背景样式库

2. 设置背景格式

在当前幻灯片没有任何对象的位置上单击鼠标右键，在右键快捷菜单最下方单击"设置背景格式"对话框，或者单击"设计"选项卡"背景"组右下方的 ，打开"设置背景格式"对话框，如图 5-51 所示，对话框左侧有填充、图片更正、图片颜色和艺术效果四种选项卡，分别对应详细的背景格式设置。

（1）背景用颜色或图案填充。

如果以某一种颜色填充，单击"纯色填充"单选钮，在"颜色："处单击 打开颜色库，可以选择标准颜色，也可以选择其他颜色，设置自定义颜色，在"透明度："处可以调整百分比，在调整过程中可以看到背景颜色在幻灯片中的变化。

如果希望有多种颜色，单击"渐变填充"单选钮，在"预设颜色"处单击 ，可以选择预设的 24 种渐变色彩图案，例如"红日西斜"、"金乌坠地"、"暮霭沉沉"、"雨后初晴"、"碧海蓝天"等，在"类型"处单击向下箭头可以选择"线性"、"矩形"、"射线"、"路径"、"标题的阴影"，还可以调整类型对应方向、渐变光圈、颜色、位置、亮度还有透明度等的设置。

如果想以固定的内置图案填充，单击"图案填充"单选钮，通过设置"前景色"和"背景色"，一共有 48 项两种颜色的搭配图案可供选择，图案填充相当于底纹填充。

（2）背景用图片或文理填充。

如果想以某种纹理图案填充，单击"图案或纹理"单选钮，在"纹理"处单击 ，打开纹理库，一共有 24 种内置纹理，例如"画布"、"水滴"、"纸袋"、"绿色大理石"等。

如果想用一个图片文件填充，单击"图案或纹理"单选钮，插入的图片文件可以来自"文件"、"剪贴板"和"剪贴画"，也可以选中"将图片平铺为纹理"复选框并设置平铺选项和透明度百分比。

如果选择"图案或纹理"填充方式，还可以再进一步在"图片更正"选项卡中设置"柔化"和"锐化的百分比以及"亮度"和"对比度"的饱和度；在"图片颜色"选项卡中设置颜色饱和度和温度值，或者重新着色；在"艺术效果"选项卡中可以设置多种艺术效果。

例如，在前面建立的"降落的动物"动画视频幻灯片中插入 D 盘"PPT 操作练习"文件夹下的"壁纸.jpg"文件并将其设为幻灯片的背景，先选中需要插入背景的幻灯片，单击"设计"选项卡"背景"

组右下方的 ，打开"设置背景格式"对话框,单击"填充"选项卡下的"图片或纹理填充",单击插入自"文件",打开"插入图片"对话框,移动滑动条选择 D 盘"PPT 操作练习"文件夹,选中"壁纸.jpg"文件,单击"插入",返回"设置背景格式"对话框,单击"关闭"按钮(如果想应用到全部幻灯片上则单击"全部应用"按钮),插入图片背景后的效果如图 5-51 所示。

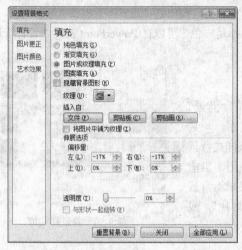

(a)设置背景格式　　　　　　　　　　　　(b)插入背景图片后的效果

图 5-51　插入背景图片

5.4.2　幻灯片主题设计

主题相当于 PowerPoint 早期版本中的设计模板,由"主题颜色"、"主题字体"和"主题效果"三者组合构成一套独立的设计方案,每个主题对应一个中文名称,如"暗香扑面"、"跋涉"等,可以选择不同的主题并应用于不同的幻灯片,也可以选择一种主题应用所有幻灯片,每个主题也可以由用户分别设置"主题颜色"、"主题字体"和"主题效果"。

(1)应用主题

单击"设计"选项卡,在"主题"组展示了一行 PowerPoint 2010 提供的多种主题略缩图,当鼠标移至每个主题略缩图上稍做停留时会显示该主题的名称,同时当前幻灯片会显示对应效果,如鼠标移至"跋涉"主题时,幻灯片效果如图 5-52(a)所示。如果满意并想应用于所有幻灯片就单击该主题或单击右键在快捷菜单中选择"应用于所有幻灯片",如果只想应用于当前幻灯片则在单击右键的快捷键中选择"应用于选定幻灯片",如果不满意则再选择其他的,可以单击右侧的 换下一行主题略缩图,或者单击 打开主题库,如图 5-52(b)所示。在主题库中可以看到"此演示文稿"区是已使用的主题,"自定义"区可以是用户使用、修改、创建、保存的主题,"内置"主题是 PowerPoint 2010 提供的有固定名称和对应标准设计方案的主题,一共有 44 种内置主题,如果想用网络提供的最新主题还可以使用"启用来自 Office.com 的内容更新",从网络中下载更新的主题。

(2)设置或新建主题方案。

一个主题是由主题颜色、主题字体和主题效果三者组合成一个整体方案构成,所以这三部分任何一个发生变化时就会变幻出一种新的主题,从而可以组成丰富多彩的自定义主题。一个演示文稿可以仅用一种主题,也可以用多种主题。

更改主题颜色:单击"主题"组中的"颜色",出现当前主题颜色"自定义"样式库,如图 5-53(a)所示。可以选择自定义颜色和内置颜色,鼠标移至任一个颜色方案上停留时,可以看到当前幻灯片的对应效果,还可以新建主题颜色方案。

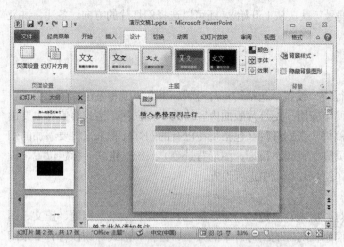 

(a) 光标鼠标移至"跋涉"主题时的幻灯片状态　　　　　　(b) "主题"库

图 5-52　选择主题应用于所选幻灯片

更改主题字体：单击"主题"组中的"字体"，出现当前主题字体的"自定义"样式库，如图 5-53（b）所示，可以选择自定义字体和内置字体，还可以新建主题字体方案。

更改主题效果：单击"主题"组中的"效果"，出现当前主题效果的"自定义"样式库，如图 5-53（c）所示，可以选择自定义效果和内置效果，用户可以根据自己的喜好选择合适的方案。

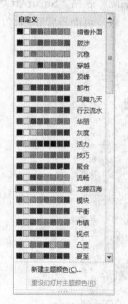  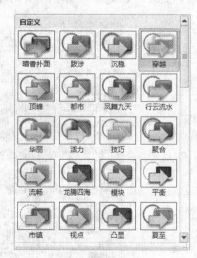

(a) 选择主题颜色　　　　　　(b) 选择主题字体　　　　　　(c) 选择主题效果

图 5-53　设置更改主题

3．幻灯片方向与页面设置

（1）幻灯片方向。

单击"设计"选项卡，在"页面设置"组单击"幻灯片方向"，可以选择横向（默认）和纵向。

（2）页面设置。

单击"设计"选项卡，在"页面设置"组单击"页面设置"打开"页面设置"对话框，可以设置幻灯片的大小、高度、宽度、页面起始编号（默认从 1 开始），还可以选择幻灯片的方向、备注、讲义和大纲的方向。

5.4.3 幻灯片母版设计

母版可以对整个演示文稿的外观进行统一设置，包括幻灯片母版、讲义母版和备注母版三类，讲义母版和备注母版主要是在打印演示文稿中应用，幻灯片版面内容的大小、位置、格式等信息主要由幻灯片母版统一设置。当需要在演示文稿每一张幻灯片（包括现在已有的幻灯片和未来将要添加的幻灯片）上都希望添加某个对象（如页眉页脚、页码、日期、图形背景等）或统一格式（标题位置、段落或项目级别、项目符号等）时，可以在幻灯片母版中进行设置。

（1）幻灯片母版设置。

幻灯片母版用于统一设置和存储幻灯片版式、主题、背景、颜色、字体、效果、标题、正文、图形、占位符、页眉页脚、日期、页码等信息在对应的幻灯片中的大小、位置和格式等。在含有多张幻灯片的演示文稿中常用幻灯片母版进行统一风格的设计。

单击"视图"选项卡，单击"母版视图"组的"幻灯片母版"，出现"幻灯片母版选项卡"，在编辑窗口左侧窗格列出所有版式的母版，当鼠标移至某个版式上时，会有该母版应用于哪些幻灯片的提示信息，比如对当前正在编辑的演示文稿当鼠标移动至第三个版式时，下方提示"标题和内容版式：由幻灯片 7-12，16-18 使用"（每个演示文稿每种版式使用的次数不同，显示的数字都会不一样），如图 5-54 所示，修改哪个版式的母版中的格式，就会对该版式所对应的幻灯片起作用。母版中可更改的格式有：插入各种对象的占位符（如内容、文本、图片、图表、媒体、剪贴画、表格、SmartArt 等），选择是否显示标题、页脚，设置主题的颜色、文字、效果，更改背景样式，以及页面设置和幻灯片方向都可以更改，更改完毕后单击"关闭母版视图"，返回幻灯片普通视图。

图 5-54 幻灯片母版

（2）讲义母版设置。

单击"视图"选项卡，单击"母版视图"组的"讲义母版"，出现"讲义母版"选项卡，如图 5-55 所示，在讲义母版中可以在"页面设置"、"讲义方向"和"幻灯片方向"选择横向或纵向，单击"每页幻灯片数量"可以选择 1、2、3、4、6、9 或幻灯片大纲，在"占位符"处可选择页眉、页脚、日期、页码复选框，并可看到编辑窗口每个选项出现的位置，在"编辑主题"组可以更改主题、颜色、字体和效果，还可以设置背景样式及背景格式，设置完毕后单击"关闭母版视图"返回幻灯片普通视图。

(3) 备注母版。

单击"视图"选项卡，单击"母版视图"组的"备注母版"，出现"备注母版"选项卡，如图 5-56 所示。在备注母版中可以进行页面设置、选择备注页和幻灯片的方向，在"占位符"组中可选择页眉、幻灯片图像、页脚、日期、正文、页码复选框，并可看到编辑窗口每个选项的位置，在"编辑主题"组可以更改主题、颜色、字体和效果，还可以设置背景样式及背景格式，设置完毕后单击"关闭母版视图"返回幻灯片普通视图。

图 5-55　讲义母版

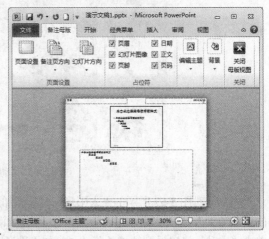
图 5-56　备注母版

5.5　演示文稿的动画设计

5.5.1　动画设置

在制作演示文稿过程中，在幻灯片内插入的每个对象在播放时默认都是没有动画的，通过添加动画可以让演示文稿在播放时更加生动、更容易吸引观众。使用"动画"选项卡可对幻灯片上的各个对象分别设置动画效果。

1．添加动画

（1）方法一：在"动画"组选取。

在幻灯片中单击需要添加动画的对象（标题、文本框、图形、图像、表格、音频、视频等）后单击"动画"选项卡，在"动画"组可以看到一行内置的各种动画样式（显示出的动画样式与 PowerPoint 2010 窗口的大小有关，窗口越大，可看见的部分越多），每个样式对应一个动画名称和图标，如★（"出现"）、★（"淡出"）、★（"飞入"）等，当鼠标移至其中一个动画名称时，可以看到幻灯片中被选中对象的动画效果，如果满意单击动画名称即可，被设置的对象左上角会出现一个动画顺序号，如图 5-57 中幻灯片内"云形标注"图形对象设为"飞入"效果；如果不满意可以单击▼看下一行动画样式，或者单击▽打开动画库选取。

（2）方法二：在"高级动画"组"添加动画"选取。

选中对象后单击"动画"选项卡"高级动画"组的"添加动画"，打开动画库，如图 5-58（a）所示。动画库可以更细致地设置动画效果，可以选择"进入"、"强调"、"路经"和"退出"四类动画效果，移动滑动条选择动画库中需要的动画效果后单击即可。如果还不满意，可以单击下方选择"更多的进入效果"、"更多的强调效果"、"更多的退出效果"、"其他的动作路径"以选择更多的动画效果。

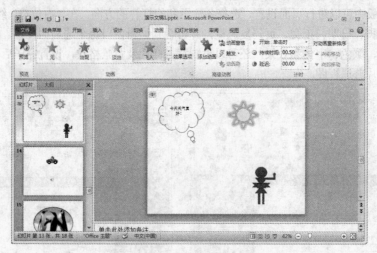

图 5-57 "动画"组添加动画

例如，对图 5-57 所示的"太阳形"对象添加进入效果为升起的动画效果，在动画库中单击"更多的进入效果"，打开"添加进入效果"对话框，如图 5-58（b）所示，在"温和型"中可以找到"上升"，单击"上升"可以看到动画预览效果，如果满意则单击"确定"按钮。

（a）"动画"库

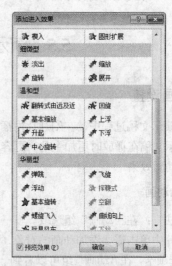

（b）"添加进入效果"对话框

图 5-58 "高级动画"组的"添加动画"

（3）方法三：利用 （"动画刷"）。

如果幻灯片中有很多对象想使用同一种动画效果，可以利用 ("动画刷")实现。方法是先设置好一个对象的动画效果后，单击该对象，在"高级动画"组上单击 ("动画刷")，然后鼠标会变成含有小刷子的形状，去刷别的需要同样效果的对象就可以了，单击一次 ("动画刷")，只可以刷一个对象，如果双击"动画刷"，就可以刷很多次（还可以刷不同幻灯片里的对象），直到不想再用时，再单击一下"动画刷"即可取消。

2. 动画"效果选项"设置

添加过动画的对象，还可以再进一步设置动画效果。单击动画对象后，在"动画组"单击"效果选项"出现对当前动画可以选用的更多效果，如动画方向可以选择"自左侧"、"自底部"、"自左下部"，等等，序列可以选择"作为一个对象"、"整批发送"、"按段落"、"逐个"、"一次级别"等，不同的动画出现的效果选项不同。

3. 动画管理

幻灯片中有多个动画对象时，怎样处理出现的顺序、每个对象出现的时间和如何触发动画呢？

(1) 计时。

单击要处理的动画对象，在"计时"组"开始"处可以选择"单击"（默认）、"与上一动画同时"、"上一动画之后"，在"持续时间"和"延迟"处可以将当前已给的时间值调大或调小。

(2) 触发。

如果希望出现动画对象的效果是任意次（由播放者决定），可以通过触发方式，单击要处理的动画对象，在"高级动画"组单击"触发"→"单击"后出现当前幻灯片中的所有对象，选择一个对象（单击列表中的对象名称）作为触发该动画的开关，播放该张幻灯片时，当鼠标移至被当作开关的对象时，鼠标变成小手形状，单击此对象开关时就会触发被设置的对象出现一次动画效果，单击几次开关对象动画效果就出现几次。

(3) 动画排序。

如果需要对多个动画对象出现的先后顺序进行调整，单击预调整顺序的对象，在"计时"组"动画重新排序"处单击"向前移动"或"向后移动"来调整先后顺序。

(4) 动画窗格的使用。

利用动画窗格可以让管理动画变得更加容易，在"高级动画"组单击 ("动画窗格")，打开"动画窗格"，如图5-59(a)所示，在"动画窗格"中可以看到该张幻灯片中已经设置过动画的所有对象（没设置过动画的对象不会出现）。在动画窗格中单击需要调整的动画对象后，在右侧出现 ，单击动画对象右侧的 ，出现对当前对象可以设置的所有操作，有"单击开始"、"从上一项开始"、"从上一项之后开始"、"效果选项"、"计时"、"隐藏高级日程表"和"删除"，根据需要选择对应的选项，可以通过窗格下方的 和 调整每个动画对象的先后顺序。

(a) "动画窗格"内的所有动画对象

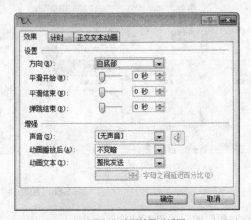
(b) "飞入"动画效果对话框

图5-59 利用"动画窗格"管理动画对象

单击"效果选项",打开设置效果的对话框,如前例中设置过"飞入"动画的"云形标注"对象的效果选项对话框,如图 5-59(b)所示(不同动画出现的效果对话框中各选项卡内所列的选项会有所不同)。在"效果"选项卡下可以设置动画播放时是否添加声音、动画播放后是否隐藏、动画中的文本是否成批发送、动画方向等;在"计时"选项卡下可以设置"开始"、"延时"、"期间"的时间,还可以选择动画播放的重复次数等;在"正文文本动画"选项卡中可以选择"作为一个对象"、"所有段落同时"等方式。

5.5.2 超链接与动作按钮设置

内容比较多的演示文稿通常都有很多张幻灯片,其中有的幻灯片内容和另外的幻灯片内容还存在着一定的关联性,可以通过在幻灯片中添加超链接和动作按钮来实现这种关联。

例如,打开"例1.pptx"的演示文稿,如图 5-60 所示,在浏览视图下第二张为目录,后面的每一张内容都与目录中的条目有关,希望播放时通过单击目录中的条目打开对应内容的幻灯片,可以用超链接来实现,播放的内容完毕后希望返回目录所在的幻灯片,可以用动作按钮实现,方法如下。

(1)添加超链接。

打开"例 1.pptx"演示文稿,在普通视图下选中第二张幻灯片,在目录文本内容中拖动鼠标选择第一行"个人简介"文本块,单击"插入"选项卡,在"连接"组单击 ("超链接")(或者在文本块上单击右键,在右键快捷菜单中选择 (超链接)),打开"插入超链接"对话框,在其左侧"链接到"区域单击"本文档中的位置",在"请选择文档中的位置"区域单击"3.个人简介",在"幻灯片预览"窗口就可以看到该幻灯片内容,如图 5-60(b)所示,单击"确定"按钮,在文本块"个人简介"下方出现下划线,文字颜色也变成蓝色,在播放幻灯片时,当鼠标移至文本块"个人简介"时会变成小手形状,单击鼠标就超链接到对应的第三张幻灯片继续播放。

可用同样方式再设置目录中的"身世家族"文本块链接到第四张幻灯片,"个人成就"文本块链接到第五张幻灯片,"著名演讲"文本块链接到第六张幻灯片。

(a)浏览视图下的原始文件 　　　　　　　　　　　　　　(b)插入超链接

图 5-60　超链接的设置

(2)添加动作按钮并设置动作。

在第三张幻灯片中增加动作按钮,动作按钮均返回第二张幻灯片。方法如下:

选择第三张幻灯片,单击"插入"选项卡,单击"插图"组中的 ("形状"),打开自选形状库,移动滑动条至最下面的"动作按钮"区,如图 5-61(a)所示,选择第五个按钮,当鼠标经过时显示"动作按钮:第一张",单击该按钮后,鼠标变成"+"状并返回到第三张幻灯片,选择一个合适位置后拖动鼠标可以决定动作按钮的大小,如图 5-61(b)所示,当松开鼠标时自动打开"动作设置"对话框,如图 5-61(c)所示,在"单击鼠标"选项卡中,单击"链接到"→"第一张幻灯片"右边的向下箭头,在下拉菜单中,选择"幻灯片…",打开"链接到幻灯片"对话框,如图 5-61(d)所示,在幻灯片标题区选择"2.目录"后,单击"确定"按钮,再单击"确定"按钮,返回第三张幻灯片。

可用上述方法设置第四、五、六张幻灯片,增加动作按钮,返回链接到第二张幻灯片。还有一个快捷的方法就是在第三张幻灯片中单击第一个设置好的动作按钮对象后,单击"开始"选项卡"剪贴板"组的"复制"(或者按 Ctrl+C 键),然后选择第四张幻灯片后,单击"剪贴板"组的"粘贴"(或者按 Ctrl+V 键),再分别选择第五张、第六张幻灯片,单击"粘贴"即可,这些动作按钮都对应链接到第二张幻灯片。

(a)选择动作按钮

(b)幻灯片内拖动鼠标添加动作按钮

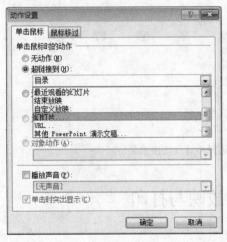

(c)设置动作按钮

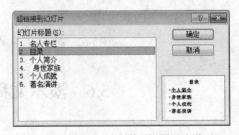

(d)选择动作按钮链接到的目标幻灯片

图 5-61 添加动作按钮形状并设置动作按钮

5.5.3 幻灯片之间的切换效果设置

在播放幻灯片时,幻灯片和幻灯片之间也可以利用切换的动画效果来加强播放演示文稿时的视觉享受,在"切换"选项卡下可以实现切换效果设置,方法如下。

1. 选择切换效果

选择需要设置的幻灯片后,单击"切换"选项卡,在"切换到此幻灯片"组有一行切换效果,如"切出"、"淡出"、"推进"等,单击右侧的向下箭头换下一行切换效果,或者单击打开切换效果库,如图 5-62 所示,有"细微型"、"华丽型"、"动态内容"三大类切换效果,选择合适的效果名称单击即可。

2. "效果选项"设置

在设置过切换效果的幻灯片中,单击"切换到此幻灯片"组的"效果选项",打开可选的效果选项列表,如"自右侧"、"自底部"、"自左侧"、"自顶部"等(每一种切换名称对应的效果选项会不同),选择合适的选项单击即可。

3. "计时"组设置

(1)添加声音:在切换动画片时可以播放声音(默认是没有声音的,需要时添加声音),在"切换"选项卡的"计时"组单击"声音"处的向下箭头,打开系统内置的声音列表,如"爆炸"、"风铃"、"照相机"等,最下方还可以选择"其他声音",打开"添加音频"对话框,选择合适的声音文件(要求是.wav 格式的音频文件),单击"确定"按钮即可。

(2)持续时间:幻灯片切换的持续时间在"持续时间"处可以调整具体数值。

(3)换片方式:可以选择"单击鼠标时"复选框,或者"设置自动换片时间"。

(4)全部应用:对当前幻灯片所做的所有切换效果的设置如果想应用到整个演示文稿,则单击"计时组"的"全部应用"。

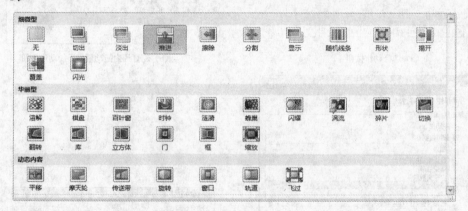

图 5-62 在"切换效果库"选择幻灯片切换效果

5.6 演示文稿的放映与打印

5.6.1 演示文稿的放映

1. 设置放映方式

在 PowerPoint 2010 "幻灯片放映"选项卡下可以设置幻灯片的放映方式、隐藏部分幻灯片、排练或录制幻灯片演示等。

(1)设置幻灯片放映。

在 PowerPoint "幻灯片放映"选项卡下,单击"设置"组的("设置幻灯片放映"),打开"设置放映方式"对话框,是对当前演示文稿设置放映类型为"演讲者放映",放映幻灯片从"1"张到"3"张,可以选择放映类型、设置放映选项、选择幻灯片的播放范围、换片的方式等,根据实际需要进行选项设置。

(2) 隐藏或取消隐藏幻灯片。

如果演示文稿中有的部分幻灯片不希望在播放时出现，可以设置为隐藏状态，一种方法是在"幻灯片放映"选项卡下，单击一次"设置"组的 ![] ("隐藏幻灯片")，当前的幻灯片在放映时就不再显示，再单击一次 ![] ("隐藏幻灯片")，就又取消了隐藏；另一种方法是在普通视图左侧窗格"幻灯片"选项卡下，右键单击需要隐藏的幻灯片，在右键快捷菜单上最下方选择"隐藏幻灯片"，则在"幻灯片"选项卡下该张幻灯片左上角上的序号会出现一个斜线。例如，第四张设为隐藏后序号变成 ![]，若需要取消隐藏，则单击该幻灯片右键，再选择"隐藏幻灯片"选项即可。

(3) 排练计时。

单击"排练计时"可以记录放映一遍幻灯片所需要的总时间，在设置幻灯片放映时可以采用排练的时间选项。

(4) 录制幻灯片演示。

单击"录制幻灯片演示"可以选择"从头开始录制"或"从当前幻灯片开始录制"，并记录下每张幻灯片在放映时所用的时间，录制完后会以"浏览视图"展示每一张幻灯片所用的时间，可以对演讲者放映幻灯片的时间提供一个参考。

2. 播放演示文稿

(1) 使用幻灯片放映视图。

对正在编辑或刚打开的保存过的演示文稿，直接单击在 PowerPoint 2010 窗口右下角的 ![] 幻灯片放映视图就可以观看当前幻灯片的播放效果。

(2) 使用"幻灯片放映"选项卡的"开始幻灯片放映"组。

如果想从头开始观看正在编辑或刚打开的演示文稿，可以单击"开始幻灯片放映"组的 ![] ("从头开始")；如果从选中的幻灯片开始，单击 ![] ("从当前幻灯片开始")；如果需要向网络中广播放映效果，单击 ![] ("广播幻灯片")；如果仅播放部分幻灯片，可以新建一个"自定义幻灯片放映"，只选择需要的部分幻灯片放映，如图 5-64 所示。

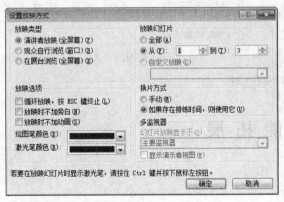

图 5-63 "设置放映方式"对话框

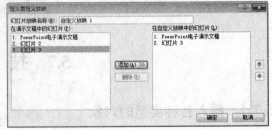

图 5-64 自定义幻灯片放映

5.6.2 打印演示文稿

打开需要打印的演示文稿，单击"文件"选项卡，选择"打印"，出现打印设置的窗口，如图 5-65（a）所示，根据需要可以进行以下设置：

(1) 在"打印"区的"份数"框中调整数字以确定打印份数（默认是 1）。

(2) 在"设置"区。

① 单击"打印全部幻灯片",出现"幻灯片"菜单,可以选择"打印全部"、"打印所选幻灯片"、"打印当前幻灯片"、"打印指定幻灯片"。当选择"打印指定幻灯片"时,在下方的幻灯片文本框内输入需要打印的幻灯片序号,比如输入"2-6"表示需要打印从第2张到第6张幻灯片。

② 单击"整页幻灯片",出现快捷菜单,如图5-65(b)所示,

在"打印版式"区,如果选择"幻灯片",只打印幻灯片中的内容;如果选择"备注",幻灯片和备注的内容将一起打印;如果选择"大纲",只打印幻灯片中标题及文本的内容,其他的对象不打印。

在"讲义"区可以选择在一页纸中想打印几张幻灯片,可以选择1、2、3、4、6、9张幻灯片,还可以选择每张幻灯片加边框选项。

③ 单击"调整",可以选择多张幻灯片打印多份时打印的次序。

④ 单击"颜色",出现"颜色"、"灰度"和"纯黑白"选项菜单。为了节省油墨,一般采用纯黑白打印。

设置完各种选项后会在"打印"窗口的右侧看到打印预览的效果,如果对预览的效果图比较满意,就可以在连接有打印机的机器上选择"打印"了。

(a) 打印窗口

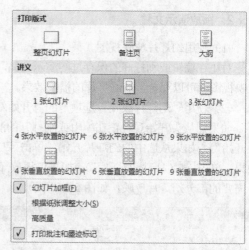
(b) 选择打印版式

图 5-65 打印演示文稿

5.7 技 能 拓 展

5.7.1 插入各种类型的对象

在"插入"选项卡的"文本组"除了可以插入文本框、页眉页脚、艺术字、插入日期和时间、插入幻灯片编号外,还可以插入各种类型的对象。例如,当需要插入一些化学公式或复杂的数学公式时可以单击 ("对象"),打开"插入对象"对话框,移动滑动条,在对象类型中选择"Microsoft 公式3.0",如图5-66(a)所示。单击"确定"按钮后打开"公式编辑器",如图5-66(b)所示,公式编辑器中分类提供了各种模板,如 $\Sigma\Sigma$ 为求和模板、$\int\oint$ 为积分模板,根据所插入公式的需要选择对应模板中的选项,在占位符处输入符号或数据即可。

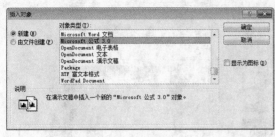 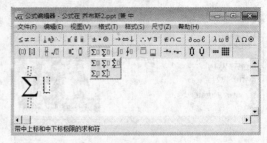

（a）插入对象　　　　　　　　　　　　　（b）公式编辑器

图 5-66　插入对象"Microsoft 公式 3.0"

5.7.2　创建相册文件

如果用户有很多图片、相片一类的图像文件，可以组织在一起，做成一个相册，PowerPoint 2010 可以非常轻松地对相册里的照片进行统一的设置和播放。方法如下：

（1）最好把所有相关的图像文件都放在一个文件夹中，方便于后面图片的选取。

（2）单击 PowerPoint 2010 的"插入"选项卡，在"图像"组单击 （"相册"），打开"相册"对话框，在"相册内容区"单击"文件/磁盘…"。

（3）打开"插入新图片"对话框，如图 5-67（a）所示，移动滑动条找到所需要的各种图片文件所在的文件夹，选择需要用到的图片后双击，或单击图片文件后再单击"插入"按钮，此过程可以重复多次，把所有需要用的图片都插入后返回到"相册"对话框。

（4）此时的"相册"对话框可以在"相册中的图片"区域看见已经插入的所有图片名称，单击图片文件名，在"预览："区可以看到图片预览效果。在预览图片下方还可以调整图片的逆时针旋转 90°，或顺时针调整 90°（都可以连续调整），还有图像的黑白对比强度调整和色彩明暗对比的调整，调整后的效果都可以在预览区看到。每一张图片还可以通过下方的↑和↓调整每个图片出现的先后顺序，也可以选中不需要的图片后单击"删除"按钮。

（5）在"相册"对话框的"插入文本"区，如果单击"新建文本框"，可以在创建相册后单击幻灯片中的文本框输入文字，如果不需要添加文字则可以不用添加此项。

（6）在"相册"对话框的"相册版式"区，"图片版式"可以选择"适应幻灯片尺寸"（默认）或"1（或 2 或 4）张图片带标题"等其他选项，"主题"部分可以单击"浏览"按钮打开"选择主题"对话框，如图 5-67（b）所示，选择一个文件后缀为.thmx 的主题文件后，单击"选择"按钮。

（a）选择插入的图片　　　　　　　　　　　（b）选择相片版式

图 5-67　创建相册演示文稿

(c) 在"相册"对话框中设置各个选项　　　　(d) 最后生成的相册文件

图 5-67（续）　创建相册演示文稿

（7）再次返回"相册"对话框，效果如图 5-67（c）所示，如果前面的调整有不满意的地方可以继续调整，最后单击"创建"按钮，则一个新的由所有图片文件组成的演示文稿格式的相册就创建完成了，如图 5-67（d）所示。

5.7.3　演示文稿的审阅校对功能

"审阅"选项卡可以校对文本信息、更改语言、中英文翻译、繁简字转换、新建或编辑批注以及比较当前演示文稿与其他演示文稿的差异。

1．校对组

可以进行拼写检查、信息检索和同义词库查询，单击"拼写检查"，打开"拼写检查"对话框，如图 5-68 所示。对文中的英文拼写进行检查并提供可供更改的单词列表，可以选择其一更改一处或对文件中所有的出错单词进行全部更改；单击"信息检索"，在右侧会打开"信息检索"窗格，可以对选定的单词选择"翻译"、"同义词解释"、"英文助手"和"所有信息检索网站"选项查看结果，如图 5-69 所示。

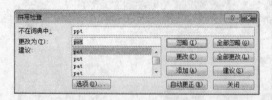

图 5-68　"拼写检查"对话框　　　　　　　图 5-69　信息检索

2．语言组

可以选择"语言"设置校对语言；选择"翻译"可以"翻译所选文字"，在打开的"信息检索"窗格中查看翻译结果或者利用"翻译屏幕提示"启动英语助手。当鼠标移动到某个单词上面时会出现该单词的"英语助手"提示窗口。

3. 中文简繁转换组

可以选择"繁转简"或"简转繁"的中文文字转换。

4. 批注组

可以新建批注、编辑批注、删除标记、显示标记、查看上一条或下一条标记内容等。

5. 比较组

可以比较两个演示文稿文件的差异,根据提供的每一项差别信息,可以选择接受合并文件或者拒绝合并等操作。

5.8 上机实训

5.8.1 实例1:建立不同种类的文件练习

1. 题目要求

(1) 在C盘创建"PPT实例"文件夹,本节后面的文件都将保存在该文件夹下。

(2) 建立一个演示文稿,采用"暗香扑面"主题,主题颜色为"凸显",背景样式为"样式9",保存为设计模板"Moban01.potx"。

(3) 建立一个演示文稿,插入任意一张"学习"的剪贴画,设置图片大小高度为"10厘米"、宽度为"16.09厘米",设置图片位置为"自左上角"水平"4.0厘米"、垂直"4.52厘米",设置图片样式为"金属框架",保存文件为"tu01.jpg"。

(4) 建立一个演示文稿,选择"跋涉"主题,具体设置要求如下:

① 设置第一张幻灯片版式为"标题幻灯片",设置标题文字内容为"好好学习",字体为"幼圆",字形为"倾斜、加粗",字号为"48",颜色设为"RGB(252,24,24)"。

② 副标题文字内容为"天天向上",字体、字形、字号、颜色同标题,对齐方式为"右对齐",动画效果为"彩色脉冲"。

③ 插入一个自选图形,样式为"星与旗帜"中的"五角星",阴影效果为"外部-向右偏移",动画效果为"形状"动作路径,动画播放后消失,再添加一个同样效果的"五角星",将两个"五角星"放于幻灯片左上角和右上角的位置。

④ 设置动画顺序为左侧五角星、副标题、右侧五角星。

⑤ 添加第二张幻灯片,采用"标题和内容"版式,标题为"学生成绩",插入4行4列的表格,表格内容如表5-3所示。

⑥ 添加一张与第二张相同内容的幻灯片。

⑦ 文件保存为"实例1.pptx"的演示文稿。

表5-3 学生成绩表

姓 名	计 算 机	数 学	英 语
张华	82	70	90
李莞	95	80	88
王倩	92	95	78

2. 操作步骤

(1) 右键单击"开始"打开"Windows 资源管理器",在文件夹树栏移动滑动条选择"本地磁盘 C:",在右侧窗口单击右键选择"创建文件夹",输入文件夹名称"PPT 实例"。

(2) 启动 PowerPoint 2010 建立一个空白的演示文稿,单击"设计"选项卡,选择"暗香扑面"主题,单击"颜色",选择"凸显",单击"背景样式"并选择"样式9",单击"保存"按钮,在"另存为"对话框中,移动滑动条选择"计算机"、"本地磁盘 c:"、"PPT 操作实例",在"文件名"处输入文件名"Moban01.potx",在"保存类型"处选择"PowerPoint 模板(*.potx)",单击"保存"按钮。

(3) 在 PowerPoint 2010 窗口中单击"文件"→"建立"→"空白演示文稿",单击幻灯片的任意位置,单击"插入"选项卡,在图像组单击"剪贴画",打开"剪贴画"窗格,在"搜索文字"处输入"学习",在"搜索类型"处单击向下箭头,选择"图片"复选框,单击"搜索",在下方出现的搜索结果中任选一张剪贴画双击,将其插入到幻灯片中,鼠标在图片对象上右键单击选择"大小和位置",打开"设置图片格式"对话框,在"大小"选项卡下设置图片高度为"10 厘米",宽度为"16.09 厘米",如图 5-70(a)所示。在"位置"选项卡下,设置"自左上角"水平"4.0 厘米"、垂直"4.52 厘米",单击"关闭"按钮,再单击 PowerPoint 2010 窗口中的"图片工具"选项卡,在"图片样式"组中选择"金属框架",单击 ■("保存"),在"文件名"处输入"tu01.jpg",在"文件类型"处选择"JPEG 文件交换格式(*.jpg)"。

(4) 在 PowerPoint 2010 窗口中单击"文件"→"新建"→"主题",在"可选用的模板和主题"中选择"跋涉",单击"创建"后,自动建立了一个"标题幻灯片"版式的幻灯片。

① 在"单击此处添加标题"处单击输入文本内容"好好学习",拖动鼠标选择"好好学习",单击"开始"选项卡,在"字体"组选择字体为"幼圆",字号为"48",单击 **B**("加粗"),单击 *I*("倾斜")、单击 **A** 右侧的向下箭头,选择"其他颜色",在打开的"颜色"对话框中,单击"自定义"选项卡,"颜色模式"选择"RGB","红色"选择数字"252","绿色"选择"24","蓝色"选择"24",如图 5-70(b)所示,即颜色为"RGB(252,24,24)",单击"确定"。

② 在"单击此处添加标题"处单击输入文本内容"天天向上",单击标题中的"好好学习",在"开始"选项卡"剪贴板"组单击"格式刷",鼠标变为小刷子形状,在"天天向上"文本块拖动鼠标,松开鼠标时副标题与标题设为相同的字体格式,在"段落"组选择对齐方式为 ≡("右对齐"),单击"动画"选项卡,选择动画效果为"彩色脉冲"。

③ 单击"插入"选项卡,在插图组单击"形状",在"星与旗帜"区选择 ☆("五角星"),鼠标变为十字形,在幻灯片中拖动鼠标,松开鼠标时就插入了一个五角星的图形,调整图形尺寸至合适大小,双击该图形,在"图形工具"选项卡下,在"形状样式"组单击"形状效果",选择"阴影"为"外部-向右偏移",如图 5-70(c)所示。再单击"动画"选项卡,选择"添加动画",移动滑动条至"动作路径",选择"形状"。

④ 单击"五角星"对象,按 Ctrl+C 键复制,按 Ctrl+V 键粘贴(或用"开始"选项卡下的"剪贴板组"的"复制"→"粘贴"),又添加了一个同样动画效果的"五角星"图形,将两个"五角星"分别拖放于幻灯片的左上角和右上角,单击"动画"选项卡的"动画窗格",在"动画窗格"内单击"天天向上",单击"重新排序"处的 ▼ 向下调整到第二个位置处,调整动画顺序为如图 5-70(d)所示。

⑤ 单击"开始"选项卡的"新建换幻灯片",选择"标题和内容"版式的幻灯片,单击标题位置并输入"学生成绩",在内容部分表格占位符处单击,打开"插入表格"对话框,选择 4 行 4 列,单击"确定"按钮,在表格每个单元格内分别输入表 5-3 的内容即可。

⑥ 单击 ▦ "浏览视图",在第二张幻灯片上单击右键,选择"复制幻灯片"。

⑦ 单击"文件"→"保存",在文件名处输入"实例 1.pptx",单击"保存"按钮。

第 5 章　PowerPoint 2010

(a)　"设置图片格式"对话框

(b)　设置字体"颜色"对话框

(c)　设置图形"形状效果"

(d)　在"动画窗格"中设置动画顺序

图 5-70　实例 1

5.8.2　实例 2：插入各种对象和格式设置练习

1．题目要求

在 C 盘"PPT 实例"文件夹下建立一个新的演示文稿，完成如下设置。

（1）第一张幻灯片版式设为"空白"。

① 设置幻灯片的页面宽度为"21.6 厘米"，高度为"15.87 厘米"。

② 在幻灯片上部插入任意样式的艺术字，内容为"计算机"。

③ 在幻灯片中部插入一个"横排文本框"，设置文字内容为"第一台计算机 ENIAC 1946 年诞生于美国"，文本框进入时的自定义动画为"向内溶解"，增强动画文本为"按字/词"，播放动画时有"打字机"的声音，播放完后就消失，动画连续出现三次。

④ 在幻灯片下部插入任意一个含有"计算机"的剪贴画照片，设置水平位置为"11.5 厘米"，垂直位置为"4.8 厘米"。

（2）插入第二张幻灯片，版式为"仅标题"，在此幻灯片中进行以下设置。

① 标题文字内容为"数学"，当前幻灯片以"奥斯汀"为主题。

② 幻灯片左侧插入 "AREA=πR²" 公式。

③ 在幻灯片右侧插入一个单位圆，添加文字"计算面积"，三维旋转样式为"左透视"，填充色为"标准色-黄色 RGB（255，255，0）"，进入时的自定义动画为"劈裂"，方向"上下向中央收缩"。

④ 插入一个"电话"的剪贴画音频文件，设置播放次数为"循环直到停止"。

(3) 插入第三张幻灯片，版式设置为"标题和内容"。

① 设置主题为"华丽"。

② 标题文字为"英语"，内容的第一段为"Rome wasn't built in a day!"。

③ 将内容"Rome wasn't built in a day!"翻译为汉语后插入到内容第二段。

④ 将上两段内容转化为 SmartArt 图形"基本循环"样式，更改颜色选择"彩色 强调文字颜色"，其中 SmartArt 图形中的箭头内分别显示"英译汉"和"汉译英"。

(4) 插入第四张幻灯片，版式为"垂直排列标题与文本"，并完成如下设置：

① 设置标题内容为"学习目录"，文本内容分三段——"计算机"、"数学"、"英语"。将三段落前面的项目符号更改为带箭头的➢，设置"进入"自定义动画为"空翻"，"按段落"出现。

② 将此幻灯片移至第一张位置处。

③ 将幻灯片文本的文字与对应的幻灯片建立对应联系，即"计算机"超链接到含有计算机内容的那张幻灯片，"数学"超链接到含有数学公式的那张幻灯片、"英语"超链接到英文的那张幻灯片，同时在对应的幻灯片中添加返回目录页的动作按钮，要求在按钮上显示文字"返回"，在放映过程中单击"返回"按钮可以跳转到第1张目录幻灯片。

④ 本张幻灯片设置切换效果为"棋盘"的"自顶部"效果，播放时有"风铃"声。

(5) 保存文件为"实例 2.pptx"。

2. 操作步骤

(1) 在 PowerPoint 2010 窗口中单击"文件"→"新建"→"空白演示文稿"→"创建"，在"开始"选项卡的"幻灯片"组单击"版式"，选择"空白"版式，在此幻灯片中继续以下设置：

① 单击"设计"选项卡，在"页面设置"组单击"页面设置"，打开"页面设置"对话框，调整宽度为"21.6 厘米"，高度为"15.87 厘米"，单击"确定"按钮。

② 单击"插入"选项卡，在"文本"组单击"艺术字"，任选一个样式双击插入一个艺术字对象，删除提示信息"请在此放置您的艺术字"，输入"计算机"，拖放到幻灯片上中部位置。

③ 继续在"文本"组单击"文本框"→"横排文本框"，在幻灯片中部拖动鼠标，松开鼠标时输入文字内容"第一台计算机 ENIAC 1946 年诞生于美国"，单击"动画"选项卡，单击"动画"组右侧的▼（或单击"添加动画"），打开动画样式库，选择"向内溶解"，单击"高级动画"组的"动画窗格"，在"动画窗格"中单击该对象右侧箭头▼，选择"效果选项"，打开"向内溶解"对话框，默认为"效果"选项卡，在"声音"处选择"打字机"，在"动画播放后"处选择"播放动画后隐藏"，在"动画文本"处选择"按字/词"，如图 5-71（a）所示，再单击"计时"选项卡，在"重复"处选择"3"，单击"确定"按钮。

④ 单击"插入"选项卡，单击"剪贴画"，打开"剪贴画"窗格，在"搜索文字"框内输入"计算机"，在"结果类型"列表项中选择"照片"复选框，单击"搜索"按钮，在下方出现的照片中任选一张照片双击即可插入，右键单击刚插入的照片，选择"大小和位置"，打开"设置图片格式"对话框，单击左侧的"位置"选项卡，设置水平为"11.5 厘米"，垂直为"4.8 厘米"，单击"关闭"按钮。

(2) 在"开始"选项卡下单击"新建幻灯片"，选择"仅标题"版式，在此幻灯片中继续进行以下设置：

第 5 章 PowerPoint 2010

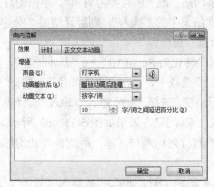
(a) 设置动画加强效果

(b) 在"审阅"选项卡下翻译英文

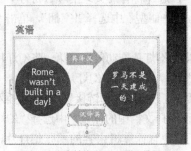
(c) 文字转换为 Smrt 图形效果

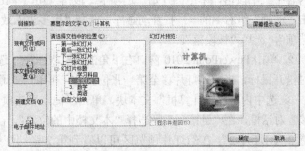
(d) 插入超链接

图 5-71 实例 2

① 单击标题，输入标题文字"数学"，单击"段落"组的居中按钮；再单击"设计"选项卡，单击"主题"组右侧的 打开主题样式库，移动鼠标在出现"奥斯汀"的主题上右键单击鼠标，选择"应用于选定幻灯片"。

② 单击"插入"选项卡，在"符号"组单击"公式"，选择"圆的面积"插入"$A=\pi r^2$"公式，单击公式在"A"处输入"REA"，再把"r"改为"R"即可。

③ 在"插入"选项卡的"插图"组单击"形状"打开形状库，在"基本形状"中单击第 3 个形状 ("椭圆")，鼠标在幻灯片右侧单击就插入一个单位圆，在圆对象上右键单击，选择"编辑文字"输入"计算圆面积"，拖动尺寸柄至合适大小。单击"开始"选项卡，在"绘图"组单击"形状效果"，选择"三维旋转"样式中"透视"组第 2 个"左透视"，单击"形状填充"，在"标准色"区提示为"黄色"的色块上单击（鼠标移至标准颜色时会提示颜色名称），单击"动画"选项卡，选择"劈裂"，单击"效果选项"选择"上下向中央收缩"。

④ 单击"插入"→"音频"→"剪贴画音频"，打开"剪贴画窗格"，在"搜索文字"框内输入"电话"，在"结果类型"中选"音频"复选框，单击"搜索"，在下方搜索结果中选择任意一个双击，插入一个音频对象，双击该音频对象，出现"音频工具"选项卡，选择其中的"播放"选项卡，在"音频效果"组选中"循环播放直到停止"复选框，关闭"剪贴画窗格"。

（3）在"开始"选项卡下单击"新建幻灯片"，选择"标题和内容"版式，在此幻灯片中继续进行以下设置：

① 单击"设计"选项卡，在"主题"组"华丽"样式上单击右键选择"应用于选定幻灯片"。

② 单击"标题"占位符处，输入"英语"，单击"内容"占位符处输入"Rome wasn't built in a day!"。

③ 选中内容文字"Rome wasn't built in a day!"，单击"审阅"选项卡，在"语言"组单击"翻译"→

"翻译所选文字",打开"信息检索"窗格,翻译区默认为将英语翻译为中文,搜索结果如图5-71(b)所示。如果没出现,可以选择下方的搜索区域"所有信息检索网站"或"所有参考资料",单击幻灯片在内容第一段后面输入回车键,增加一个段落,然后单击搜索结果中的"插入",则翻译结果"罗马不是一天建成的!"自动插入到内容第2段位置,关闭"信息检索"窗格。

④ 拖动鼠标选中内容栏的两段文字单击鼠标右键,选择"转化为SmartArt"→"基本循环",文字立刻转换成SmartArt图形,单击"SmartArt工具"→"设计"选项卡,单击"更改颜色",选择"彩色强调文字颜色",其中在从左向右的箭头图形对象处单击鼠标右键,选择"编辑文字",输入"英译汉",右键单击从右到左的箭头图形对象,选择"编辑文字",输入"汉译英",效果如图5-71(c)所示。

(4) 在"开始"选项卡下单击"新建幻灯片",选择"垂直排列标题与文本"版式,在此幻灯片中继续进行以下设置:

① 在标题内输入"学习目录",在内容栏内分别输入三段文字:"计算机"、"数学"、"英语",选中内容中三个段落,单击"开始"选项卡"段落"组,单击 ,选择含有箭头➤的项目符号单击,单击"动画"组右侧的 ,打开动画库,选择"更多进入效果","华丽型"中选择"空翻",单击"效果选项",选择"按段落"。

② 单击PowerPoint 2010窗口右下角的浏览视图 ,选中当前幻灯片拖动鼠标至第一张幻灯片前面时松开鼠标,当前幻灯片移至第一张位置处,再单击普通视图 ,返回当前幻灯片编辑窗口。

③ 选中内容栏"计算机"文本块,单击"插入"选项卡"链接"组的"超链接",打开"插入超链接"对话框,在"链接到"区选择"本文档中的位置",在"请选择文档中的位置"中选择"幻灯片标题2. 幻灯片2",在幻灯片预览区可以看到第2张幻灯片正是含有计算机内容的那张幻灯片,如图5-71(d)所示。单击"确定"按钮,用同样方式选中"数学"文本块,插入超链接到第3张幻灯片,"英语"文本块超链接到第4张幻灯片。

"返回"按钮的添加过程:选择第2、3、4张幻灯片中的任意一张,单击"插入"选项卡下的"形状",在"形状"库最下面"动作按钮"区选择第5个按钮,在幻灯片右下角拖动鼠标,松开鼠标时打开"动作设置"对话框,在"单击鼠标时的动作"区"链接到"显示"第一张幻灯片",单击"确定"按钮,在该动作按钮对象上单击右键,选择编辑文字,输入"返回",再次单击"返回"动作按钮,选择"开始"选项卡的"复制"(Ctrl+C),再分别在另外两张幻灯片中选择"粘贴"(Ctrl+V)即可拥有同样的返回动作按钮,拖至适当位置处即可。

④ 单击"切换"选项卡,在"切换到此幻灯片"组选择"棋盘",在"效果选项"中选择"自顶部",在"计时"组"声音"处选择"风铃"。

(5) 单击"保存"按钮,选择保存位置的"C:\PPT实例"文件夹,文件名处输入"实例2.pptx",单击"确定"按钮。

5.8.3 实例3:多个文件综合操作

1. 题目要求

打开"实例2.pptx",对演示文稿做以下设置。
(1) 合并"实例1.pptx"和"实例2.pptx"两个文件。
① 把"实例1.pptx"文件的第1张幻灯片插入到"实例2.pptx"中作为第1张幻灯片。
② 把"实例1.pptx"第2、3张幻灯片插入到"实例2.pptx"文件中作为最后的两张幻灯片。
(2) 设置合并后的第6张幻灯片。
① 在下方插入"簇状圆柱图"图表,图表信息与表格中的数据对应。

② 在备注页输入文字"全班成绩还未处理完"。
③ 播放时隐藏该张幻灯片。
（3）所有幻灯片设置。
① 全部采用 C 盘"PPT 实例"文件夹下的设计模板"Moban01.potx"作为主题。
② 幻灯片切换效果全部为"擦除"，方向为"自底部"，"每隔 3 秒"自动换页。
③ 每张幻灯片插入幻灯片编号，标题幻灯片不显示编号，左下角插入固定日期"2014 年 10 月 20 日"，右下角插入页脚为"学无止境"。
④ 设置幻灯片宽度为"31.75 厘米"，高度为"21.16 厘米"，幻灯片起始编号为"0"。
（4）修改幻灯片母版。
① 设置"幻灯片母版"标题区文字的字体为"华文行楷"，字号为"52"。
② 在右上角插入指定的图片文件 C 盘"PPT 实例"文件夹下名为"tu1.jpg"的文件。
（5）删除第 7 张换灯片，设置幻灯片放映方式为"在展台浏览"。
（6）按原名保存文件。

2. 操作步骤

单击"文件"→"打开"，在打开对话框中选择"实例 2.pptx"，打开该文件做以下操作。
（1）合并两个文件。
方法一：
利用"审阅"选项卡合并两个文件，单击"比较"，出现"选择要与当前演示文稿合并的文件，选择"实例 1.pptx"，单击"合并"，出现审阅窗格，如图 5-72（a）所示。在编辑窗口左侧"幻灯片"选项卡窗格为第一张幻灯片左上角有两个标记，单击第二个标记打开一个菜单，选择"已在该位置插入所有幻灯片"复选框后，所有幻灯片都插入在最前面，如图 5-72（b）所示。单击"结束审阅"，再在"浏览视图"中分别选择第二张和第三张幻灯片拖动至最后面即可。

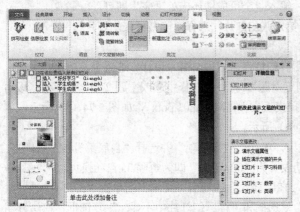
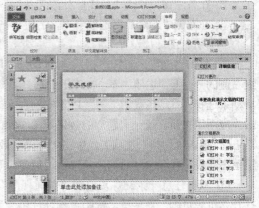

（a）在"审阅"选项卡下比较两个文件　　　　　　　　（b）合并后的效果

图 5-72　"审阅"选项卡下合并两个文件

方法二：
① 在"浏览视图"中，单击第一张幻灯片前面的位置，出现一条闪烁的竖线为插入幻灯片位置，在"开始"选项卡下单击"新建幻灯片"的向下箭头，选择最下方的"重用幻灯片"，打开"重用幻灯片"窗格，单击"浏览"→"浏览文件"，打开"浏览"对话框，选择要打开的文件位置"c:\PPT 实例"和文件名"实例 1.pptx"，单击"打开"，在"重用幻灯片"窗格下方出现"实例 1.pptx"的所有幻灯片，如图 5-73（a）所示。双击其中的第一张幻灯片，则出现在当前文件中第一张幻灯片位置处，再在浏览

窗口用鼠标定位到最后一张幻灯片之后的位置单击鼠标,确定插入位置,然后再单击"重用幻灯片"窗格下方的第二张和第三张幻灯片。如果想保留实例1中幻灯片的格式,在插入之前单击"保留原格式"复选框,插入后的结果如图5-73(b)所示,关闭"重用幻灯片"窗格。

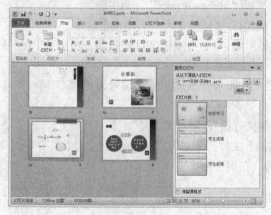 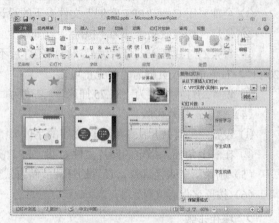

(a)在"重用幻灯片"窗格浏览文件　　　　　　　　(b)插入文件后的效果

图5-73　采用"重用幻灯片"方式合并两个文件

(2)设置合并后的第六张幻灯片。

① 双击第六张幻灯片,在普通视图下单击"插入"选项卡下的"图表",在"图表"对话框中选择"柱形图"中的"簇状圆柱图",单击"确定"按钮,打开Excel表格,根据表格中的数据是4行4列,拖曳右下角至"类别3"、"系列3"处,然后选中幻灯片表格中的所有单元格后复制(Ctrl+C),再在Excel表格中单击A1单元格后粘贴表格内容(Ctrl+V),关闭Excel表格,幻灯片下方插入的图表与表格中的数据正好对应。

② 在备注窗口单击"单击此处添加备注",输入"全班成绩还未处理完"即可。

③ 在左侧"幻灯片"选项卡下,右键单击第六张幻灯片,选择"隐藏该张幻灯片"。

(3)所有幻灯片设置。

① 单击"浏览试图",先用鼠标拖动选中所有幻灯片,然后单击"设计"选项卡,单击"主题"组右侧的▼打开"主题"库,在库下面选择"浏览主题",打开"选择主题或主题文档"对话框,移动滑动条选择"本地磁盘C:"→"PPT实例",选择模板文件"Moban01.potx",如图5-74(a)所示,单击"应用"按钮,统一主题后的效果如图5-74(b)所示。

② 单击"切换"选项卡,单击"擦除"效果,单击"效果选项"并选择"自底部",在"计时"组单击"设置自动换片时间"复选框,调整时间设置为"00:03.00"即为每隔3s自动换页。

③ 双击任意一张幻灯片返回"普通视图",在"插入"选项卡"文本"组单击"幻灯片编号",打开"页眉页脚"对话框,选中"幻灯片编号"复选框和"标题幻灯片中不显示"复选框,在"日期和时间"区选择"固定",输入"2014年10月20日",选中"页脚"复选框,输入"学无止境",单击"全部应用"按钮。

④ 单击"设计"选项卡,单击"页面设置"组的"页面设置"。在"页面设置"对话框中调整宽度为"28.75厘米",高度为"21.16厘米","幻灯片编号起始值"设为"0"。

(4)修改幻灯片母版。

① 单击"视图"选项卡,选择"幻灯片母版",鼠标选中标题区文字单击右键,选择"字体",打开"字体"对话框,选择"中文字体"为"华文行楷",在"大小"处输入"52"。

第 5 章 PowerPoint 2010　　235

(a) 选择指定模板文件作为主题

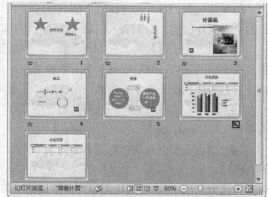
(b) 浏览视图下统一模板作为主题后的演示文稿

图 5-74　设置指定模板文件做主题以统一文件风格

② 单击"插入"选项卡，在"图像"组单击"图片"，打开"插入图片"对话框，找到图片文件 C 盘"PPT 实例"文件夹下的"tu1.jpg"文件，单击"插入"，拖放到母版的右上角，适当调整大小即可，单击"关闭母版视图"后，每页幻灯片右上角都出现该照片。

(5) 在"浏览视图"中右键单击第七张换灯片，选择"删除幻灯片"，单击"幻灯片放映"选项卡，选择"设置幻灯片放映"，在"放映类型"区单击"在展台浏览"，单击"确定"按钮。

(6) 单击 后退出 PowerPoint。

习　题　5

先在 D 盘建立一个"PPT 作业"文件夹，下列每道习题均在此文件夹下保存。

1. 利用 PowerPoint 建立一张幻灯片，插入任意一张学校校园风景的照片文件，设置"图片格式"，"剪裁"宽度为"15 厘米"，高度为"12 厘米"，"位置"：水平为"3 厘米"、垂直为"5 厘米"，"图片样式"采用"柔化边缘矩形"，保存为"tu01.jpg"。

2. 建立一张"标题"版式的幻灯片，采用"沉稳"主题，更改"主体颜色"为"活力"；设置"背景格式"用"渐变填充"→"预设颜色"→"碧海蓝天"；标题为"现实与梦想"，副标题输入自己的姓名，主副标题均设置：字体为"幼圆"，字形为"倾斜、加粗"，字号为"48"，颜色为"橙色 RGB（255，192，0）"，自定义动画为"飞入"，方向为"自左侧"，声音为"风铃"，分别保存为"lianxi02.pptx"和"moban01.potx"。

3. 建立一张版式为"仅标题"的幻灯片，选择"流畅"为主题，标题为"我的态度"，自定义动画进入效果为"缩放"；底部插入一个自选图形，样式为"笑脸"，适当调整大小，阴影效果为"外部-向右偏移"，自定义动画为"形状"，效果为"六边形"，设为"自上一动画之后"开始；中间插入一个横排文本框，设置文字内容为"微笑迎接所有的挑战"，字体为"华文彩云"，字形为"加粗、倾斜"，字号为"60"，自定义动画为"回旋"，持续时间为 1s，增强动画文本为"按字/词"，声音为"鼓掌"；动画顺序为 1 标题、2 文本框、3 笑脸形状；幻灯片切换为"形状"效果"圆"，单击鼠标时换页；添加第二张空白版式幻灯片，采用主题为"奥斯汀"，插入任意一个视频文件，设置视频窗口大小，解除"锁定纵横比"，宽度为"18 厘米"，高度为"14 厘米"，视频自动播放，幻灯片切换效果为"涟漪"，自动换片时间为"2 秒"，将文件分别保存为"lianxi03.pptx"和"shipin01.wmv"。

4. 建立一个名为"lianxi04.pptx"的文件，包含以下内容。

（1）第一张幻灯片为"比较"版式，主题为"凤舞九天"，标题为"个人介绍"，左侧内容输入自己的个人简介信息，右侧插入任意一张个人照片，适当调整大小和位置。

（2）第二张幻灯片为"仅标题"版式，"气流"为主题，标题为"我的舍友"，"左对齐"；添加一张6行5列的表格，分别填写5个同学的信息，表头5列是"姓名、体重、身高、籍贯、爱好"；取表格前三列的信息在表格下方添加一个图表"三维簇状柱形图"，适当调整位置和大小。

（3）第三张幻灯片为"图片与标题"版式，"行云流水"为主题，标题的"我的校园"，图片处插入图片文件"tu01.jpg"。

（4）第四张幻灯片为"标题和竖排文字"版式，主题用"活力"，标题为"我的大学生活"，内容输入四段文字，分别是"个人介绍"、"我的态度"、"我的舍友"和"我的校园"，项目符号采用"&"，对齐方式为"居中"，将该张幻灯片调整到第一张位置。

5. 打开"lianxi04.pptx"，进行以下操作：

（1）把"lianxi02.pptx"文件那张幻灯片插入到最前面作为第一张，要求保持原格式。

（2）把"lianxi03.pptx"文件的第一张幻灯片插入到"个人介绍"幻灯片之后，保持原格式，把"lianxi03.pptx"第二张幻灯片插入到最后面。

（3）把第一张标题所设置的动画效果应用到第二、三、五、六张幻灯片的每个对象上；在第六张幻灯片后面，新添加一张"标题与内容"版式幻灯片，标题为"我的课程"，内容添加一个手绘表格，填写自己真实的课表信息，并在第二张幻灯片中内容部分最后再添加一段"我的课程"。

（4）把合并后的第二张幻灯片目录内容转换为"Smart 图形"→"垂直块列表"；为每块文字添加超链接到后面标题文字对应的每一张幻灯片，并在对应幻灯片中添加动作按钮，按钮上添加文字"返回"，播放时能实现返回第二张幻灯片。

（5）设置所有幻灯片宽度为"28.75 厘米"，高度为"23.16 厘米"，添加幻灯片编号，第一张幻灯片起始编号为"2"，每页插入固定的日期为自己的生日，首页不显示。

（6）全部幻灯片均采用"moban01.potx"作为主题，幻灯片切换效果全部采用"擦除"，方向为"自底部"，"每隔 4 秒"自动换页。

（7）设置母版：设置"幻灯片母版"标题区文字的字体为"华文行楷"，字号为"48"，字形为"加粗"，颜色为"粉色 RGB（255，102，204）"；添加页脚内容"大学生活"，左上角插入任意一个剪贴画，使之能出现在每一张幻灯片中作为背景，图片取消"锁定纵横比"，设置高度为"3 厘米"，宽度为"3 厘米"。

（8）删除最后一张幻灯片，最后面添加一张新幻灯片，版式为"空白"，采用"暗香扑面"主题，在上方插入任意样式的艺术字，设置文字为"谢谢观赏"，字号"80"，进入时的自定义动画为"字幕"，方向为"自右侧"；下方插入视频文件"shipin01.wmv"，适当调整窗口大小。

（9）隐藏最后一张幻灯片，设置放映方式为"观众自行浏览"。

（10）将文件另存为"练习 5.pptx"。

第6章 网络及搜索引擎

【内容概述】

网络是由节点和连线构成的，表示诸多对象及其相互联系。计算机领域中的网络是指信息传输、接收和共享资源的虚拟平台。

搜索引擎是指根据一定的策略、运用特定的计算机程序从互联网上搜集信息，程序通过爬虫对信息进行获取，然后进行处理后为用户提供检索服务，最终将用户检索的相关信息展示给用户。

本章主要介绍计算机网络的分类、常见的网络传输介质、IP 地址以及 Google 搜索引擎的使用技巧。

【学习要求】

通过本章的学习，使学生能够：
1. 了解计算机网络的分类；
2. 了解常见的网络传输介质；
3. 了解 IPV4 的划分；
4. 掌握常用的网络命令；
5. 了解 Google 搜索引擎的使用。

6.1 网络基础知识

6.1.1 计算机网络的分类

网络是由若干节点和连接这些节点的链路组成的。由于网络覆盖的范围不同，采用的传输介质也不同，因此不同的网络所采用的技术和提供的功能也不同。按照覆盖的地理范围，计算机网络可划分为广域网、城域网和局域网。

1. 广域网

广域网（Wide Area Network，WAN）又称公网、远程网，将分布在不同地区的局域网或计算机系统互联起来。通常跨接很大的物理范围，覆盖的范围从几十公里到几千公里，能够连接多个国家、地区和城市。

2. 城域网

城域网（Metropolitan Area Network，MAN）是介于广域网和局域网之间能传输语音与资料的公用网络，覆盖范围一般在几十公里范围内，能够满足企业、机关、校园等多个局域网互联的需求。

3. 局域网

局域网（Local Area Network，LAN）又称内网，指覆盖局部区域的计算机网络。在没有中继的情况下，覆盖范围一般不超过 200 米。

6.1.2 常见的网络传输介质

1. 有线传输介质

（1）双绞线。

双绞线是一种比较古老但至今仍最常用的传输介质，由两根相互绝缘的铜线组成。双绞线最常见的应用是电话系统。通过 ADSL 接入 Internet 的数据交换和传递都发生在双绞线上。双绞线可以延伸几千米而不需要放大信号。

（2）同轴电缆。

同轴电缆由硬的铜芯和外面包上的一层绝缘材料组成，具有很高的带宽和抗噪性。同轴电缆是有线电视和计算机城域网常用的传输介质。过去曾广泛应用于长途电话系统，现逐渐被光纤所取代。

（3）光纤。

光纤是一种由玻璃或塑料制成的纤维，能以全反射原理进行光的传输。光纤主要用于骨干网络的长途传输以及 Internet 的高速接入。

2. 无线传输介质

（1）无线电传输。

无线电通信是指利用无线电波传输信息的一种通信方式，它能传输声音、文字、数据和图像等。与有线电通信相比，无须专门架设传输线路，不受通信距离限制。但是无线电通信传输质量不稳定，信号易受干扰或易被截获，易受自然因素影响，保密性差。

（2）微波传输。

微波通信广泛应用于长途电话通信、移动电话和电视转播领域。不需要铺设专门的线缆，通过搭建一个微波塔，就可以在 50 千米之内绕过电话系统进行通信，价格相对比较便宜。

（3）红外传输。

红外波广泛应用于短距离通信。比如，电视机、空调等家用电器的遥控器都采用红外线通信。红外线的传播便宜，具有方向性，而且容易制造，缺点是不能穿透固态物体。

（4）光通信。

光通信是一种以光波作为载波的通信方式。光通信技术基本上比较成熟，"光进铜退"将会是通信行业光网建设和网络升级的主要方向。

6.2 IP 地 址

互联网协议地址（Internet Protocol Address，IP Address）是 IP 协议提供的一种统一的地址格式，能为互联网上的每一个网络和每一台主机分配一个逻辑地址，以此来屏蔽物理地址的差异。现有的互联网是在 IPv4（Internet Protocol Version 4）协议的基础上运行的。所谓的 IP 地址是一个 32 位的二进制数，通常被分割为 4 个"8 位二进制数"，用"点分十进制"表示成（*.*.*.*）的形式，其中*表示一个在 0~255 之间的十进制整数。例如，笔者所在学校域名服务器的点分十进 IP 地址为 211.87.191.66，实际上是 32 位二进制数（11010011.01010111.10111111.01000010）。

6.2.1 标准 IP 地址的分类

每个 IP 地址一般都由两个标识码（网络 ID 和主机 ID）组成。同一个物理网络上的所有主机都使用同一个网络 ID，网络上的一个主机有一个主机 ID 与其对应。Internet 委员会定义了 5 种 IP 地址类型以适合不同容量的网络，即 A 类~E 类。

1. A 类 IP 地址

A 类 IP 地址中网络的标识长度为 8 位，主机的标识长度为 24 位，地址范围为 1.0.0.0 到 126.255.255.255。A 类网络地址数量较少，每个网络能容纳的计算机数为 256^3-2 台。

2. B 类 IP 地址

B 类 IP 地址中网络的标识长度为 16 位，主机的标识长度为 16 位，地址范围从 128.0.0.0 到 191.255.255.255。B 类网络地址适用于中等规模的网络，每个网络能容纳的计算机数为 256^2-2 台。

3. C 类 IP 地址

C 类 IP 地址中网络的标识长度为 24 位，主机的标示长度为 8 位，地址范围从 192.0.0.0 到 223.255.255.255。C 类网络地址数量较多，适用于小规模的局域网络，每个网络支持的最大主机数为 $256-2$ 台。

4. D 类和 E 类 IP 地址

D 类和 E 类为特殊地址。如 255.255.255.255 是受限广播地址，用来将一个分组以广播方式发送给本网络中的所有主机；127.0.0.0 是回送地址，用于网络软件测试和本地进程间的通信；127.0.0.1 代表本机 IP 地址等。

6.2.2 IPv6

IPv4 最大的问题是可以提供的网络地址资源有限，从理论上讲，最多提供 1600 万个网络地址，支持 40 亿台主机。在采用 A、B、C 三类编址方式后，能够使用的网络地址和主机地址的数目大大减少。截至 2011 年 2 月 3 日，IPv4 地址已经分配完毕。人口最多的亚洲只有不到 4 亿个，地址不足，严重地制约了我国及其他国家互联网的应用和发展。

IPv6（Internet Protocol Version 6）是互联网工程任务组（Internet Engineering Task Force，IETF）设计的用于替代现行版本 IP 协议（IPv4）的下一代 IP 协议，由 128 位二进制数码表示。单从数量级上来说，IPv6 所拥有的地址容量约是 IPv4 的 8×10^{28} 倍，有利于互联网的持续和长久发展。IPv6 不但解决了网络地址资源数量的问题，同时也为除电脑外的设备连入互联网在数量限制上扫清了障碍。

6.2.3 相关命令

1. ipconfig

在命令窗口输入 ipconfig，如图 6-1 所示，其中显示出在默认情况下以太网适配器的 IP 地址、子网掩码和默认网关。

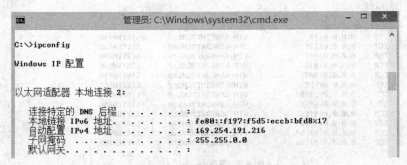

图 6-1 ipconfig 命令演示

(1) ipconfig /all

显示所有网络适配器的完整 TCP/IP 配置信息，如 IP 是否动态分配、网卡的物理地址等。

(2) ipconfig /renew

对于非静态分配的适配器重新分配 IP 地址，一般与 release 配合使用。

(3) ipconfig/release

释放由动态主机配置协议（Dynamic Host Configuration Protocol，DHCP）分配的全部适配器的动态 IP 地址。

2. ping

ping 用来测试数据包能否通过 IP 协议到达特定主机。ping 的工作原理是：网络上的机器都有唯一确定的 IP 地址，当给目标 IP 地址发送一个数据包时，如果网络通畅，对方就要返回一个同样大小的数据包，根据返回的数据包可以确定目标主机是否存在。程序会按时间和成功响应的次数估算丢失数据包率和数据包往返时间，时间越长，说明速度越慢。图 6-2 显示了用 ping 命令测试数据包能否通过 IP 协议到达百度。

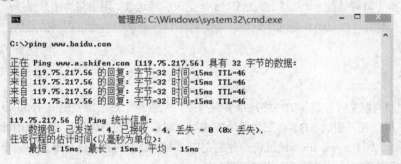

图 6-2　ping 命令演示

利用 ping 命令可以检查网络是否连通，可以很好地帮助我们分析和判定网络故障。如果 ping 命令后面跟一个参数 t，则是等待用户去中断测试。

3. netstat

netstat 命令的功能是显示网络连接、路由表和网络接口信息，可以让用户得知有哪些网络连接正在运作。使用时如果不带参数，则只显示活动的 TCP 连接。参数"-a"表示查看本地机器的所有开放端口，可以有效发现和预防木马，可以知道机器开放的服务等信息，如图 6-3 所示。

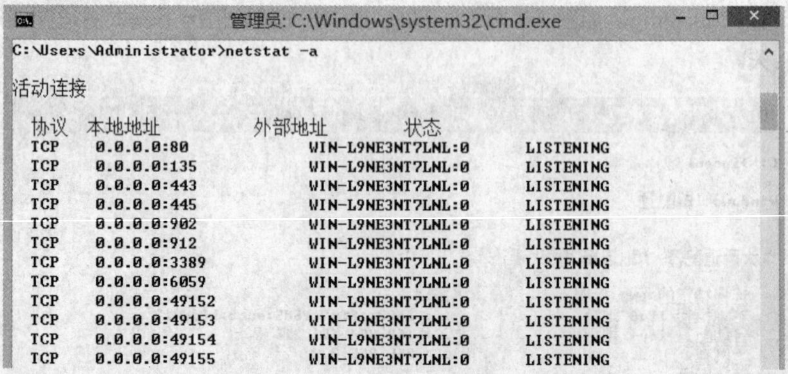

图 6-3　netstat 命令演示

4. tracert

tracert 命令是跟踪路由信息,使用此命令可以查出数据从本地机器传输到目标主机经过的所有途径。tracert 命令用 IP 生存时间(TTL)字段和 ICMP 错误消息来确定从一个主机到网络上其他主机的路由。图 6-4 显示了到百度的路由信息。

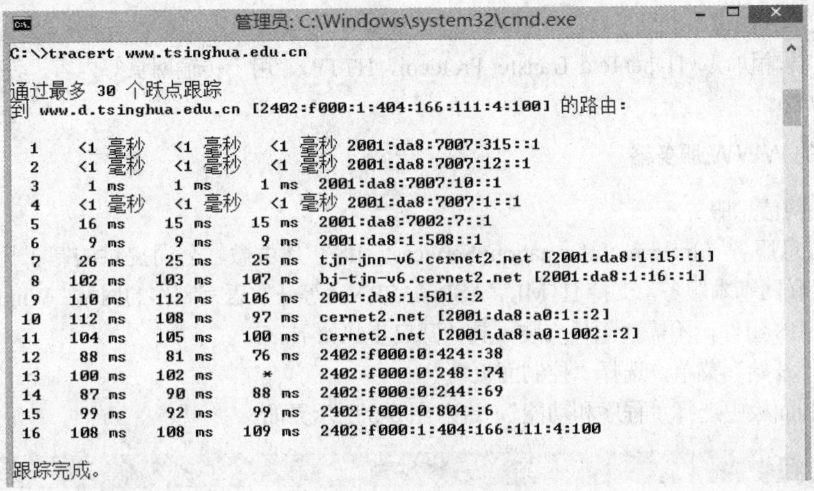

图 6-4 tracert 命令演示

5. arp

地址解析协议(Address Resolution Protocol,ARP)是根据 IP 地址获取物理地址的一个 TCP/IP 协议。其功能是:主机将 ARP 请求广播到网络上的所有主机,并接收返回消息,确定目标 IP 地址的物理地址,同时将 IP 地址和硬件地址存入本机 ARP 缓存中,下次请求时直接查询 ARP 缓存。图 6-5 显示了所有接口的 ARP 缓存表。

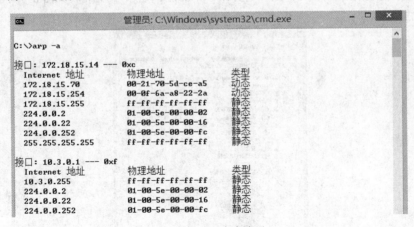

图 6-5 ARP 命令演示

6.3 计算机网络信息服务

Windows 系统常用的网络信息服务包括 WWW 服务、文件传输服务(FTP)、电子邮件服务(E-mail)、域名系统(DNS)和动态主机配置协议(DHCP)等。

6.3.1 WWW 服务

1. WWW 服务

WWW 服务是目前应用最广的一种基本互联网应用，通过 WWW 服务，可以访问 Internet 上 Web 服务器上的文本、图像、动画、声音和视频信息。WWW 服务的程序浏览器与服务器之间传送信息的协议是超文本传输协议（HyperText Transfer Protocol，HTTP），用于传输网页等内容，使用 TCP 协议，默认端口号为 80。

2. 常见的 WWW 服务器

（1）互联网信息服务。

互联网信息服务（Internet Information Services，IIS）是由微软公司提供的基于运行 Microsoft Windows 的互联网基本服务，支持 HTML、ASP、ASP.Net 等开发语言制作的网站。Windows 7 操作系统默认自带了 IIS 组件，不需要额外安装。具体开启步骤如下。

① 打开"开始"菜单，选择"控制面板"。

② 在控制面板中选择"程序和功能"，进入图 6-6 所示界面。

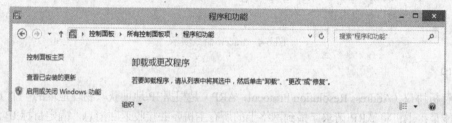

图 6-6 程序和功能

③ 单击"启用或关闭 Windows 功能"，弹出"Windows 功能"对话框，如图 6-7 所示，根据需要选择相应的功能。

图 6-7 "Windows 功能"对话框

④ 单击开始安装，安装完成后返回控制面板。
⑤ 打开控制面板，选择"管理工具"，进入图 6-8 所示窗口。

图 6-8　管理工具

⑥ 双击"Internet 信息服务（IIS）管理器"，进入 IIS 设置，如图 6-9 所示。可以在 Default Web Site（或者新建一个网站）进行网站的部署。

图 6-9　IIS 设置

（2）Apache HTTP Server。

Apache HTTP Server 是 Apache 软件基金会的一个开放源码的网页服务器，可以在大多数计算机操作系统中运行，是最流行的 Web 服务器端软件之一。Apache HTTP Server 快速、可靠，并且可通过简单的 API 扩展将 Perl/Python 等解释器编译到服务器中。

（3）Nginx。

Nginx 是 Igor Sysoev 编写的一款轻量级的 Web 服务器、反向代理服务器及电子邮件代理服务器，由俄罗斯的程序设计师 Igor Sysoev 所开发。Nginx 占有内存少,并发能力强,中国大陆使用 Nginx 的网站用户有新浪、网易、腾讯等。

(4) Tomcat。

Tomcat 服务器是一个免费的开放源代码的 Web 应用服务器,属于轻量级应用服务器,在中小型系统和并发访问用户不是很多的场合下被普遍使用,是开发和调试 JSP 程序的首选。Tomcat 是由 Sun 的软件构架师詹姆斯·邓肯·戴维森开发的,后来将其变为开源项目,并由 Sun 贡献给 Apache 软件基金会。

6.3.2 文件传输服务

1. 文件传输服务

文件传输协议(File Transfer Protocol,FTP)是专门用来传输文件的协议。文件传输服务允许用户将本地计算机上的文件上传到文件服务器上,或者从服务器上获取文件并下载到本地计算机上。在 FTP 的使用中需要知道两个概念,一个是"下载"(Download),另一个是"上传"(Upload)。"下载"文件就是从远程主机将文件复制至自己的计算机上,"上传"文件就是将文件从自己的计算机中复制至远程主机上。一般情况下,在与文件服务器进行文件交换时都需要用户账号和密码,并具有上传和下载权限。登录成功后,在远程主机上获得相应的权限以后,即可上传或下载文件。如果用户登录文件服务器时不需要用户名和密码,则称为匿名 FTP 服务。

2. 常见的 FTP 服务器

(1) IIS 集成的 FTP 服务器。

① 打开"开始"菜单,选择"控制面板",进入之后选择"管理工具",双击"Internet 信息服务(IIS)管理器",在图 6-10 左侧,右击"添加 FTP 站点"。

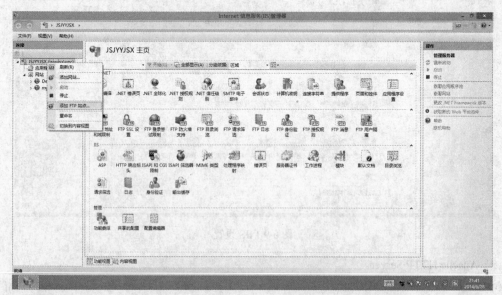

图 6-10 添加 FTP 站点

② 在弹出的对话框窗口输入 FTP 服务器的名字,并选择路径,如图 6-11 所示。
③ 单击"下一步"按钮,绑定 IP 地址以及对 SSL 进行设置,如图 6-12 所示。

第 6 章 网络及搜索引擎

 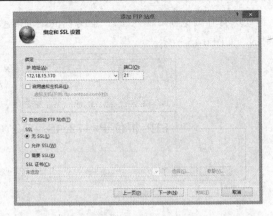

图 6-11 FTP 站点信息　　　　　　　　图 6-12 绑定 IP 和设置 SSL

④ 单击"下一步"按钮，进行身份认证和授权信息的设定，主要设置可以访问 FTP 服务器的用户，以及读取和写入权限，如图 6-13 所示。

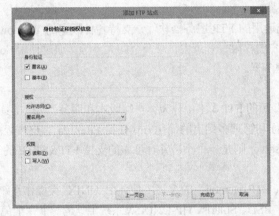

图 6-13 身份认证和授权信息

⑤ 单击"完成"按钮，返回 Internet 信息服务（IIS）管理器，可以对 IP 地址限制、目录浏览、身份认证、授权规则和 FTP 消息等进行设置，如图 6-14 所示。

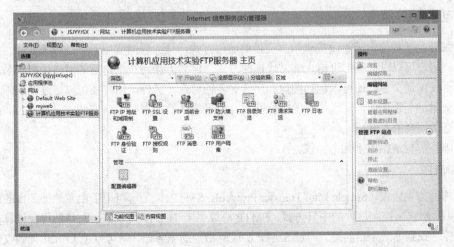

图 6-14 FTP 的其他设置

⑥ 打开浏览器，输入 FTP 服务器的地址信息，测试服务器是否搭建成功，同时对访问权限进行测试，如图 6-15 所示。

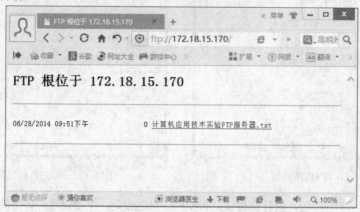

图 6-15　FTP 服务器测试

（2）Serv-U FTP 服务器。

Serv-U 是一种被广泛运用的 FTP 服务器软件，支持各种版本的 Windows 操作系统，以设定多个 FTP 服务器、限定登录用户的权限、登录主目录及空间大小等。通过使用 Serv-U，用户能够将任何一台 PC 设置成一个 FTP 服务器。

（3）FileZilla。

FileZilla 是一个免费开源的 FTP 软件，分为客户端版本和服务器版本，具备所有的 FTP 软件功能。可控性强的、有条理的界面和管理多站点的简化方式使得 FileZilla 客户端版成为一个方便高效的 FTP 客户端工具，而 FileZilla Server 则是一个小巧并且可靠的支持 FTP&SFTP 的 FTP 服务器软件。

（4）vsftpd。

vsftpd 是 "very secure FTP daemon" 的缩写，是一个 UNIX 类操作系统上运行的服务器的名字，它可以运行在诸如 Linux、BSD、Solaris、HP-UNIX 等系统上，是一个完全免费的、开放源代码的 FTP 服务器软件，支持很多其他的 FTP 服务器所不支持的特性。该服务器能够提供非常高的安全性和带宽限制，具有良好的可伸缩性，可创建虚拟用户，支持 IPv6，速率高，等等，是一款在 Linux 发行版中最受推崇的 FTP 服务器程序。

6.3.3　电子邮件服务

电子邮件是一种用电子手段提供信息交换的通信方式，是互联网应用最广的服务之一。通过电子邮件系统，用户可以以低廉的价格、非常快速的方式与世界上任何一个角落的网络用户联系。电子邮件传递的不仅仅是文字，还可以包括图像和声音等多种形式。另外，用户还可以通过电子邮件获得大量免费的新闻、专题邮件，实现信息的轻松获取。电子邮件的存在极大地方便了人与人之间的沟通与交流，促进了社会的发展。

电子邮件需要遵循以下几个协议。

1. SMTP

简单邮件传输协议（Simple Mail Transfer Protocol，SMTP），是一组用于由源地址到目的地址传送邮件的规则，由它来控制信件的中转方式。SMTP 协议属于 TCP/IP 协议族，它帮助每台计算机在发送或中转信件时找到下一个目的地。通过 SMTP 协议所指定的服务器，就可以把 E-mail 寄到收信人的服务器上了。

2. POP3

邮局协议的第 3 个版本（Post Office Protocol 3，POP3）是规定个人计算机如何连接到互联网上的邮件服务器进行收发邮件的协议。它是互联网电子邮件的第一个离线协议标准，允许用户从服务器上把邮件存储到本地主机上，同时根据客户端的操作删除或保存在邮件服务器上的邮件。

3. IMAP

交互式邮件存取协议（Internet Mail Access Protocol，IMAP）是斯坦福大学在 1986 年开发的一种邮件获取协议。主要作用是使邮件客户端（例如 MS Outlook Express、Foxmail 等）可以通过这种协议从邮件服务器上获取邮件的信息、下载邮件等。

6.3.4 域名系统

域名系统（Domain Name System，DNS）是互联网的一项核心服务，它作为可以将域名和 IP 地址相互映射的一个分布式数据库，能够使人们更方便地访问互联网，而不用记住能够被机器直接读取的 IP 数串。

DNS 服务器按照层次可以分为三种。

1. 根 DNS 服务器

根服务器主要用来管理互联网的主目录，全球共有 13 台根逻辑域名服务器。这 13 台根逻辑域名服务器，名字分别为"A"至"M"，真实的根服务器在 2014 年 1 月 25 日的数据为 386 台，分布于全球各大洲。

2. 顶级域名服务器

域名由两个或两个以上的词构成，中间由点号分隔开，最右边的那个词称为顶级域名。顶级域名一般分为两类：一类是国家和地区顶级域名，目前 200 多个国家都按照 ISO3166 国家代码分配了顶级域名。例如，中国是 cn，俄罗斯是 ru 等；另一类是国际顶级域名。例如，com 表示商业机构，org 表示非盈利组织，edu 表示教育机构，gov 表示政府机构，mil 表示军事机构。

6.3.5 动态主机配置协议

动态主机配置协议（Dynamic Host Configuration Protocol）为计算机指定 Internet 协议（IP）配置的标准协议。主要有两个用途：一个是给内部网络或网络服务供应商自动分配 IP 地址，另一个是帮助用户或内部网络管理员管理所有的计算机。

6.4 搜索引擎

搜索引擎是指根据一定的策略、运用特定的计算机程序从互联网上搜集信息，程序通过爬虫对信息进行获取，进行处理后为用户提供检索服务，最终将用户检索的相关信息展示给用户。搜索引擎为用户提供了信息检索服务，它使用某些特定程序把互联网上的所有信息进行了归类，让人们能在网络中搜寻到所需要的信息。

事实上，互联网上的搜索引擎非常多，但是对一般人来说掌握所有的搜索引擎如何使用的可能性微乎其微。"工欲善其事必先利其器"，因此选择一两个搜索效果较好的具代表性的搜索引擎更为可取。Google（www.google.com）是由两个斯坦福大学的博士生 Larry Page 与 Sergey Brin 于 1998 年 9 月共同开发的一款搜索引擎。Google 的中文名称是"谷歌",源于数学术语"googol",即数字 1 后跟 100 个零。Google Inc. 创立于 1998 年,2000 年 7 月 Google 成为 Yahoo 公司的搜索引擎,同年 9 月 Google 成为中国网易公司的搜索引擎。从创立至今 Google 已经获得 30 多项业界大奖。Google 虽然是一家相对年轻的互联网公司,但其实力却不容小觑。自 1998 年创立至今,Google 已成长为服务全球数百万用户的大公司。公司自成立之初就写下了十大信条,并一直坚持贯彻,具体如下:

(1) 以用户为中心,其他一切水到渠成。
(2) 专心将一件事做到极致。
(3) 越快越好。
(4) 网络也讲民主。
(5) 信息需求无处不在。
(6) 赚钱不必作恶。
(7) 信息无极限。
(8) 信息需求无国界。
(9) 认真不在着装。
(10) 追求无止境。

接下来,我们将以 Google 搜索引擎为例,介绍如何正确、高效地使用搜索引擎进行信息检索。

6.4.1 初阶搜索

打开浏览器,输入 http://www.google.com/,即可打开 Google 搜索引擎,如图 6-16 所示。

图 6-16 Google

打开 Google 时,它会根据用户的操作系统自动确定语言界面。Google 的首页简单明了,LOGO 下面默认是网站搜索。在搜索框内输入一个关键字,比如"中国石油大学",然后单击下面的"Google 搜索"按钮(或者直接回车),结果就出来了;如果单击"手气不错",则可直接跳转到中国石油大学(华东)官方网站(http://www.upc.edu.cn/)。Google 因为"手气不错"这个按钮而每年赔钱 1.1 亿美元,这个纪录进入了吉尼斯纪录。之所以不撤掉是因为"手气不错"让人快乐的地方在于，它们在时刻提醒你：谷歌人不仅有性格，而且充满热情，是有血有肉的人。

1．单个词搜索

输入"中国石油大学"，然后单击下面的"Google 搜索"按钮，找到约 11 500 000 条结果。如果再往下翻，可以发现绝大多数搜索结果并不是我们想要的。那么，应该怎么办呢？我们需要进一步确定搜索的范围以减少搜索结果。

2．组合词搜索

假设想了解中国石油大学的历史沿革，因此期望得到的搜索页面上包含"中国石油大学"和"历史沿革"。Google 搜索时对于两个及两个以上的关键词，可以用空格对关键词进行分隔，表示"逻辑与"的关系。因此可以直接输入"中国石油大学 历史沿革"，找到约 547 000 条结果。仅用了 2 个关键词，就将搜索到的结果从 1100 多万降到了 50 多万个页面。但是查看搜索结果，发现仍旧有好多结果与我们预期的不相符，相当一部分页面并不是我们想要的结果。怎么办呢？那就是要去掉与中国石油大学无关的历史沿革。仔细比较，可以发现国内一些石油院校都出现在搜索结果中，比如有东北石油大学、西安石油大学和西南石油大学等。

3．去掉不包含特定信息的搜索结果

Google 用减号"-"表示"逻辑非"操作。比如，"A-B"表示搜索包含 A 但不包含 B 的网页。如果搜索包含"中国石油大学"和"历史沿革"，但不包含"西南石油大学"、"东北石油大学"和"西安石油大学"的网页，则需要输入"中国石油大学历史沿革-西南-西安-东北"。此时搜索引擎找到约 236 000 条结果，可以发现通过去掉一些不相关信息，可以将搜索结果范围缩减一半左右。

4．搜索结果至少包含多个关键字中的任意一个

Google 用大写的"OR"表示"逻辑或"操作。比如，"A OR B"表示搜索的结果中要么有 A，要么有 B，要么既有 A 又有 B。在上一个搜索例子中，如果希望搜索结果中含有"华东"、"北京"或"东营"等关键字中的一个或者几个，就可以直接输入"中国石油大学 历史沿革 OR 华东 OR 北京 OR 东营"。

6.4.2 杂项搜索

1．大小写不敏感

Google 搜索不区分英文字母大小写，所有的字母均当作小写处理。比如，搜索"China"、"CHINA"或"china"，得到的结果都一样。

2．搜索通配符

Google 用"*"作为通配符，而且包含"*"必须用英文直引号""引起来。比如，""中国*大学""，表示搜索以"中国"开头，以"大学"作为结束的短语，中间的"*"可以是任何字符。

3．搜索短语或句子

用短语作为关键字，必须加英文直引号""。比如，搜索""China University of Petroleum""，如果不加英文直引号，则会把空格作为逻辑与运算。

4. 忽略词

Google 会忽略最常用的词和字符，这些词和字符称为忽略词。Google 自动忽略"http"、".com"和"的"等字符以及数字和单字，这类字词不仅无助于缩小查询范围，而且会大大降低搜索速度。如果要将这些忽略词强加于搜索项，可以使用英文直引号。比如，搜索"中国石油大学的历史沿革"时，加上英文直引号，则可将"的"强加于搜索项中。

5. 拼音汉字转换

Google 运用智能软件系统能够对拼音关键词进行自动中文转换并提供相应提示。比如，搜索"zhong guo shi you da xue"，Google 会提示"显示的是以下查询字词的结果：中国石油大学"，如图 6-17 所示。也就是说，Google 能自动以"中国石油大学"作为关键词进行搜索。对于拼音和中文混合关键词，Google 也能进行有效转换。对于拼音"lü"、"lüe"、"nü"或"nüe"，可输入"lv"、"lve"、"nv"或"nve"。如果拼音中没有空格，比如"zhongguoshiyoudaxue"，Google 也会进行相应处理，但是在多个拼音中加上空格能提高转换准确率和速度。

图 6-17 拼音搜索

由于汉语的多音字和方言众多，常用发音与实际发音常常有出入，更不用说拼音输入中可能出现的错误了。Google 的拼音汉字转换系统还能支持模糊拼音搜索，为用户提示最符合的中文关键词，具有容错和改正的功能。比如搜索"wan luo xing wen"，Google 会提示"显示的是以下查询字词的结果：网络新闻"，其中"网（wang）络新（xin）闻"是系统参考了可能会有的拼音错误后自动转换的。

6.4.3 搜索进阶

1. 限定搜索的网站

在用 Google 搜索时，可以用 site 限定搜索的网站，它能将搜索结果局限于一个具体的网站内。比如，要搜索中国石油大学的历史沿革，只需要将搜索范围限定在中国石油大学校园网内就可以搜索到相关结果。比如输入"历史沿革 site:upc.edu.cn"，搜索出的都是与中国石油大学相关的历史沿革，具体如图 6-18 所示。

需要注意的是 site 后的冒号为英文字符，而且冒号后不能有空格，否则"site:"将被作为一个搜索的关键字。另外，网站域名不能有"http://"前缀，也不能有任何"/"的目录后缀。

2. 在某一类文件中查找信息

如果搜索的目标不是网页文件，而是某一类型的文件，应如何搜索呢？Google 提供了"filetype:"功能，可以检索微软的 Office 文档、WordPerfect 文档、Adobe 的.pdf 文档、ShockWave 的.swf 文档等。比如，搜索含有"中国石油大学"的 Word 文档（.doc），可直接输入"中国石油大学 filetype:doc"，每个搜索结果页面前都会自动添加一个[doc]标记。

图 6-18 site 限定

3. 搜索包含在 URL 链接中的关键字

"inurl"语法返回的网页链接中包含第一个关键字,后面的关键字则出现在链接中或者网页文档中。有很多网站把某一类具有相同属性的资源名称——比如"MP3"——显示在目录名称或者网页名称中,此时就可以用 inurl 语法找到这些相关资源链接,然后用第二个关键词确定是否有某项具体资料。比如,输入"inurl:mp3 小苹果"则可以搜索出网址包含 mp3、页面中含有关键词"小苹果"的网页。

需要注意的是"inurl:"后面不能有空格,另外 Google 也不对 URL 符号(如"/")进行搜索。例如,Google 会把"cgi-bin/mp3"中的"/"当成空格处理。

4. 搜索包含在网页标题中的关键字

网页标题就是 HTML 标记语言 title 之间的部分。网页设计的一个原则就是要把主页的关键内容用简洁的语言表示在网页标题中。因此只查询标题栏,通常也可以找到高相关率的专题页面。"intitle"和"allintitle"可对网页的标题栏进行查询。比如,输入"intitle:中国石油大学 "历史沿革"",则可搜索到网页标题是中国石油大学的含有"历史沿革"的页面。

6.4.4 地图检索

Google 地图是 Google 向全球提供的电子地图服务,地图包含地标、线条、形状等信息,提供矢量地图、卫星照片、地形图等三种视图。其姊妹产品包括 Google 地球、Google 月球、Google 火星、Google 星空、Google 海洋等。

6.4.5 其他功能

1. Google 翻译

Google 翻译是一项免费的翻译服务,可提供 80 多种语言之间的即时翻译。Google 翻译可以在所支持的任意两种语言之间进行字词、句子和网页的翻译。Google 翻译在生成译文时,会在亿万篇文档中查找各种范例,以便确定最佳翻译,具体如图 6-19 所示。

图 6-19 Google 翻译

2. 网页翻译

借助 Google 的网页翻译功能,用户可以读懂更多的网页内容。不管网页使用的是何种语言,只要遇到不是用户的首选网页语言所撰写的网页,都可以直接进行网页翻页,具体如图 6-20 所示。

图 6-20 网页翻译

3. 云端硬盘

云端硬盘(Google Drive)是 Google 提供的一项网盘服务,免费提供 15GB 空间。云端硬盘具有以下优点:

(1) 云端硬盘可以存储照片、文档、设计稿、绘图、音乐和视频等任何文件。
(2) 用户可以在任意智能手机、平板电脑或计算机上随时随地使用所有文件。
(3) 可以邀请其他人查看、下载和协作处理文件,免去通过电子邮件附件发来发去的麻烦。

4. 学术搜索

Google 学术搜索(Google Scholar)是一个可以免费搜索学术文章的网络搜索引擎。它可以帮助用户查找包括期刊论文、学位论文、书籍和科技报告等在内的学术文件。以"站在巨人的肩膀上"为服务理念,重点提供计算机、物理、经济、医学等学科文件的检索服务,还通过知识链接功能提供了文章的引用次数及下载链接。

5. Gmail

Gmail 是 Google 提供的免费电子邮件账户,设计理念新颖,使得电子邮件更加直觉化、更实用、更有效率、更有趣。Gmail 具有以下等优点:

(1) 支持邮件全文搜索,速度极快。
(2) 支持在线聊天,以及语音和视频聊天。
(3) 海量的存储空间。
(4) Gmail 中没有弹出式窗口或横幅广告。
(5) 在任何设备上均可体验 Gmail。
(6) 垃圾邮件少。

6.4.6 Google 搜索总结

Google 的搜索功能都可以由用户在高级搜索中进行设置，具体如图 6-20 所示。

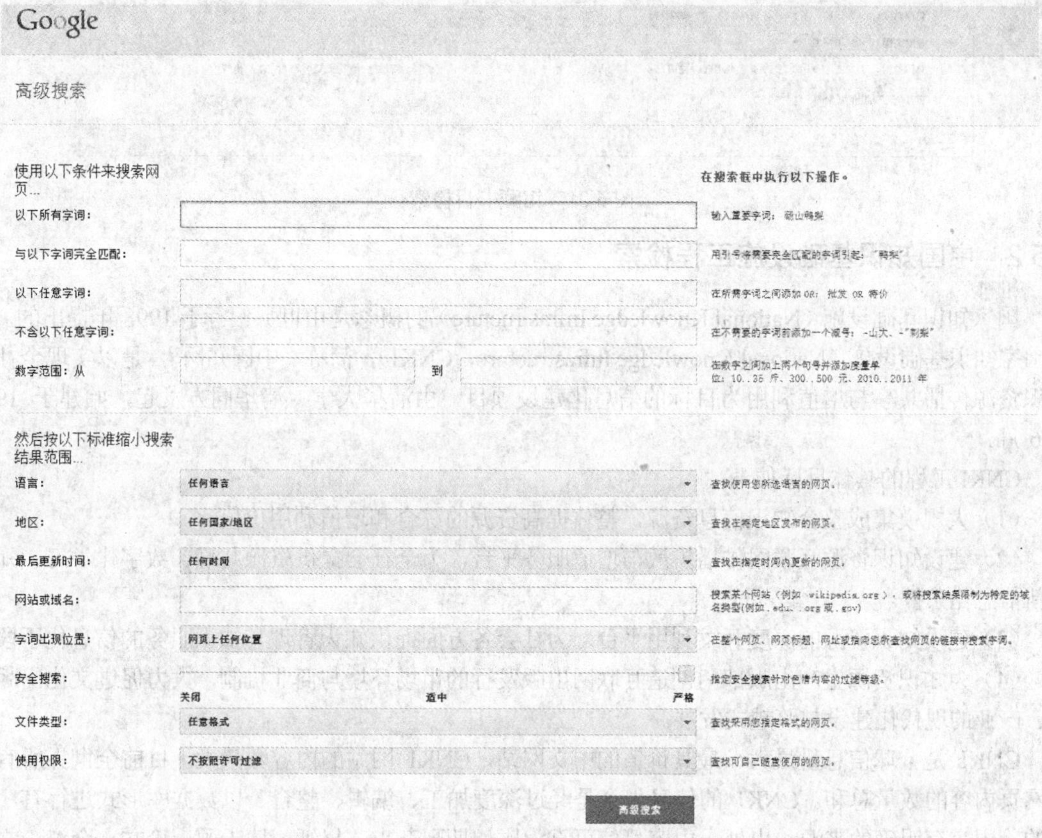

图 6-20 高级搜索

6.5 技能拓展

6.5.1 图书检索

国际上通常把 48 页以上不定期出版的印刷品称为图书。我国把"以印刷方式单本刊行的出版物"称为图书。每一种正式出版的图书都有一个唯一的标识代码，称为国际标准书号（International Standard Book Number，ISBN）。ISBN 的使用范围是教科书、印刷品、缩微制品、教育电视或电影、混合媒体出版物、微机软件、地图集和地图、盲文出版物、电子出版物。ISBN 一般由 13 位数字组成，并以四个连接号或四个空格加以分隔，每组数字都有固定的含义。比如，978-7-04-037704-0，其中第一组为 978 或 979；第二组是国家、语言或区位代码，比如 7 表示中国大陆；第三组表示出版社代码，由各国家或地区的国际标准书号分配中心分给各个出版社，比如 04 代表高等教育出版社；第四组表示书序码，由出版社具体给出；第五组表示校验码，只有一位，从 0 到 9。

图书检索时，可以输入题名、责任者、主题词、ISBN、订购号、分类号、索书号、出版社等信息。打开中国石油大学图书馆馆藏书目简单搜索，出现如图 6-21 所示界面。

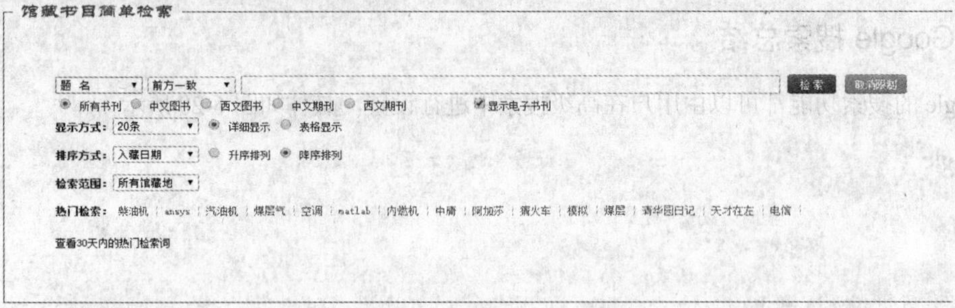

图 6-21 馆藏书目检索

6.5.2 中国知识基础设施工程检索

国家知识基础设施（National Knowledge Infrastructure）的概念是由世界银行于 1998 年提出的。中国国家知识基础设施（National Knowledge Infrastructure，CNKI），简称"中国知网"，是以实现全社会知识资源传播共享与增值利用为目标的信息化建设项目，由清华大学、清华同方发起，始建于 1999 年 6 月。

CNKI 工程的具体目标如下：

（1）大规模集成整合知识信息资源，整体提高资源的综合和增值利用价值。

（2）建设知识资源互联网传播扩散与增值服务平台，为全社会提供资源共享、数字化学习、知识创新信息化条件。

（3）建设知识资源的深度开发利用平台，为社会各方面提供知识管理与知识服务的信息化手段。

（4）为知识资源生产出版部门创造互联网出版发行的市场环境与商业机制，大力促进文化出版事业、产业的现代化建设与跨越式发展。

CNKI 是全球信息量最大、最具价值的中文网站，CNKI 网站的内容数量大于目前全世界所有中文网页内容的数量总和。CNKI 的信息内容是经过深度加工、编辑、整合、以数据库形式进行有序管理的，内容有明确的来源、出处，内容可信可靠，比如期刊杂志、报纸、博士硕士论文、会议论文、图书、专利等等。目前，《中国知识资源总库》已拥有国内 8000 多种期刊、700 多种报纸、300 多家博士培养单位的优秀博硕士学位论文、约 900 家全国各学会/协会重要会议论文、千种各类年鉴、数百家出版社已出版的图书、百科全书、中小学多媒体教学软件、专利、标准、科技成果、政府文件、互联网信息汇总以及国内外 1200 多个各类加盟数据库等知识资源。

1. CNKI 系列数据库简介

（1）中国学术期刊网络出版总库。

中国学术期刊网络出版总库是世界上最大的连续动态更新的中国学术期刊全文数据库，是"十一五"国家重大网络出版工程的子项目，是《国家"十一五"时期文化发展规划纲要》中国家"知识资源数据库"出版工程的重要组成部分。该库以学术、技术、政策指导、高等科普及教育类期刊为主，内容覆盖自然科学、工程技术、农业、哲学、医学、人文社会科学等各个领域。收录国内学术期刊 7 939 种，全文文献总量 41 037 488 篇。产品分为十大专辑：基础科学、工程科技Ⅰ、工程科技Ⅱ、农业科技、医药卫生科技、哲学与人文科学、社会科学Ⅰ、社会科学Ⅱ、信息科技、经济与管理科学。

（2）中国学术辑刊全文数据库。

辑刊是指由学术机构定期或不定期出版的成套论文集。中国学术辑刊全文数据库是目前国内唯一的学术辑刊全文数据库，共收录国内出版的重要学术辑刊 426 种，累积文献总量 152 948 篇。

(3) 中国博士学位论文全文数据库。

中国博士学位论文全文数据库（简称 CDFD）是目前国内博士学位论文资源最完备、出版周期最短、连续动态更新的高质量全文数据库，涉及尚未研究成熟的学科前沿性课题，是了解国内外科技发展动态的重要信息媒介，论文多在相关学科有造诣的学者、专家指导下完成，文献调查比较系统，研究方法与研究过程论述得比较具体，论述分析具有独到的见解，具有很高的参考与借鉴价值。CDFD 覆盖了基础科学、工程技术、农业、医学、哲学、人文、社会科学等各个领域，收录了来自 416 家培养单位的博士学位论文 231 897 篇。

(4) 中国优秀硕士学位论文全文数据库。

中国优秀硕士学位论文全文数据库是目前国内硕士学位论文资源最完备、出版周期最短、连续动态更新的高质量全文数据库，代表了学科专业的发展方向，对所研究课题的历史与现状提供了全面考察与分析，具有专业研究的连续性和继承性，及时反应当前国内外各个领域的最新思想和成果，反应社会经济运行的某些端倪与走向，是进行科学技术与人文社会科学研究、选题论证、项目申报、项目进展跟踪、科技与社会经济情报调研与分析的必查工具。该库覆盖了基础科学、工程技术、农业、哲学、医学、人文、社会科学等各个领域，收录了来自 647 家培养单位的优秀硕士学位论文 1 983 321 篇。该库重点收录 985、211 高校、中国科学院、社会科学院等重点院校高校的优秀硕士论文，以及重要特色学科如通信、军事学、中医药等专业的优秀硕士论文。

(5) 中国重要会议论文全文数据库。

中国重要会议论文全文数据库收录了国内重要会议主办单位或论文汇编单位书面授权、投稿到"中国知网"进行数字出版的会议论文。重点收录 1999 年以来中国科协、社科联系统及省级以上的学会、协会，高校、科研机构，政府机关等举办的重要会议上发表的文献。其中，全国性会议文献超过总量的 80%，部分连续召开的重要会议论文回溯至 1953 年。该库已收录出版 14 253 次国内重要会议投稿的论文，累积文献总量 1 670 445 篇。

2. CNKI 使用方法

高校读者一般都可以通过学校图书馆的电子资源相关链接进入，或者直接通过 http://www.cnki.net/ 进入，具体如图 6-22 所示。

图 6-22　CNKI 首页

(1) 检索

CNKI 支持单库检索和跨库检索。

单库检索是在 CNKI 系列数据库中的任一库内检索，只需要单击相应的数据库即可进入检索。跨库检索可以选择多个数据库的资源进行检索，能够在同一个检索界面下完成对期刊、学位论文、报纸、会议论文、年鉴等各类型数据库的统一跨库检索。单库检索和跨库检索都设置有初级检索、高级检索、专业检索、作者发文检索、科研基金检索、句子检索和文献来源检索等，用户可以根据检索条件和检索技术水平选择其中的一个界面操作。

初级检索直接输入要检索的关键词，然后选择相应的匹配项即可。

高级检索提供检索项之间的逻辑关系控制，如果要提高检准率，则可以添加多个逻辑关系，进行多种的检索控制，如相关度排序、时间控制、词频控制、精确/模糊匹配等，适合于对检索方法有一定了解的用户，具体如图 6-23 所示。

图 6-23　CNKI 高级检索

专业检索需要在检索文本框输入检索表达式，比如输入 "SU='北京'*'奥运' and FT='环境保护'"，则可以检索到主题包括 "北京" 及 "奥运" 并且全文中包括 "环境保护" 的信息。其中，检索字段 SU=主题，TI=题名，KY=关键词，AB=摘要，FT=全文，AU=作者，FI=第一责任人，AF=机构，JN=文献来源，RF=参考文献，YE=年，FU=基金，CLC=中图分类号，SN=ISSN，CN=统一刊号，IB=ISBN，CF=被引频次。专业检索方法适用于对检索非常熟悉的读者。

(2) 二次检索。

在已有检索结果的基础上，重新设置检索式，进一步缩小检索范围，逼近检索目标。

(3) 检索结果。

执行检索后，用户可以看到检索结果列表，单击文献题录即可进入该文献的结果页面，用户可以选择下载、打印和保存等操作。

(4) 其他检索方式。

① 通过导航检索。

CNKI 首页设有特色导航，导航的目的在于为读者提供多种途径以找到所需要的文献。即使用户不具备检索知识，也可以根据传统的阅读习惯找到目标信息。只需要通过专辑导航浏览，逐层打开每个分类目录就可以直接查看最终分类目录下某一学科领域内的所有文献，具体如图 6-24 所示。

② 知网节。

CNKI 系列数据库除了提供所检索文献的全文外，还提供了 "知网节" 的功能。知网节以一篇文献作为其节点文献，知识网络的内容包括节点文献的题录摘要和相关文献链接。知网节提供单篇文献的详细信息和扩展信息的浏览页面。它不仅包含单篇文献的题录摘要，还是该文献各种扩展信息的入口汇集点，具体如图 6-25（a）～（e）所示。

第 6 章 网络及搜索引擎

图 6-24 导航检索

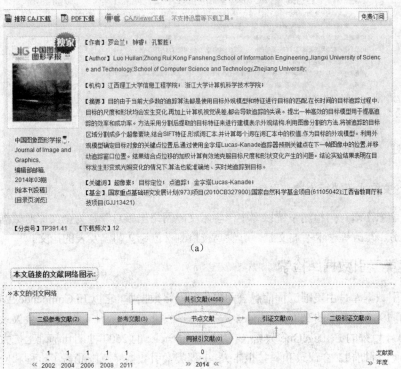

图 6-25 知识点检索

图 6-25（续） 知识点检索

3．学位论文学术不端行为检测系统

学位论文学术不端行为检测系统以《中国学术文献网络出版总库》为全文比对数据库，可检测抄袭与剽窃、伪造、篡改等学术不端文献，可供高校检测学位论文和已发表的论文。

6.5.3 工程类索引数据库检索

工程类索引数据库是由美国工程信息公司提供的网络数据库，它以 Ei CompendexWeb 为核心数据库，不仅收录了 1980 年以来的 Ei Compendex 数据（每年收录 2600 余种工程期刊、会议录和科技报告），还包括了 1990 年以来的 Ei PageOne 数据（在 Ei Compendex 的 2600 种期刊基础上扩大收录范围，每年收录 5400 种工程期刊、会议录和科技报告）。工程类索引数据库范围涵盖了工程和应用科学领域的各学科，数据库每年选摘 175 个学科和工程专业的大约 250 000 条记录。

习 题 6

1. 搭建 IIS 服务器，并下载一个 BBS 或者博客系统进行配置。
2. 搭建 FTP 服务器进行文件上传和下载测试，尝试限制 IP 访问、设置 FTP 欢迎消息等。
3. 使用 Google 搜索引擎检索 2014 届高校毕业生就业相关信息。
4. 使用图书馆检索程序设计相关书籍。
5. 通过中国知网查阅相关大数据文献。

第 7 章 常用工具

【内容概述】

本章主要介绍一些常用工具。一些大型工具虽然功能强大,但存在占用内存大、启动速度慢等问题,不适合解决小问题。因此本章重点介绍了一些功能和特点鲜明、启动速度快、执行效率高的小型软件。这些软件能够快速地解决一些日常小问题,实用价值高。

【学习要求】

通过本章的学习,使学生能够:
1. 掌握文件管理软件的使用方法。
2. 掌握文件编辑和阅读软件的使用方法。
3. 掌握图像浏览和编辑软件的使用方法。
4. 掌握云笔记和云存储的使用方法。

7.1 文件文档工具

7.1.1 文件压缩工具

当需要对一些文件资料进行网络传输或文件时,可以将文件进行压缩,加快网络的传输过程或减小磁盘空间的占用。WinRAR 是一款强大的文件压缩管理工具,可以创建 RAR 和 ZIP 格式的压缩文件。

1. 压缩文件

(1) 下载并安装 WinRAR 软件之后,打开文件浏览器,切换文件路径,找到并选择需要压缩的文件,如图 7-1 所示。

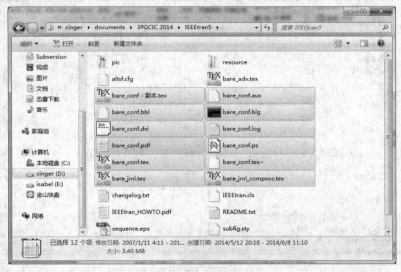

图 7-1 选择需要压缩的文件

(2) 单击右键,在如图 7-2 所示的快捷菜单中选择"添加到压缩文件"。

(3) 在弹出的窗口中,修改压缩文件的名字,更改压缩文件的格式,以及设定好一系列压缩选项之后,单击"确定"按钮,就可以生成压缩文件了,如图 7-3 所示。

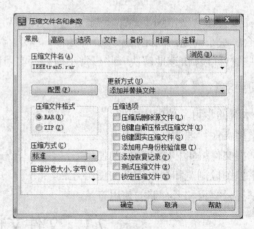

图 7-2 右键菜单   图 7-3 选择需要压缩的文件

(4) 如果不需要修改其他选项,可以直接在右键菜单中选择"添加到'文件夹名'.rar"选项,直接在当前文件夹下生成压缩文件。

2. 解压缩文件

(1) 打开文件浏览器,找到需要进行解压缩的文件。在安装好 WinRAR 后,压缩文件呈现的图标为 ,如图 7-4 所示。

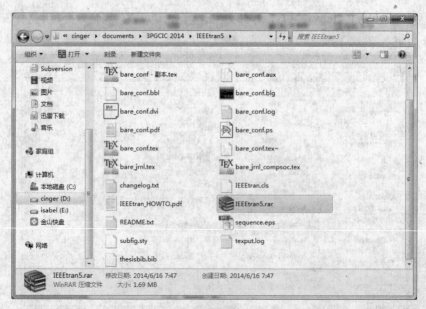

图 7-4 选择需要解压缩的文件

（2）单击右键，在出现的快捷菜单中会包含三个与解压缩相关的选项，如图 7-5 所示。

（3）如果选择"解压文件（A）…"选项，则会弹出如图 7-6 所示的窗口，选择文件路径后，单击"确定"按钮，完成解压缩过程。

图 7-5　解压缩右键菜单

图 7-6　解压缩窗口

（4）如果选择"解压到当前文件夹（X）"菜单，将会把文件直接解压到当前的文件夹下。如果选择"解压到压缩文件名"菜单，将会建立一个文件夹，并将解压缩后的内容保存在这个文件中。

3．相关软件

目前的国产软件好压和快压也同样可以压缩和解压缩文件，并且没有版权制约和功能限制，完全免费，且支持 7z 和 TAR 格式的压缩。

7.1.2　磁盘搜索工具

当查找特定文件时，需要在磁盘上进行搜索。Windows 操作系统自带了磁盘搜索功能，但是随着磁盘空间越来越大，搜索时间非常长。Search Everything 软件通过对磁盘文件建立索引，可以实时地搜索文件。

官方网址：http://www.voidtools.com/。

（1）安装 Search Everything 软件后，在开始菜单中启动该软件，软件界面如图 7-7 所示。在第一次启动之后，它需要对整个磁盘文件建立索引，需要花费几分钟时间。在状态栏上会有相应的信息显示。

（2）对于在搜索窗口输入文件名称中包含的关键字，对应的文件就会实时地显示出来。图 7-8 所示为搜索关键词"工具"后出现的结果。

（3）在目标文件上直接双击，就可以打开该文件。如果是可执行文件，就会直接运行该文件。也可以右键单击，在如图 7-9 所示的快捷菜单中选择"Open Path"，转换到该文件所在的目录中，进行下一步处理。

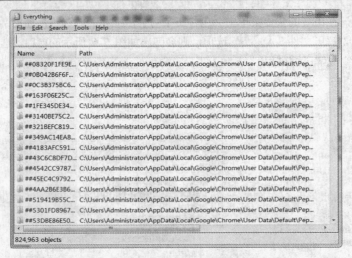

图 7-7　软件界面

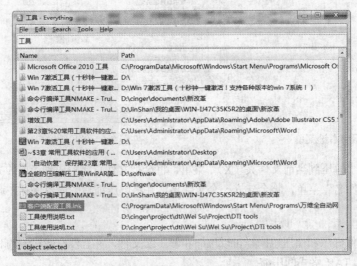

图 7-8　输入关键字后的界面

（4）在如图 7-10 所示的"Search"菜单下设定了一些搜索选项。"Match Case"表示大小写匹配；"Match Whole Word"表示匹配整个字符串；"Match Path"表示匹配搜索路径。

图 7-9　右键菜单

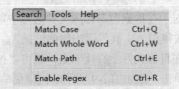

图 7-10　Search 菜单的选项

7.2 编辑和阅读工具

7.2.1 编辑器工具

作为一个优秀的程序员，电脑上至少会安装一个以上的小型编辑器。这些编辑器可以快速启动，使用方便。在问题规模比较小的时候，这些小型的编辑器将极大提高工作效率。Sublime Text 是一个功能强大的小型编辑器，其文件切换、多点编辑和添加插件等功能深受用户喜欢。该工具的官方网址为http://www.sublimetext.com/。

1. 编辑文件

（1）打开 Sublime 软件，在正文区输入需要编辑的内容或代码，如图 7-11 所示。

图 7-11　Sublime Text 编辑文本

（2）选择 "File" 菜单的 "保存"，保存文件内容。在如图 7-12 所示的弹出窗口中输入文件名即可。

图 7-12　保存文件

（3）Sublime Text 可以多点同时编辑。在选择第一个编辑点后，按住 Ctrl 键再用鼠标单击其他编辑点，然后输入编辑内容，这些内容可以在多个编辑点上同时出现。例如，在图 7-13 中，同时在每段的结尾处添加"此段结束"。

图 7-13　多点编辑

（4）多点选择和编辑。选择文本中的一个词语，例如图 7-14 中的"二维码"，然后按 Ctrl+D 键，就可以同时选中下一个"二维码"，也可以按下 Alt+F3 键，同时选择全文中所有的"二维码"。用户可以同时编辑这些文本。

图 7-14　多点选择和编辑

2. 同类工具

Windows 下最常见的编辑软件有 Notepad++（http://notepad-plus-plus.org/）、UltraEdit（http://www.ultraedit.com/）和 EditPlus（http://www.editplus.com/），这些工具使用简单，符合 Windows 的使用规范，在 Windows 平台下比较常用。

UNIX 和类 UNIX 下的常用编辑器有 Vim（http://www.vim.org）和 Emacs（http://www.gnu.org/software/emacs/）等，这些编辑器功能强大、编辑效率高。但因为 Vim 和 Emacs 学习周期比较长，所以不建议入门级的同学掌握。

7.2.2 PDF 阅读器工具

PDF 的全称是 Portable Document Format，译为"便携文档格式"，是由 Adobe 公司开发的独特的电子文件格式。它以 PostScript 语言图像模型为基础，实现了字体嵌入和图像内置，因此具有跨平台的特征。这个特征使它成为在 Internet 上进行电子文档发行和数字化信息传播的理想文档格式。很多的电子图书、产品说明、网络资料等都在使用 PDF 格式文件。

1. 阅读 PDF 文档

以 PDF-XChange Viewer 为例。它是一款多功能的 PDF 阅读器，完全免费，需安装.NET Framework 才能执行。它具有丰富的标注、多标签显示、导出图像、批量搜索、放大与导航功能，并支持中文注释。

官方网址：http://www.tracker-software.com/product/pdf-xchange-viewer。

（1）下载并安装 PDF-XChange Viewer 后，双击要查看的 PDF 格式的文档，如图 7-15 所示。

图 7-15 选择 PDF 文件

（2）此时即可打开所选文档，默认显示文档的第一页，如图 7-16 所示。

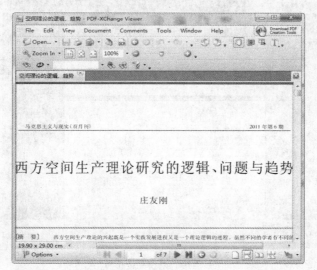

图 7-16 打开文件的第一页

(3)单击工具条上的■按钮,将自动按照页的高度进行显示,如图 7-17 所示。■表示按照页的宽度进行显示。用户也可以设定 33% ·或调整 ○——○ 自行修改显示比例,如图 7-18 所示。

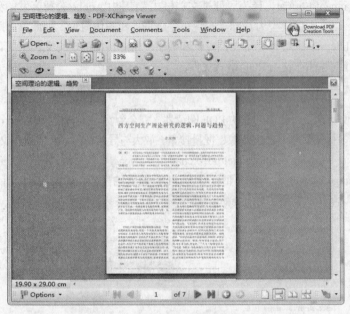

图 7-17 按照页高进行自适应显示　　　　图 7-18 自行设定显示比例

(4)用户可以通过单击 Page Down 和 Page Up 按钮进行翻页,也可以通过右侧的滚动条调整阅读的位置,如图 7-19 所示。PDF-XChange Viewer 中一个非常实用的功能就是可以记住阅读位置,当下一次打开同一个文件时,会自动滚动到上次的阅读位置。

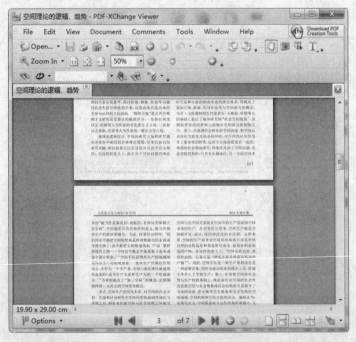

图 7-19 调整阅读位置

2. 文本选择和注释

（1）在文档打开后，选择工具条上的 ![], 可以选择文档中的文字, 如图 7-20 所示。

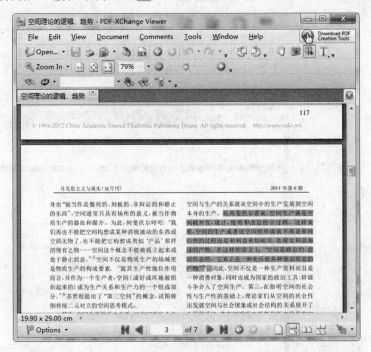

图 7-20　选择文本

（2）单击 "Edit" 菜单下的 "Copy"，或直接按 Ctrl+C 键，就可以复制选中的文本。
（3）选择工具条上的 T, 可以高亮显示选中的文本，如图 7-21 所示。

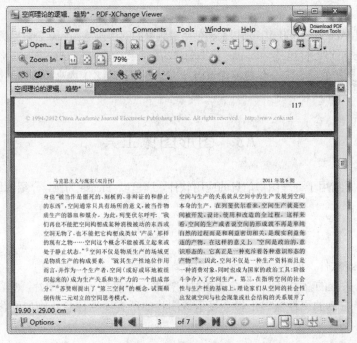

图 7-21　高亮显示文本

（4）在需要添加注释的位置单击右键，在出现的菜单中选择"Add Note"，即可添加注释，如图 7-22 和图 7-23 所示。单击菜单"File"下面的"Save"选项后，这些标记和注释都可以保存到文件中。

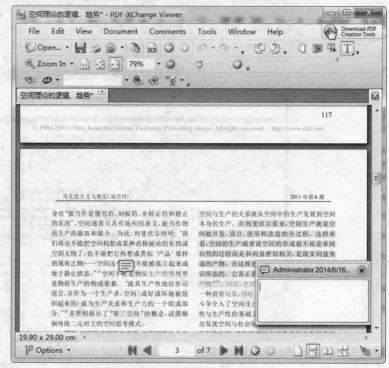

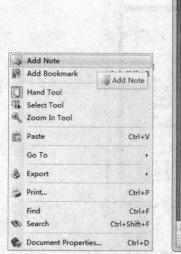

图 7-22　添加注释的右键菜单　　　　　　　　图 7-23　添加注释

3. 同类工具

pdf 文件格式由 Adobe 公司制定，所以最初使用最频繁的阅读器是 Adobe 公司提供的 PDF reader。可以采用 Adobe Acrobat 软件进行创建和编辑。后期国产的福昕阅读器软件（http://www.foxitsoftware.cn/）因为小巧灵活、中文支持较好、完全免费等优点而被广泛使用，许多国内高校的图书馆都提供了福昕阅读器的下载。

7.3　图形图像工具

图像处理软件是指用于处理图像信息的应用软件，这里以 Picasa 为例，介绍图像处理软件的使用方法。

1. 图像浏览

（1）打开 Picasa 软件，如图 7-24 所示。

（2）单击工具条上的 按钮，系统会按时间排序，平铺显示所有图片，如图 7-25 所示。选择任意一张图片，右侧的属性窗口上将会显示该图片的所有属性信息，例如位置、文件大小和尺寸信息等。

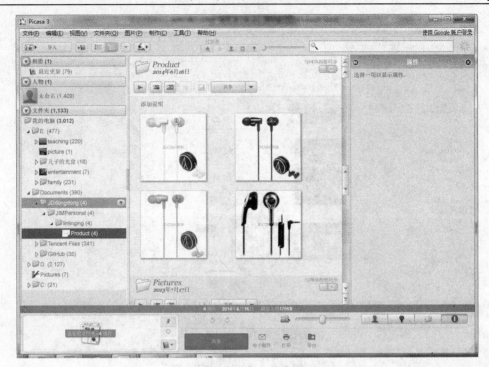

图 7-24　打开 Picasa

图 7-25　以平铺方式浏览图片

（3）单击正下方的 ![按钮] 按钮，按住鼠标左键不放，拖动到图片上方，就可以局部放大显示图片，如图 7-26 所示。

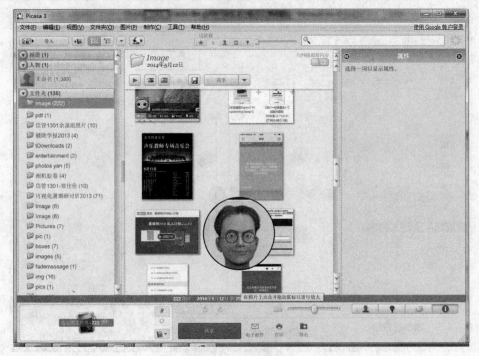

图 7-26　局部放大图片

（4）调整下方的 ━━━━ 工具，调整图片显示的比例。

（5）选择"工具"菜单下的"文件夹管理器"，将出现如图 7-27 所示的窗口。用户可以自行设定 Picasa 是否处理该文件夹。

图 7-27　文件夹管理

2．编辑图像

（1）双击需要编辑的图片，Picasa 进入编辑状态，如图 7-28 所示。

图 7-28 编辑状态

(2) 单击左侧工具面板上的"剪裁"按钮,然后在图片上选择需要保留的区域,回车后,图片将会被剪裁,如图 7-29 所示。

(3) 单击左侧工具面板上的"手气不错"按钮,将会自动修正亮度和颜色。单击"自动调整对比度",可以自动修正图片的对比度。

(4) 切换到工具面板的 ✎ 子面板,会有许多有趣又实用的处理方式。例如,选择"柔焦",就会出现图 7-30 所示的效果,可用来虚化背景,突出图像的中心。

图 7-29 剪裁图片

图 7-30 柔焦效果

(5) 单击"制作"菜单下面的"设为桌面",就可以把相应的图片设置为桌面。

3. 图像拼贴

(1) 选择一个需要拼接的文件夹,然后单击"制作"菜单下面的"图片拼贴"。此举将会把该文件夹下的所有图片拼接到同一张图片上,如图 7-31 所示。

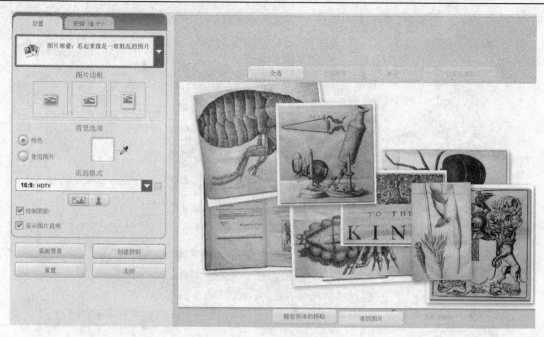

图 7-31 图像自由拼贴

（2）在左侧的工具栏上，可以改变拼图的方式。例如，选择"自动调整图片以配合页面大小"，图片将会拼贴成如图 7-32 所示的样式。

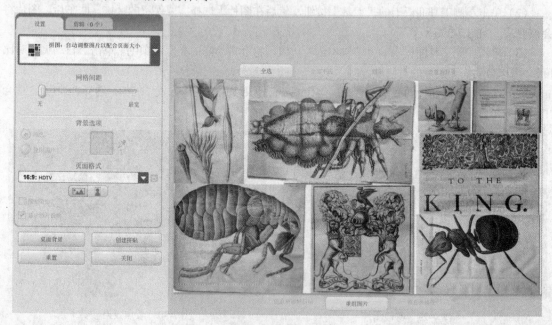

图 7-32 配合页面拼贴

（3）还可以单击"剪辑"面板中的"获取更多"按钮，添加更多的图片。

4．同类工具

在图像的浏览和简单编辑方面，ACDsee 和美图秀秀都是应用比较广泛的小工具。

7.4 云笔记和网盘工具

伴随互联网的高速发展，云技术应运而生。它将用户所有的数据和服务都放在大型数据处理中心（称为网络云）中，用户只要有一个上网的终端就可以访问网络云上的数据和服务。云技术将各种各样的终端（例如个人电脑、手机、电视等）进行连接，为用户提供广泛、主动、高度个性化的服务。

7.4.1 云笔记工具

云笔记是建立在云技术基础上的记事本，可以随时将资料或想法等进行存储。还可以对笔记进行分类整理、快速搜索、分类查找和安全备份等。因为内容存储在云端，所以不会因为磁盘损坏等原因丢失资料，极大增强了可靠性。下面以有道云笔记为例进行介绍，可以在http://note.youdao.com进行下载或者直接使用该软件的网页版。

1. 基本使用方法

（1）下载并安装有道云笔记之后，运行软件，进入登录界面，如图7-33所示。注册账号并登录，或者直接用已有的微博或QQ账号直接登录。

图 7-33 登录界面

（2）登录后，软件主要分为三个区域。如图7-34所示，左侧为笔记本的分类，中间是题目的列表，右侧是选中题目的内容。

图 7-34 软件界面

（3）单击新建笔记的下拉框按钮，如图 7-35 所示。在出现的菜单中选择"新建笔记本"，然后在如图 7-36 所示的弹出窗口中输入名称。单击"确定"按钮，新建一个笔记本。笔记本相当于对笔记的一个分类。

图 7-35　新建菜单　　　　　　　　　图 7-36　软件界面

（4）选中一个笔记本，然后单击"新建笔记"，出现如图 7-37 所示的窗口。

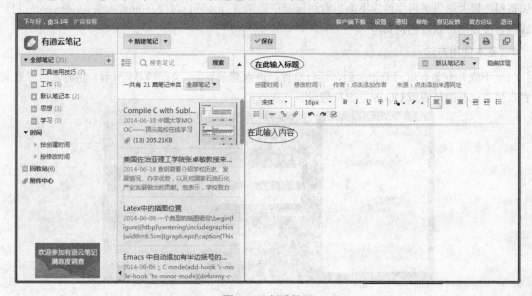

图 7-37　新建笔记

（5）输入笔记的题目和内容后，单击"保存"按钮，内容就会保存到云端。可以通过手机、平板电脑或任意的上网终端进行查看或编辑。

2．浏览器插件

（1）可以在浏览器上安装有道云笔记的插件，如图 7-38 所示

（2）在进行网页浏览的时候，如果有需要保存的内容，可以选中该部分内容，然后单击右键，在出现的快捷菜单中选择"保存选中的内容到有道云笔记"，如图 7-39 所示。

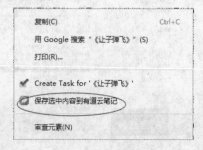

图 7-38　浏览器插件　　　　　　　　　图 7-39　保存网页内容

然后会出现如图 7-40 所示保存成功的提示。

（3）单击"查看笔记"链接，可以看到保存的内容。有道云笔记会自动采用网页的名称命名该笔记，而且网址也会被保存，以方便查看，如图 7-41 所示。

图 7-40　保存成功提示

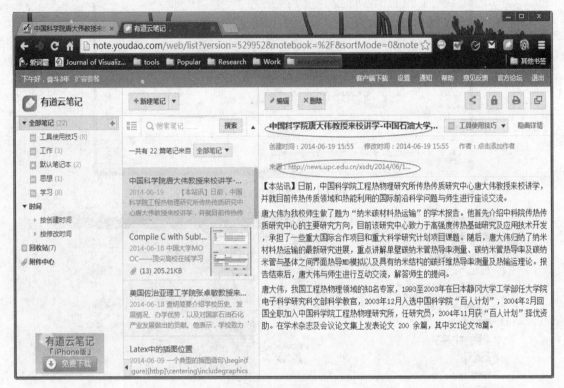

图 7-41　保存的内容

3．同类软件

其他的在线笔记知识管理类工具包括 Evernote/印象笔记、麦库、天天记事、为知笔记、易趣记事本等，这些软件功能比较接近，根据个人喜好，选择其中一个即可。

7.4.2　网盘工具

网盘也是建立在云技术基础上的软件。用户可以将本地资源上传到网盘上，同样具有多终端同步、数据永不丢失的特点。下面以金山快盘软件为例进行介绍。

1．基本方法

（1）安装金山快盘后，会在"我的电脑"中出现一个叫作"金山快盘"的盘符，如图 7-42 所示。

（2）在 Windows 的通知区域出现一个金山快盘的图标，右键单击，在出现的快捷菜单中选择"设置"，如图 7-43 所示。

（3）在弹出的窗口中，选择"账户"，然后单击"迁移同步位置"按钮，更改金山快盘在本地磁盘的存储位置。

（4）通过"我的电脑"进入金山快盘，如图 7-45 所示。在这个盘符下新建和修改文件及文件夹等，都会自动同步到云端。可以单击"详情"链接查看如图 7-46 所示的同步历史。

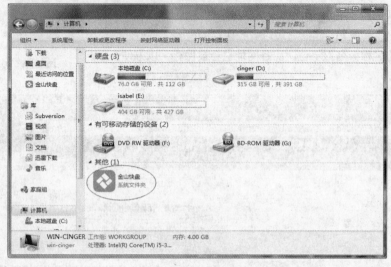

图 7-42　金山快盘的盘符

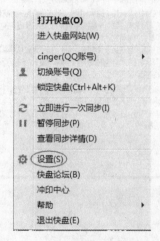

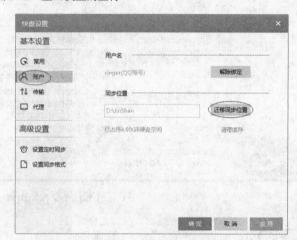

图 7-43　金山快盘的右键菜单　　　　　图 7-44　金山快盘的设置窗口

图 7-45　金山快盘的操作

（5）左键单击 Windows 的通知区域的金山快盘图标，将会出现如图 7-47 所示的窗口，上面显示了最近同步的文件。单击上方的云图标，系统将会强制进行一次文件同步。

图 7-46　同步历史记录

图 7-47　强制同步

2．版本控制

（1）对于快盘文件夹中文件的每次修改，都可以通过同步形成一个新版本。选择需要进行版本管理的文件，然后单击右侧的"历史版本"链接，将会显示如图 7-48 中所示的版本历史。

图 7-48　版本历史

（2）选择一个需要的版本，单击"下载"按钮，可以下载对应的版本。如果单击"还原"按钮，将会直接用选中的版本替换当前版本，如图 7-49 所示。

图 7-49 下载历史版本

7.5 技 能 拓 展

7.5.1 用 QQ 进行屏幕截图

（1）在运行 QQ 的情况下，按下 Ctrl+Alt+A 组合键，可以进行屏幕截图，如图 7-50 所示。蓝色边框圈选的高亮区域为截图区域，用红色圆圈标出的区域是一个局部放大窗口，它显示了鼠标所在位置像素点的颜色。

图 7-50 截图窗口

（2）在确定选择区域后，单击鼠标左键，将会出现如图 7-51 所示的菜单。单击"完成"按钮，完成截图操作。单击其中的保存按钮，可以直接将截取的图片保存为指定格式。

第 7 章 常用工具

图 7-51 截取菜单

（3）如果用户正在通过 QQ 聊天，截取的图片直接出现在聊天窗口中，如图 7-52 所示。按发送即可发送给对方。

图 7-52 截图窗口

7.5.2 用易信免费发短信

（1）通过手机注册易信后，可以在电脑上安装易信客户端。运行后出现登录窗口，如图 7-53 所示。
（2）输入用户名密码后，登录易信，出现好友列表，如图 7-54 所示。

图 7-53 易信登录窗口　　　　　　　图 7-54 易信好友列表

（3）双击需要发短信的好友，在弹出的窗口中输入要发送的内容，如图7-55所示。然后单击"发送"按钮，将会给对方发送一条免费短信。

图7-55 发送短信

7.6 上机实训

7.6.1 实训题目

请在打开的窗口中进行下列Windows操作，完成所有操作后，请关闭窗口。
（1）从网页上直接听音乐。
（2）将编辑好的Word文件转换为PDF文件格式。
（3）打开QQ的安装目录。
（4）将QQ的Plugin文件夹压缩成一个文件。

7.6.2 实训操作

（1）打开浏览器，输入网址http://123.sogou.com/ting/，然后回车，就会出现搜狗的音乐导航页面。最上面的部分是"音乐名站"，可以选择任意一个切换到其他在线音乐网站上。第二部分是音乐盒选择，包括虾米音乐、酷狗音乐和一听音乐等，选择你喜欢的音乐盒，例如虾米音乐，下面的播放器就会切换到虾米音乐上。用鼠标左键在歌曲列表中单击一个自己喜欢的音乐，就可以开始播放。

（2）启动Word，然后左键单击"文件"菜单下的"打开"选项。在弹出的"打开"对话框中，切换磁盘位置，找到需要打开的Word文件。然后左键单击"文件"菜单下的"另存为"选项。在弹出的文件保存对话框中，选择文件的保存位置，例如"桌面"；在文件名的文本框处，填入需要保存文件的名称，默认为正在打开的Word文件的名称；在保存类型的文本框处，点开右侧的下拉按钮，选择"PDF（*.pdf）"选项。最后单击"保存"按钮，桌面上就会出现一个对应的PDF文件。

（3）QQ安装结束后，会在桌面产生一个企鹅样的图标。用右键单击这个图标，在弹出的菜单中单击"属性"选项，系统会出现属性对话框。默认会出现在"快捷方式"面板中，如果不是"快捷方式"面板,请切换到该面板。然后单击"打开文件位置"按钮,就会打开一个"我的电脑"窗口,并在"我的电脑"中已经打开了 QQ 的安装目录。

(4) 在实训题目 (3) 打开的 QQ 文件目录中,找到一个叫作 Plugin 的子目录。右键单击该目录,在弹出的菜单中选择"添加到 Plugin.rar"选项,然后开始压缩。WinRAR 会出现一个进度条窗口。在压缩的过程中,可以单击"后台"按钮,在进度窗口不显示的情况下进行后台压缩。也可以单击"取消"按钮,取消这次压缩。当压缩结束时,进度窗口会消失,并在 QQ 的安装目录下出现一个叫作 "Plugin.rar" 的压缩文件。这个压缩文件中包含了原来 Plugin 子目录中的所有文件。

习 题 7

1. 用 Sublime Text 软件在桌面上建立一个名为 test.c 的文件。文件内容如下:

   ```
   #include<stdio.h>
   int main()
   {
   printf("Hello World!");
   return 0;
   }
   ```

2. 用 Search Everything 软件搜索电脑上一个名为 Hosts 的文件。
3. 用 Picasa 软件打开任意一张图片,将其改成 Holga 风格。
4. 打开一个 PDF 文件,选择其中的所有内容,复制并粘贴到一个新建的 Word 文件中。

第 8 章 万维考试系统介绍

【内容概述】

本章主要介绍了万维网考试系统的使用方法。内容包括如何登录系统、系统的整体功能介绍、如何进行答题和如何配置客户端。其中客户端的配置主要用于日常练习,在考试时不需要学生配置。

【学习要求】

通过本章的学习,使学生能够:
1. 掌握考试系统的登录方法;
2. 了解考试系统的功能;
3. 掌握答题的方法;
4. 掌握客户端的配置方法。

8.1 考试系统的登录

1. 考试验证

考试时由管理人员设置考试验证码,登录时需要输入正确的考试验证码才可以连接服务器进行考试,同时服务端的连接数增加。用户看到的提示窗口如图 8-1 所示。

2. 客户端登录

验证后显示考试系统登录窗口,如图 8-2 所示。

登录窗口右上角的 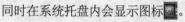("隐藏窗口")按钮和 ("退出登录")按钮。

在考试系统登录窗口的上方有一个信息栏,如图 8-3 所示,信息栏中会显示本次考试的相关信息。

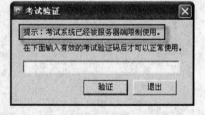

图 8-1 考试验证

同时在系统托盘内会显示图标 。

登录窗口的左上角显示了当前使用的考试系统客户端程序的版本号。

如果输入的考号不存在或者有其他错误,准考证号文本框会自动清空并要求考生重新输入。选择考试科目后,单击"确认"按钮,在"考生姓名"内会显示出服务器保存的考号所对应的考生姓名,考生在此核对信息无误的话,就可以单击"再次确认"按钮进行考试登录的下一步操作,也可以单击"返回"按钮,返回到登录界面。

3. 阅读注意事项及信息确认

单击"再次确认"按钮后显示如图 8-4 所示的注意事项与信息确认窗口。

第 8 章 万维考试系统介绍

图 8-2 登录

```
信息栏
机器名称(IP)：    LINH(192.168.1.166)
考试模式：        考试
网络模式：        混合
系统版本：        9.105.0.1603
```

图 8-3 信息栏

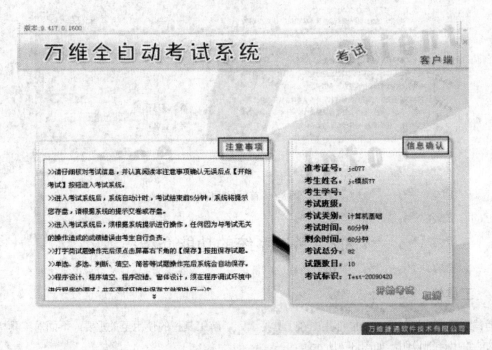

图 8-4 注意事项和信息确认

"注意事项"窗口中显示的信息,其内容关系到考试的整个过程,请考生仔细阅读再开始考试。如果"注意事项"窗口的上下两侧显示有双箭头,表示信息没有完全显示在"注意事项"窗口内,可以单击窗口所显示的双箭头来阅读其隐藏的信息。

在"注意事项"窗口的右边为"信息确认"窗口,显示了所有关于考生和考试的信息,请考生在考试前仔细核对各项信息,如有错误请及时与监考老师取得联系,以免影响考试。可以通过单击"取消"按钮来撤销当前的登录,返回"登录考试"窗口,如图8-5所示。

仔细核对信息无误后,单击"开始考试"按钮考试开始计时,进入考试环境。

图8-5 信息确认

4. 首页显示阅读注意事项

在服务端参数管理中设置"首页显示阅读注意事项"后,考生在考试登录界面上可以查看到本次考试的注意事项,如图8-6所示。

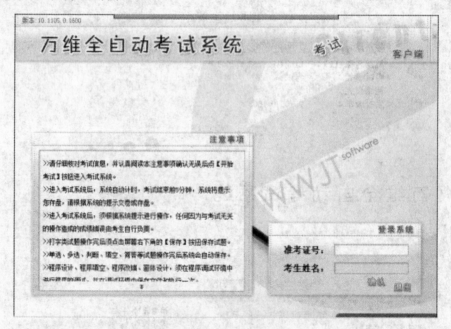

图8-6 首页显示信息

8.2 考试系统的功能介绍

8.2.1 工具栏

考试系统客户端的所有功能都集中在工具栏上,了解工具栏的使用至关重要。下面对工具栏上的各项功能给出详细说明,如图8-7所示。

1. 显示/隐藏工具栏

为了方便答题，此按钮可将主工具栏转为自动隐藏模式。当按钮为 🔘 时，表示工具栏为显示的模式。当按钮为 🔘 时，表示工具栏为自动隐藏模式。

当工具栏为自动隐藏模式时，鼠标移出工具栏，工具栏会自动隐藏并以闪动光带的形式显示在屏幕的最左边，当鼠标再次移到屏幕的最左端时，工具栏就会显示出来。

2. 题型按钮

单击题型按钮，可以弹出相应的题型浏览界面，即可进行答题操作。

3. 题型滚动按钮

当题型较多不能将所有题型完全显示在工具栏中时，可以通过单击题型滚动按钮查看全部题型。

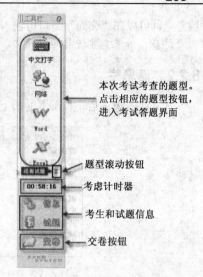

图 8-7 答题工具栏

4. 考试计时器

考试计时器采用倒计时的方式，并通过电子时钟和进度条方式显示给考生。当考试剩余时间小于 5 分钟时，会弹出时间提示窗口，用鼠标双击窗口或单击窗口右上角的关闭按钮，即可关闭此窗口继续进行考试，如图 8-8 所示。

当考试剩余时间小于 1 分钟时，会再次弹出时间提示窗口，提醒考生保存已答试题。用鼠标双击窗口或单击窗口右上角的"关闭"按钮，即可关闭此窗口继续进行考试，如图 8-9 所示。

图 8-8 剩余 5 分钟提示　　　　　图 8-9 剩余 1 分钟提示

5. 打开/关闭考生信息栏

考试进行时考试信息栏会显示在屏幕的最上方，通过此按钮可以控制考生信息栏的关闭和打开。

6. 打开/关闭答题卡

答题卡的主要作用是方便浏览每道试题的信息。单击"试题"按钮可以控制答题卡的打开和关闭。

7. 交卷/考试延时

考生在答完所有试题后，可以单击此按钮进入"交卷"窗口。如出现特殊情况需要延长考试时间，监考老师可以在"交卷"窗口内输入监考密码和需要延长的考试时间,使考生能够继续考试。

注意:如果需要进行延时操作,需要在服务端的参数管理的高级选项中,设置需要交卷密码。

8.2.2 信息栏

成功进入考试后,在屏幕的最上方会出现如图 8-10 所示的考试信息栏。

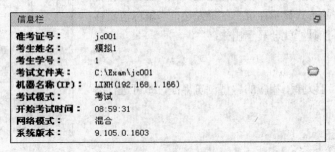

图 8-10 信息栏

在信息栏中可以看到关于考试和考生的信息。信息栏可以通过工具栏上的"信息"按钮来控制其打开和关闭,如果信息栏中信息项目的内容显示不全,请将鼠标移至信息项目上,就会出现完整的提示。下面将对信息栏上的各项功能和信息进行详细说明。

1. 准考证号

显示当前登录考试的考生的准考证号。

2. 考生姓名

显示当前登录考试的考生姓名。

3. 考试文件夹

显示当前考生考试所用文件夹的完整路径,在文件夹下包含了当前登录考生的所有试题的考试素材和源文件。文件夹内的结构为"考生文件夹路径\题型编码\试题题号(服务器题库中的题号)"。

下面是对试题题型编码的说明:DOC[Word 操作],XLS[Excel 操作],PPT[PowerPoint 操作],WIN[Windows 文件操作]。

4. 机器名称(IP)

显示当前登录考试的考生所在机器的名称和机器的 IP 地址,信息在登录时会记录在服务器中,以便监考老师监控考试。

5. 考试模式

显示当前考试的模式。

6. 开始考试时间

显示考生登录考试的时间。

7. 网络模式

客户端与服务器端信息数据交换时联网的形式。

8. 系统版本

显示当前考试系统的版本号。

8.2.3 答题卡

答题卡的主要作用是可以方便地浏览每道试题的信息和状态。

通过单击工具栏上的"试题"按钮可以控制答题卡的打开和关闭。在答题卡的标题栏上显示了试卷的试题总数目、总分数和试卷编号，在每个试题节点中显示了试题题号、试题分数和考生答题状态等信息。双击答题卡中的试题，进入试题浏览窗口，可以对试题进行作答，如图 8-11 所示。

注意：试卷号和试题号是否显示与服务端参数设置有关。

图 8-11　试题栏

8.2.4 交卷

"交卷"窗口主要包括提取考生试卷和延长考生考试时间两种功能，如图 8-12 所示。

1. 提交考生试卷

考生答完所有试题并仔细检查后，可以单击工具栏上的"交卷"按钮进行交卷，如果服务器配置参数需要交卷密码，则弹出如图 8-12 所示的"交卷"窗口，鼠标会锁定在交卷窗口内，同时键盘上的系统快捷键也会被锁定。

如果在弹出"交卷"窗口后考生还没有保存好考试文件，此时可以联系监考老师解锁"交卷"窗口，保存好考试文件后再进行交卷。只有在"监考密码"内输入正确的监考密码，单击"解锁"按钮才可以解除锁定状态，同时"解锁"按钮会变为"加锁"按钮，再次单击"加锁"按钮后窗口会恢复到锁定状态。

如果服务器配置参数为不需要交卷密码，系统将自动完成交卷操作。

单击"交卷"按钮后，出现"交卷成功"界面后考生就可以离开考试所用的机器了。

单击"交卷"按钮后，考试系统会自动对考生所答试卷进行评分。注意，在系统评卷时，最好不要进行其他任何操作，以免影响考生考试分数。

系统评卷完成后，如果成功的话会出现如图 8-13 所示的窗口。

图 8-12　交卷窗口

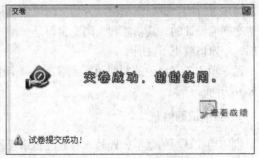

图 8-13　交卷成功提示

（1）未答操作题检测。

如果在参数管理的高级选项中，选择"交卷时检测到未答操作题给出提示"参数，客户端交卷时系统将对操作类试题进行检测，如果检测到存在未答的操作题，系统将锁定屏幕并给出相应的提示，如图 8-14 所示。

考生确认无误后可以单击"继续交卷"按钮完成交卷操作；如果考生对提示结果有异议，可与监考老师联系，输入监考密码后，可以解除窗口的锁定，同时可以对考试进行延时和返回继续考试等操作。

(2) 交卷失败。

如果评卷失败，会出现如图 8-15 所示的窗口。

当出现交卷失败窗口后，可以重新启动考试系统，并再次用此准考证号登录考试，重新进行交卷。

图 8-14　未答操作题检测窗口

图 8-15　交卷失败窗口

2. 延长考生考试时间

在交卷窗口中的"考试延时"内输入要延长的考试时间，注意延长时间加上考试剩余时间不可以大于考试总时间。同时还必须在"监考密码"内输入正确的监考密码，单击"继续考试"按钮就可以将延长的时间加到考试剩余时间中了，并退出交卷窗口。

8.3　如何进行答题

8.3.1　试题浏览窗口的介绍

考试中除了打字题以外的所有试题都是通过试题浏览窗口来进行浏览的，并且答题也是在试题浏览窗口中进行的。试题浏览窗口分为大浏览窗口和小浏览窗口，其中小浏览窗口是为了给考生最大的答题空间而设计的，其功能和大浏览窗口是一样的，所以下面只对试题的大浏览窗口的功能进行详细说明，小窗口就不予说明了。

通过单击工具栏中的题型图标或双击答题卡中的试题节点，都可以打开相应的试题浏览窗口，如图 8-16 所示。

1. 当前试题信息

说明当前试题的题型、题号、答题注意事项等描述信息。

2. 转换为小窗口

通过单击大窗口按钮，将试题由大窗口转换为小窗口，从而方便学生答题。

第 8 章　万维考试系统介绍

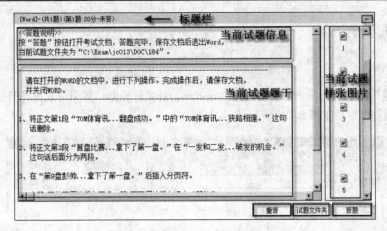

图 8-16　试题窗口的功能区

3. 当前试题题干

题干是试题的详细描述。题干内容较长时，可通过滚动条和方向键进行翻页操作。

4. 当前试题样张图片

按照试题要求，得出结果的最终图片样式。

5. 答题按钮

单击答题按钮，考生将进入答题环境。

6. 试题文件夹

单击试题文件夹按钮，可以打开当前所在文件夹。

7. 重答按钮

将该试题恢复到最初状态，考生对该试题所做的操作将全部丢失。

对试题进行重答操作时，需要在"操作警告"对话框中填写验证码，确认是否继续操作，如图 8-17 所示。

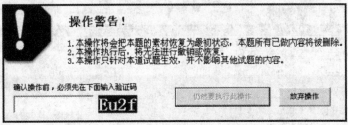

图 8-17　重答窗口

8. 转换为大浏览窗口

通过单击 按钮，将答题界面切换为大窗口，便于试题浏览。

9. 隐藏试题浏览窗口

双击标题栏可以隐藏试题浏览窗口（仅保留标题栏），再次双击可以恢复显示。通过单击小窗口 按钮，可以控制试题浏览窗口的隐藏和显示。

8.3.2 具体题型的说明

1. Windows

选择"答题"按钮后,系统将自动打开 Windows 资源管理器,并引导到操作目录中,学生按照题干要求完成操作即可,如图 8-18 所示。

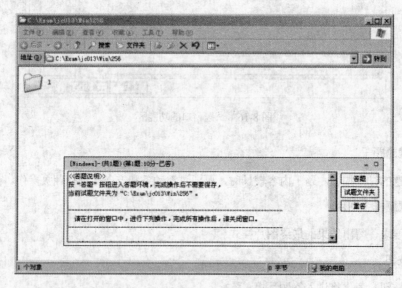

图 8-18 进入资源管理器答题

2. 操作题

单击"答题"按钮后,系统将自动打开相应的程序,学生只需要按照题干要求完成操作即可,如图 8-19 所示。

注意:应提醒考生在答题过程中经常保存,防止机器出现故障造成数据丢失。

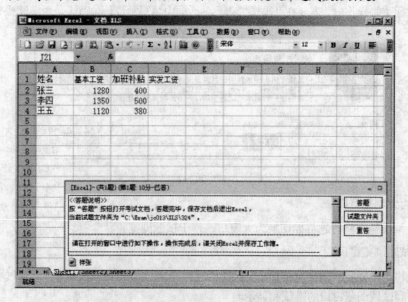

图 8-19 Excel 答题

对于 PowerPoint 试题，可以单击试题浏览窗口，查看答题的注意事项，如图 8-20 所示。

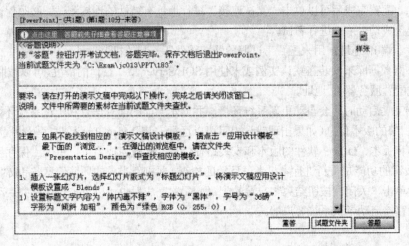

图 8-20　PowerPoint 试题窗口

8.4　客户端配置工具

8.4.1　功能说明

考试客户端配置工具用来更新考试环境、显示当前的考试环境信息、配置考试服务器 IP 地址。

8.4.2　工具的使用

执行"开始"→"程序"→"万维全自动网络考试系统"→"客户端配置工具"或"考试系统客户端安装目录下的 C_Config.exe"后出现如图 8-21 所示的窗口。

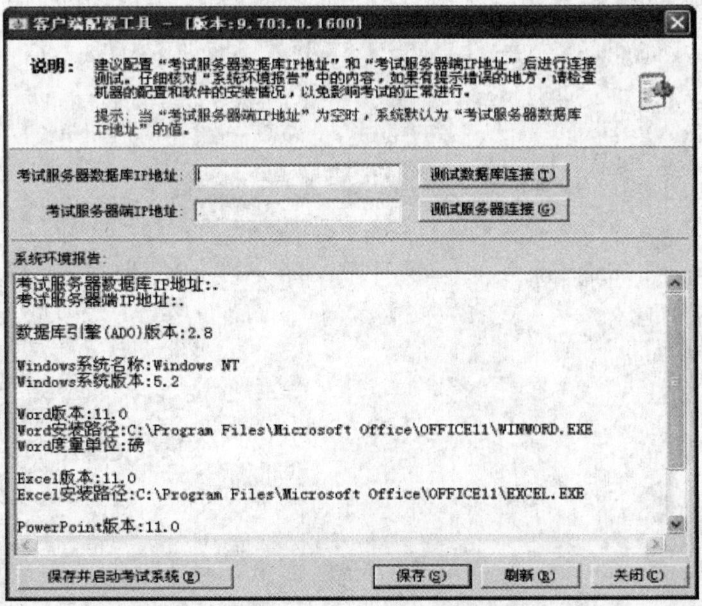

图 8-21　客户端配置

考试服务器数据库IP地址：用来配置考试数据库所在机器的 IP 地址，在其中还可以输入数据库服务器的名称。配置完成后可以单击"测试连接"进行地址有效性的连接测试，必须保证与数据库服务器端测试连接成功，才能进行考试。

考试服务器端IP地址：用来配置考试服务器端软件所安装的机器地址。

对于服务器数据库未安装在默认实例或未使用SQL Server默认端口的情况，可以按照"IP\实例名，端口号"格式配置服务器IP地址。

在客户端工具启动时，会自动更新系统环境，并显示当前的配置信息和考试系统环境信息，其中包括：数据库引擎的版本信息（如果出现错误提示可以运行安装 Mdac_Typ 数据库驱动程序）、Windows操作系统名称和版本、Office 软件的版本和安装路径信息。配置完成后可以单击"保存"按钮进行保存。"刷新"按钮的功能是重新进行本机考试环境的检查，并刷新当前的环境信息。完成"保存"和"刷新"操作之后单击"关闭"按钮结束客户端的配置。配置完成后也可以单击"保存并启动考试系统"按钮，保存后直接启动考试系统客户端。

参 考 文 献

[1] 战德臣,聂兰顺. 大学计算机——计算思维导论. 北京:电子工业出版社,2014.
[2] 科教工作室. Word/Excel/PowerPoint 2010 应用三合一. 2版. 北京:清华大学出版社,2012.
[3] 陆汉权. 计算机科学基础. 北京:电子工业出版社,2012.
[4] 于广斌,张学辉. 大学计算机实验教程. 1版. 山东:中国石油大学出版社,2011.
[5] 王诚君,寇连山. 新编电脑入门完全学习手册. 北京:清华大学出版社,2011.
[6] 山东教育厅组编. 计算机文化基础. 9版. 山东:中国石油大学出版社,2012.
[7] 夏耘,黄小瑜. 计算思维基础. 北京:电子工业出版社,2012.
[8] 唐培和,徐奕奕. 计算思维导论. 广西:广西师范大学出版社,2012.
[9] 王基生,冉利龙. 计算机应用基础. 1版. 成都:电子科技大学出版社,2009.
[10] 张丽,李晓明. 计算机系统平台. 北京:清华大学出版社,2009.
[11] 吴宁,等. 大学计算机基础. 北京:电子工业出版社,2011.
[12] 李彦. IT通史:计算机技术发展与计算机企业商战风云. 北京:清华大学出版社,2005.
[13] 吴军. 浪潮之巅. 北京:电子工业出版社,2011.
[14] 郎为民. 大话物联网. 北京:人民邮电出版社,2011.
[15] 杨正洪. 云计算和物联网. 北京:清华大学出版社,2011.
[16] 维克托·迈尔-舍恩伯格. 大数据时代. 浙江:浙江人民出版社,2013.
[17] http://www.voidtools.com/
[18] http://www.sublimetext.com/
[19] http://notepad-plus-plus.org/
[20] http://www.ultraedit.com/
[21] http://www.editplus.com/
[22] http://www.tracker-software.com/product/pdf-xchange-viewer
[23] http://www.foxitsoftware.cn/
[24] http://note.youdao.com/

反侵权盗版声明

电子工业出版社依法对本作品享有专有出版权。任何未经权利人书面许可，复制、销售或通过信息网络传播本作品的行为；歪曲、篡改、剽窃本作品的行为，均违反《中华人民共和国著作权法》，其行为人应承担相应的民事责任和行政责任，构成犯罪的，将被依法追究刑事责任。

为了维护市场秩序，保护权利人的合法权益，我社将依法查处和打击侵权盗版的单位和个人。欢迎社会各界人士积极举报侵权盗版行为，本社将奖励举报有功人员，并保证举报人的信息不被泄露。

举报电话：（010）88254396；（010）88258888
传　　真：（010）88254397
E-mail：　dbqq@phei.com.cn
通信地址：北京市万寿路173信箱
　　　　　电子工业出版社总编办公室
邮　　编：100036